图 2-14　使用 1000 个点可视化模拟结果

```
time,latitude,longitude,depth,mag,magType,nst,gap,dmin,rms,net,id,
updated,place,type,horizontalError,depthError,magError,magNst,status,
locationSource,magSource
2018-10-10T16:18:27.120Z,
-10.9133,162.3903,35,5.1,mb,,63,2.816,0.83,us,us1000ha2w,
2018-10-10T16:37:38.040Z,"72km SE of Kirakira,
Solomon Islands",earthquake,9.2,2,0.048,139,reviewed,us,us
2018-10-10T11:11:03.170Z,-22.0519,
-179.1596,579.92,4.6,mb,,47,5.023,0.91,us,us1000h9x5,
2018-10-10T11:32:05.040Z,"162km SSW of Ndoi Island,
Fiji",earthquake,10.8,8.1,0.045,146,reviewed,us,us
...
```

图 5-3　earthquakes.csv 文件的前三行信息

图 6-4　原始图像和负片图像

图 6-5　原始图像和灰度图像

图 6-25　运行边缘检测算法

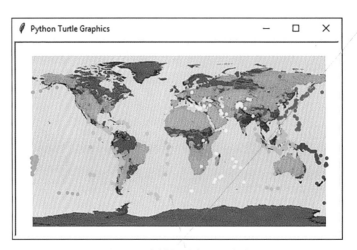

图 7-8　绘制地图来显示聚类

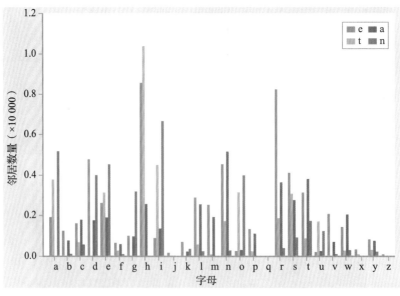

图 8-2　字母 a、e、n 和 t 的字母对频率直方图

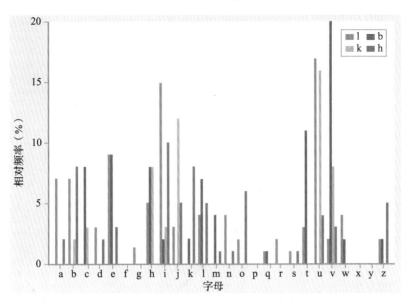

图 8-3　加密文本示例的字母频率直方图

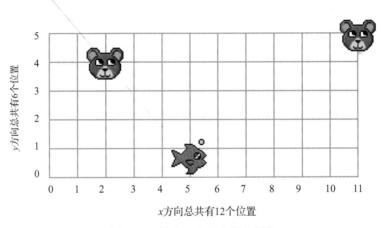

图 11-2　具有三个生命体的网格

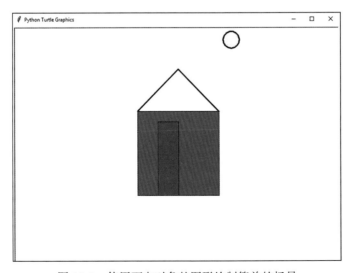

图 12-1　使用面向对象的图形绘制简单的场景

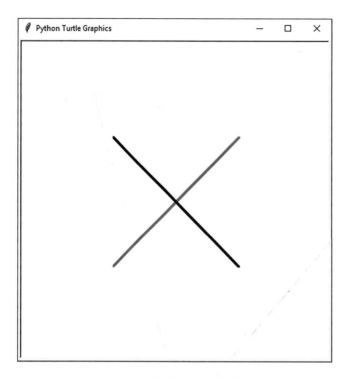

图 12-9　改进的代码允许更改颜色和线宽

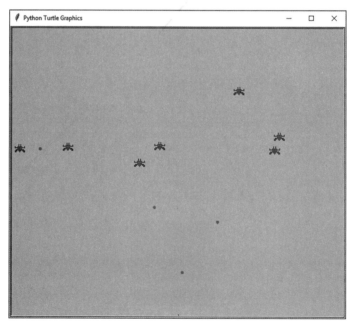

图 13-4　无人机入侵者

计 算 机 科 学 丛 书

原书第3版

Python程序设计教程

基于案例的学习方法

布兰德利·N. 米勒（Bradley N. Miller）

[美] 大卫·L. 拉农（David L. Ranum） 著

朱莉·安德森（Julie Anderson）

江红 余青松 余靖 译

Python Programming in Context

Third Edition

机械工业出版社

China Machine Press

图书在版编目（CIP）数据

Python 程序设计教程：基于案例的学习方法：原书第 3 版 /（美）布兰德利·N. 米勒
（Bradley N. Miller），（美）大卫·L. 拉农（David L. Ranum），（美）朱莉·安德森（Julie
Anderson）著；江红，余青松，余靖译 . -- 北京：机械工业出版社，2021.6
（计算机科学丛书）
书名原文：Python Programming in Context, Third Edition
ISBN 978-7-111-68516-6

I. ① P⋯　Ⅱ. ①布⋯　②大⋯　③朱⋯　④江⋯　⑤余⋯　⑥余⋯　Ⅲ. ①软件工具 - 程序设计 -
高等学校 - 教材　Ⅳ. ① TP311.56

中国版本图书馆 CIP 数据核字（2021）第 117125 号

本书版权登记号：图字　01-2020-4933

本书采用基于案例的学习方法，在不同应用场景下以问题求解为引导讲授 Python 程序设计，涉及密码学、图像处理、天文学和生物信息学等领域。第 3 版更新至 Python 3.8，更加强调动手实践，每一章都围绕一个实战项目展开讨论，并包含大量的编程练习题。全书在应用场景中螺旋式引入解决问题所必需的 Python 语法知识和编程方法，通过不断巩固和拓展所学知识，进一步培养读者的问题求解能力。

本书适合作为高等院校计算机相关专业学生第一门程序设计课程的教材或参考书，也可作为 Python 初学者的入门读物。

出版发行：机械工业出版社（北京市西城区百万庄大街 22 号　邮政编码：100037）

责任编辑：曲　熠	责任校对：殷　虹
印　　刷：北京市荣盛彩色印刷有限公司	版　　次：2021 年 7 月第 1 版第 1 次印刷
开　　本：185mm×260mm　1/16	印　　张：21.25（含 0.25 印张彩插）
书　　号：ISBN 978-7-111-68516-6	定　　价：99.00 元

客服电话：（010）88361066　88379833　68326294　　投稿热线：（010）88379604
华章网站：www.hzbook.com　　读者信箱：hzjsj@hzbook.com

文艺复兴以来，源远流长的科学精神和逐步形成的学术规范，使西方国家在自然科学的各个领域取得了垄断性的优势；也正是这样的优势，使美国在信息技术发展的六十多年间名家辈出、独领风骚。在商业化的进程中，美国的产业界与教育界越来越紧密地结合，计算机学科中的许多泰山北斗同时身处科研和教学的最前线，由此而产生的经典科学著作，不仅擘划了研究的范畴，还揭示了学术的源变，既遵循学术规范，又自有学者个性，其价值并不会因年月的流逝而减退。

近年，在全球信息化大潮的推动下，我国的计算机产业发展迅猛，对专业人才的需求日益迫切。这对计算机教育界和出版界都既是机遇，也是挑战；而专业教材的建设在教育战略上显得举足轻重。在我国信息技术发展时间较短的现状下，美国等发达国家在其计算机科学发展的几十年间积淀和发展的经典教材仍有许多值得借鉴之处。因此，引进一批国外优秀计算机教材将对我国计算机教育事业的发展起到积极的推动作用，也是与世界接轨、建设真正的世界一流大学的必由之路。

机械工业出版社华章公司较早意识到"出版要为教育服务"。自 1998 年开始，我们就将工作重点放在了遴选、移译国外优秀教材上。经过多年的不懈努力，我们与 Pearson、McGraw-Hill、Elsevier、MIT、John Wiley & Sons、Cengage 等世界著名出版公司建立了良好的合作关系，从它们现有的数百种教材中甄选出 Andrew S. Tanenbaum、Bjarne Stroustrup、Brian W. Kernighan、Dennis Ritchie、Jim Gray、Afred V. Aho、John E. Hopcroft、Jeffrey D. Ullman、Abraham Silberschatz、William Stallings、Donald E. Knuth、John L. Hennessy、Larry L. Peterson 等大师名家的一批经典作品，以"计算机科学丛书"为总称出版，供读者学习、研究及珍藏。大理石纹理的封面，也正体现了这套丛书的品位和格调。

"计算机科学丛书"的出版工作得到了国内外学者的鼎力相助，国内的专家不仅提供了中肯的选题指导，还不辞劳苦地担任了翻译和审校的工作；而原书的作者也相当关注其作品在中国的传播，有的还专门为其书的中译本作序。迄今，"计算机科学丛书"已经出版了近500 个品种，这些书籍在读者中树立了良好的口碑，并被许多高校采用为正式教材和参考书籍。其影印版"经典原版书库"作为姊妹篇也被越来越多实施双语教学的学校所采用。

权威的作者、经典的教材、一流的译者、严格的审校、精细的编辑，这些因素使我们的图书有了质量的保证。随着计算机科学与技术专业学科建设的不断完善和教材改革的逐渐深化，教育界对国外计算机教材的需求和应用都将步入一个新的阶段，我们的目标是尽善尽美，而反馈的意见正是我们达到这一终极目标的重要帮助。华章公司欢迎老师和读者对我们的工作提出建议或给予指正，我们的联系方法如下：

华章网站：www.hzbook.com
电子邮件：hzjsj@hzbook.com
联系电话：（010）88379604
联系地址：北京市西城区百万庄南街 1 号
邮政编码：100037

华章教育

华章科技图书出版中心

译者序

Python Programming in Context, Third Edition

在大数据时代，从事不同领域研究的科研人员都应该至少掌握一门计算机语言。掌握一门计算机语言的目的是在研究领域中使用计算机语言解决问题，而学习计算机语言最有效的方法是使用计算机语言求解不同应用场景中的问题。

本书通过 Python 语言在不同领域的应用场景，引导读者在使用编程语言求解问题的同时，接触重要的计算机科学相关概念，学习计算机程序设计语言的基本知识和应用技巧。

本书第 1 章通过使用 turtle 对象绘制多边形和近似圆形，描述计算机通用问题求解策略，阐述数值数据类型、赋值语句、简单 for 循环结构、简单函数的概念。第 2 章通过估算圆周率的值，讲解选择语句、布尔表达式、数学模块、随机数模块以及累加器模式。第 3 章通过密码算法，讲解字符串数据类型和方法、模运算法、用户输入、字符串的选择和迭代。第 4 章通过计算简单统计量，讲解列表、元组和字典数据类型。第 5 章通过使用大数据集计算统计量，讲解文件输入 / 输出、while 循环、字符串格式、CSV 和 JSON 文件读取。第 6 章通过数字图像处理算法，阐述嵌套循环、函数参数、作用范围的概念。第 7 章通过大数据集的聚类分析和可视化，进一步讨论列表和字典数据类型、文件读取和 while 循环。第 8 章通过密码破解分析，深入讨论列表和字典、字符串处理、正则表达式模块。第 9 章通过分形图形，阐述递归、语法和生成规则的概念。第 10 章通过计算和绘制大型天体之间的相互作用，介绍面向对象的设计、类的构造、实例变量和方法等概念。第 11 章通过模拟捕食者和猎物之间的关系，介绍面向对象在模拟中的应用。第 12 章通过设计一个图形库，阐述继承和多态性的概念。第 13 章通过设计和实现一个简单的电子游戏，阐述事件驱动编程的概念。

本书的特点是通过面向问题的求解方案，螺旋式地引入求解问题所需的计算机概念和 Python 程序设计语言知识。为了突出重要知识点，本书采用以下几种编排方式：

- 使用表格的形式表示每一个新引入的函数或者方法；
- 使用"摘要总结"框总结前文的重要知识点；
- 使用"注意事项"框提醒学生注意可能的陷阱，并提供避免错误的技巧；
- 使用"最佳编程实践"框提供求解问题的策略，以及编写可读性强、易于维护的代码的技巧。

本书强调动手实践，每个章节都包含大量的练习题。读者可按如下循序渐进的方式使用练习题：

- 运行章节中的代码，动手实践或者自主探索；
- 修改或扩展章节内容中所提供的代码，巩固和拓展所学的知识；
- 完成每章末尾的编程练习题，实现完整的编程项目，这些项目与对应章节涵盖的内容相关，可以进一步培养学生使用所学的计算机知识求解不同应用领域所涉及的问题的能力。

　　本书由华东师范大学江红、余青松和余靖共同翻译。衷心感谢本书的编辑曲熠积极帮我们筹划翻译事宜并认真审阅翻译稿件。翻译也是一种再创造，同样需要艰辛的付出，感谢朋友、家人以及同事的理解和支持。感谢我们的研究生刘映君、余嘉昊、刘康、钟善毫、方宇雄、唐文芳、许柯嘉等对译稿的认真通读及指正。我们在翻译过程中力求忠于原著，但由于时间和学识有限，且本书涉及多个领域的专业知识，故不足之处在所难免，敬请诸位同行、专家和读者指正。

江　红　余青松　余　靖

2021 年 4 月

概述

　　计算机科学面向需要求解问题的科技工作者，算法则有助于找到这些问题的解决方案。想要成为一名计算机科学家，首先意味着我们必须致力于解决问题，能够从零开始或者通过应用以往的经验模式来构造算法。

　　精通计算机科学的唯一途径是通过深思熟虑以及循序渐进的方式感受和体验这门学科的基本思想。计算机科学的初学者在继续深入学习更高级和更复杂的课程之前，需要通过反复的编程实践来透彻理解基本概念。此外，初学者还需要通向成功和获得自信的机会。当学生学习计算机科学入门知识时，我们希望他们专注于问题求解、算法开发以及算法理解等方面。

　　在本书中，我们使用 Python 作为程序设计语言，因为 Python 具有清晰和简洁的语法，以及直观的用户环境。Python 语言的基本集合库功能非常强大，而且易于使用。Python 语言的交互特性提供了一个便利的环境，使得用户不需要大量的编码就可以方便地测试问题求解的各种构想。最后，Python 提供了一种类似于教科书的表示法来描述算法，从而减轻需要使用伪代码描述算法的额外负担。因此，Python 语言非常有利于描述如何利用算法来解决许多现代的、有趣的问题。

主要特点

　　本书可作为计算机科学第一门课程的教材或参考书。本书侧重于解决问题，并根据需要引入相应的语言特性来解决面临的问题。我们没有采用传统的语言元素结构，而是围绕着学生普遍感兴趣的问题来组织教材的内容。因此，在本书中，读者不会看到类似于"循环结构"和"选择结构"等章节标题，而是会看到"天体"和"密码以及其他奥秘"等章节标题。

　　贯穿全书，所有的概念都是使用螺旋式模型引入的。由于 Python 的语法易于学习，我们可以快速介绍标准程序设计结构的基础知识。随着学生深入学习本书的内容，更多有关程序设计结构的细节内容和背景知识将被逐渐添加到工具箱中。这样，学生就可以在解决问题的同时接触到重要的计算机科学相关概念。

　　例如，在呈现有关函数的概念时，我们演示了如何采用这种螺旋式方法以不同方式涉及同一个特定的主题。学生在第 1 章中就开始学习编写带参数的函数。接着，在第 2 章中介绍带返回值的函数。在第 6 章中，学生会学习如何将函数作为参数传递给其他函数，以及有关 Python 作用范围规则的详细信息。在第 8 章中，学生将学习 Python 的关键字参数和可选参数。第 9 章将介绍递归函数。在第 10 章中，学生将学习如何编写作为类方法的函数。在第 12 章中，学生将学习如何编写抽象方法。

第 3 版新增内容

　　第 3 版包含 Python 3.8 中的许多更新内容和新特性。在保留面向问题求解方法的同时，我们还在第 3 版中添加了许多教学辅助工具，以更好地说明和突出 Python 的程序设计结构。例如，每一个新引入的函数或者方法都以表格的形式进行总结。

input 函数

函数	说明
input(prompt)	显示提示信息，然后在用户按 enter 或者 return 键确认时返回用户键入的任何字符所组成的字符串。返回的字符串中不包括 enter 或者 return 键

此外，第 3 版还包括以下新内容：
- 使用"摘要总结"框来总结前文的重要知识点。

> **摘要总结**　列表是不同对象的有序集合。列表的表示方式是包括在方括号中的以逗号分隔的值。

- 使用"注意事项"框来提醒学生注意可能的陷阱，并提供避免错误的技巧。

> **注意事项**　一定要记住在循环体中更新 while 循环条件，以避免无限死循环。

- 使用"最佳编程实践"框来提供求解问题的策略，以及编写可读性强、易于维护的代码的技巧。

> **最佳编程实践**　使用自顶向下的设计将一个大问题分解成更小的、可管理的任务。这个过程也被称为逐步求精。

- 使用如下格式的 Python 代码，以便学生更好地看清楚其中的语法元素。

```python
def getMax(aList):
    maxSoFar = aList[0]
    for pos in range(1, len(aList)):
        if aList[pos] > maxSoFar:
            maxSoFar = aList[pos]
    return maxSoFar
```

- 作为对教师和学生反馈的回应，我们增加了附录 D，其中提供了各章中部分"动手实践"的答案。
- 在第 5 章中，我们更新了访问在线数据的方法。新的示例处理目前流行的在线数据格式 CSV 和 JSON。
- 同样，从第 5 章开始更新了字符串格式——目前我们使用字符串的 format 方法。
- 在第 10 章以及后续章节中，创建类时我们使用双下划线（__）前缀来定义实例变量名以实现封装。
- 变量名和函数名遵循标准的驼峰式命名规范。

如何使用本书

章节组织结构

本书分为三个部分。第 1 ~ 5 章介绍所有的关键控制结构和 Python 数据类型，强调简单的命令式程序设计结构，例如变量、循环结构和选择结构。前 5 章的内容涵盖所有主要的 Python 数据类型，包括整数、浮点数、字符串、列表、字典、元组和文件。

在第 1 章中，我们通过应用示例的方式引入对象的概念。从某种意义上说，Python 程序设计方法中的一切皆是对象。从通用的程序设计概念和 Python 提供的模块开始，能使我们在不引入额外复杂性的情况下解决更有趣的问题。例如，我们在第 1 章中使用 turtle（海龟）图形模块来介绍简单的图形。在第 6 章中，我们通过使用一个简单的图像对象来介绍图像处理，该图像对象自动从文件中加载图像，但允许学生获取和设置像素值。

接下来的章节将展开阐述第 1 ～ 5 章中介绍的概念。第 6 ～ 9 章在引入其他问题求解模式的同时，为学生提供了进一步熟悉基本的程序设计概念的机会。学生还将进一步了解 Python 的内部机制。

第 10 ～ 13 章强调面向对象的程序设计，并介绍设计和构建类所需的概念。在引入这些主题时，学生应该已经熟悉对象的思想，因此，构建自定义的对象自然而然成为下一步的目标。这部分的第一个示例强调多个真实对象之间交互的重要性。在实现了简单的类之后，我们通过创建一个图形库以及将电子游戏作为 turtle 模块的扩展来自然而然地引入继承的概念。

教学建议

本书的讲授可以采用若干不同的方法，图 P-1 提供了一些讲授方法。第一种方法是按照章节顺序进行讲授。教师可以在一个学期内讲完整本书的内容，也可以在两个学期内讲完，因为本书提供了足够多的探索性材料以满足整个学年的授课要求。第二种方法是先讲授第 1 ～ 5 章，然后跳转到第 10 ～ 13 章。这种方法在命令式程序设计和面向对象程序设计之间提供了一种平衡，这种平衡非常适用于一个学期的教学计划。如果还有额外的时间，则可以选择第 6 ～ 9 章中的部分内容进行教学，然后再继续讲授第 10 ～ 13 章。另一个建议是在入门课程中讲授第 1 ～ 9 章，该课程只涉及命令式程序设计和对象的使用。

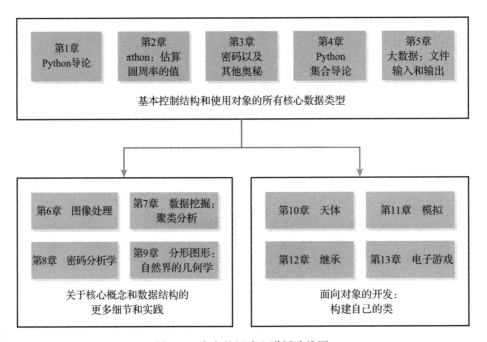

图 P-1　本书的阅读和讲授路线图

如何使用练习题

本书包括三种练习题。第一种练习题是"动手实践"中的一些习题，要求学生尝试运行作为章节内容的代码。通过这些练习，学生可以通过代码来学习或者自主探索。第二种练习题是"动手实践"中的另外一些习题，要求学生修改或者扩展章节内容中提供的代码。书中常常会先提供一个简单的代码版本，要求学生修改简单代码以改进或者添加其他功能。第三种练习题是每章末尾的编程练习题，要求学生根据描述实现完整的编程项目，这些项目与对应章节所涵盖的内容相关，但不涉及扩展或者修改已提供的代码。

贯穿全书，我们在每一节中都包含了练习题。这些练习题以不同的方式组织，读者可以采用以下多种方式加以使用：

- 如果是自学本书，则"动手实践"练习题是很好的突破点，读者可以随时停下阅读，动手实践所学的知识。
- 教师可能会发现，许多练习题包含课堂上要涵盖的授课内容，这些内容可作为学生在课堂上的阅读材料的补充。
- 在传统的课堂教学中，教师可以将练习题布置为家庭作业。读者应该感到幸运的是，在计算机科学入门课程中就开始涉及诸多小型编程任务。通常学生在一个学期内能够完成 30 多个小型编程任务。
- 也可以把本书作为计算机科学"动手实践"导论课程的一部分。教师可以先花少量的时间讲授和强化章节要点，但大部分的课堂时间应该让学生去完成作为补充阅读的练习题。这种教学方式顺应了计算机科学教育主动学习的发展趋势，同时也深受学生的欢迎。

各章的关键主题

表 P-1 列出了每一章中重点介绍的问题，以及该章中引入的计算机科学关键概念。

表 P-1 问题和关键概念

章	关键问题	计算机科学概念
第 1 章	绘制多边形和近似圆形，通用问题求解策略	数值数据类型、赋值语句、使用 turtle 对象、简单的 for 循环结构、简单的函数
第 2 章	估算圆周率的各种方法	累加器模式、简单选择语句、布尔表达式、具有返回值的函数、math（数学）模块、random（随机）模块
第 3 章	密码算法，包括置换加密算法、替换加密算法	字符串数据类型和方法、模运算、用户输入、字符串的选择和迭代
第 4 章	计算简单统计量	Python 列表、元组和字典数据类型
第 5 章	使用大数据集计算统计量	文件输入和输出、while 循环、字符串格式、读取 CSV 和 JSON 格式的在线数据
第 6 章	数字图像处理、像素处理、图像的放大和缩小、边缘检测算法	嵌套循环、把函数作为参数传递、作用范围规则
第 7 章	大数据集的聚类分析与可视化	Python 列表和字典数据类型、文件读取和 while 循环的进一步阐述
第 8 章	破解置换加密算法和替换加密算法的方法、频率分析	在列表和字典中存储有意义的数据、字符串处理、正则表达式模块

（续）

章	关键问题	计算机科学概念
第 9 章	分形图形的概念，如何使用分形图形来模拟树木、灌木、雪花和其他自然界的物体	递归、语法和生长规则
第 10 章	计算和绘制大型天体之间的相互作用	面向对象的设计、类的构造、实例变量和方法
第 11 章	模拟捕食者和猎物之间的关系	在模拟中使用对象，许多具有简单行为的对象可能导致有趣的复杂结果
第 12 章	设计具有点、线、多边形和其他形状的面向对象的图形库	继承和多态性，使用 turtle 模块实现更高层次的图形库
第 13 章	设计和实现一个简单的电子游戏	事件驱动的程序设计、继承、静态变量和静态方法

补充资料⊖

本书提供可供教师下载的补充资料，包括各章节的练习题答案、试题库和 PPT。各章列出的源代码也提供给学生和教师。想要获取更多相关信息，请访问网址 go.jblearning.com/python3e。

作者联系方式

如果读者有任何疑问，或者发现本书中存在技术错误，请通过 JulieAustinAnderson@gmail.com 联系 Julie Anderson。我们将在本书的官方网站上发布更正信息。

致谢

感谢所有的合作伙伴、同事和家人对本书的贡献。

首先感谢出版商 Jones & Bartlett Learning 在本书出版过程中提供的帮助和指导，包括产品管理总监 Laura Pagluica、项目专家 John Fuller 和产品助理 Melissa Duffy。同时感谢排版员 codeMantra、文字编辑 Jill Hobbs 和封面设计师 Kristin Parker。

另外，感谢以下评审人员的建设性意见和建议：

Nathan Backman，布纳维斯塔大学

Jerry Cooley，南达科他州立大学

Erica Eddy，威斯康星大学帕克赛德分校

Susan Eileen Fox，玛卡莱斯特学院

Harry J. Foxwell，乔治梅森大学

Fredrick Glenn，格温尼特技术学院

Carolyn Granda，印第安纳大学东南分校

Zack Hubbard，罗文 - 卡巴拉斯社区学院

Xiangdong Li，纽约城市理工学院，纽约城市大学

Kevin Lillis，圣安布鲁斯大学

Renita Murimi，俄克拉荷马浸礼会大学

⊖ 关于本书教辅资源，只有使用本书作为教材的教师才可以申请，需要的教师请访问华章网站 www.hzbook.com 进行申请。——编辑注

David R. Musicant，卡尔顿学院

Jason Myers，韦恩州立大学

Michel Paquette，加拿大凡尼尔学院

Kate Pulling，南内达华学院

Yenumula B. Reddy，格兰布林州立大学

Dennis Roebuck，达尔塔学院

Jay Shaffstall，玛斯金格姆大学

Christine Shannon，森特学院

Ivan Temesvari，欧克顿社区学院

Brad 和 David 要感谢路德学院计算机科学系的同事 Kent Lee、Steve Hubbard 和 Walt Will。感谢学习 CS150 课程的所有学生，他们使用了本书的早期草稿。

Julie 要感谢儿子 Jon Anderson（一位数据科学家）的意见和审阅。

目 录
Python Programming in Context, Third Edition

⊖　附录为在线资源，请访问华章网站 www.hzbook.com 下载。——编辑注

Python 导论

本章介绍数据类型、turtle 图形、简单的循环结构和函数的概念。

1.1 本章目标

- 描述真实世界中计算机科学的例子。
- 概述常见的问题求解策略。
- 介绍 Python 的数值数据类型。
- 演示简单程序的示例。
- 介绍 turtle 绘图。
- 介绍简单函数。
- 介绍循环结构。

1.2 什么是计算机科学

计算机是我们生活的重要组成部分。计算机有助于控制环球飞行的飞机和行驶的汽车，计算机跟踪全球金融市场股票的买进和卖出情况，计算机控制着复杂的外科机械设备和植入人体的心脏起搏器，计算机帮助我们快速有效地与世界各地的人进行交流。对于正在阅读本书的读者，很可能早就学会了使用个人计算机撰写论文、上网或者发送电子邮件。读者甚至可能已经连接了一个家庭网络或者构建了自己的网站。然而，尽管计算机已经成为我们生活背景中的一部分，但很可能我们还没有探索过程序设计的世界。

在这一章中，我们必须回答的重要问题是："什么是计算机科学？"回答这个问题的困难之处在于，这个术语从一开始就具有误导性。通过查阅字典，就会知道科学是对自然世界的理论和实验研究。科学试图通过形成假设、进行实验和分析结果来理解事物是如何工作的。根据这个定义，我们可能认为计算机科学是对计算机工作方式的探索和发现。作为一名新手，这个话题可能会让我们感兴趣，但作为一门学科，考虑到计算机是由人类制造的，从这一点而言并没有什么特别的意义。计算机科学不像生物学或者物理学，生物学是人们试图理解人体工作原理的学科，而物理学是人们试图理解宇宙运行原理的学科。根据艾兹格·迪科斯彻（Edsger Dijkstra）经常引用的一句话："计算机科学并不只是关于计算机，就像天文学并不只是关于望远镜一样。"

那么，什么是计算机科学？**计算机科学**（computer science）是对**算法**（algorithm）进行研究的学科。

换句话说，计算机科学主要是问题的求解和计算的过程。对于初级计算机科学家来说，找到一个问题的解决方案往往是最容易的。而定义一个算法，包括将解决方案转化为一组可以由计算机执行的逐步指令（即创建计算过程），则通常比较困难。计算机科学家经常把这组指令称为**程序**（program）。我们可以把程序看作初级厨师的菜谱。首先，把水烧开，然后加入通心粉，等等。

读者很可能会熟练使用许多高级程序，比如苹果的 Siri 或者 Google 助手，这些程序的目的是让计算机看起来更智能。但是我们必须立即消除这种想法：计算机不是智能的。在我们学习程序设计时，需要牢记以下六件重要的事实：

1）计算机非常蠢笨。

2）计算机只执行用户编写的指令操作。

3）计算机执行用户指令的速度非常快，所以它们看起来很聪明（但实际上不是）。

4）计算机什么都记不住，除非用户告诉它们怎么记忆。

5）计算机按字面意思来理解用户的指令。如果用户叫它们做蠢事，它们会照做不误。

6）计算机严格按照用户告诉它们的指令顺序来执行操作。

1.3　为什么要学习计算机科学

理解了什么是计算机科学之后，读者可能想知道为什么应该进一步学习计算机科学。我们坚信计算机科学是为每个人服务的。在一些著名的计算机成功案例中，当事人甚至不是科班出身的计算机科学家，而是在职业生涯后期进入计算机科学领域，因为他们面临一个亟待利用计算机解决的有趣问题。例如，欧洲核子研究组织（European Council for Nuclear Research，CERN）的一位名叫蒂姆·伯纳斯·李爵士（Sir Tim Berners-Lee）的物理学家，需要一种更好的方式让世界各地的物理学家共享信息。这个信息共享问题的解决方案成就了今天所谓的万维网（World Wide Web，WWW）。伯纳斯·李爵士为第一台 Web 服务器和浏览器编写了计算机程序。目前，他担任万维网联盟（World Wide Web Consortium）的主席。2016 年，伯纳斯·李爵士被授予美国计算机学会（Association of Computing Machinery）的 A. M.（Alan M.）Turing（图灵）奖，该奖项通常被视为与诺贝尔奖相当的计算领域的大奖。

1.3.1　计算机科学的日常应用

即使我们立志成为一名计算机科学家，但事实是很少有计算机科学家只研究与计算机相关的问题，例如构建一个更好的操作系统或者改进局域网。相反，大多数计算机科学家与他人一起协作，编写解决生物学、化学、商业、经济学、出版业、汽车设计或者娱乐等领域问题的程序。环顾四周，想想我们每天多次使用的计算机应用程序：从浏览器到即时通信程序和电子邮件、从文字处理到健身计划，从个人日历到游戏。

除了笔记本电脑、平板电脑和智能手机，我们每天还会使用各种其他计算机（可能我们并没有意识到它们是计算机）。例如，汽车中的计算机每秒检查油耗情况若干次；检查刹车片的磨损情况；监测行驶速度和排放量；更新全球定位系统（GPS）显示以跟踪汽车的准确位置，并将其绘制在仪表板显示的地图上。越来越多的电器设备具有计算机辅助功能。

如果我们去看医生，需要医学成像，例如计算机轴位断层扫描（Computed Axial Tomography，CAT）或者核磁共振成像（Magnetic Resonance Imaging，MRI），则需要依靠复杂的计算机程序来创建和解释人体的医学图像。如果窥视一眼一架新飞机的驾驶舱，就会发现整个驾驶舱不过是一堆显示器，上面有许多虚拟开关。此外，这架飞机的飞行员曾在计算机控制的模拟环境中训练了许多个小时。

一些计算机程序在幕后运行，使世界成为一个更有序的生活场所。作为学生，我们可能知道计算机会记录我们在自助餐厅的信用记录、我们的成绩平均积点（GPA）以及我们这个月欠学院的钱。图书馆里的计算机记录图书馆的藏书信息、借出信息以及需归还的日期信息等。

计算机科学的一个重要发展领域是**机器学习**（machine learning）。在这个新兴的领域，大量标记为正确和错误的数据输入到计算机程序中，然后程序使用复杂的算法来"学习"如何区分正确和错误的结果。例如，包括英特尔（Intel）公司和 Google 旗下的 Verily 生命科学公司在内的一些公司都在使用机器学习功能帮助诊断疾病。

事实上，我们很难列举出生活中没有计算机辅助的领域。

1.3.2　计算机科学的重要性

从某种意义上说，学习计算机科学非常重要，因为它能让我们更好地理解周围技术世界的工作原理。阅读本书后，读者将对我们每天使用的应用程序有全新的认识。也许我们甚至会渴望编写自己的新应用程序或者某些现有应用程序的改进版本。

从另一种意义上说，计算机科学帮助读者规划未来。21 世纪许多最有趣的工作将是计算机科学和其他一些领域的交叉点。比尔·盖茨在微软研究院学术峰会上发表了这样的评论："这些工作的本质不仅仅是闭门编码。最缺少的技能是能够理解技术并且能够与客户和市场进行沟通的技能。"一家成功的软件公司的经理曾经说过："我有时会拒绝那些在标准化测试中取得完美分数的应聘者。"他解释说，这些应聘者可能在技术上是完美的，但他们缺乏与人沟通和解决现实问题的能力。

最重要的是，计算机科学的第一门课程将为读者提供以下帮助：
- 你将能够运用解决问题的新技能。
- 你将学会运用逻辑。
- 你将了解过程（为取得特定的成果而采取的一系列行动或者步骤）。
- 你将理解并应用抽象。
- 你将学会更清晰地思考和交流。

1.4　问题求解的策略

问题求解包含三个不同的层次：
- 策略：寻找解决方案的高级理念。
- 技巧：在许多不同设定条件下工作的方法或者模式。
- 工具：在特定情况下使用的技巧和技术。

在阅读本书的过程中，读者将学习几种不同的问题求解策略（strategy）。此外，我们会发现计算机科学使用了许多不同的问题求解技巧（tactic）。特别是，我们将学会识别问题求解中所使用的模式，这些会影响编写程序所采取的模式。最后，当我们使用 Python 程序设计语言时，将了解 Python 提供的工具，这些工具有助于我们将解决方案编写为程序。

下面将通过一个简单的示例阐述上述思想。请思考一个问题："一个教学班有 12 名学生。第一次上课时，要求每名学生都和班上其他学生握手。请问总共有多少次握手？"

我们的第一直觉可能是如下的解决方案：既然每个人都必须和另外 11 个人握手，那么答案是 $12 \times 11 = 132$ 次握手。然而，答案是错误的。为了帮助我们寻求正确的答案，我们可以采用一种称为**简化**（simplification）的策略。简化策略可以将问题简化到一个很小的规模。

假设教室里只有 1 个人，而不是 12 个人。如果只有 1 个人，就不会有握手行为。但是当第二个人进入教室时会发生什么呢？第二个人进入房间后，必须与房间里的第一个人（唯一的其他人）握手 1 次。现在假设第三个人进入教室。第三个人必须和前两个人握手，因此总共握手 2+1+0=3 次。第四个进入房间的人必须和已经在房间里的 3 个人握手，所以握手总次数现在是 3+2+1+0=6。至此，我们应该观察到一种**泛化**（generalization）模式：一种能够从一些特定的示例推广到可以作为程序实现的解决方案的技术。

在我们讨论的握手问题中，这个模式表明：第 N 个进入教室的人与 $N-1$ 个其他人握手，握手的总次数是 $1+2+3+\cdots+N-1$。至此，我们可以简单地编写一个计算机程序，将从 1 到 $N-1$ 的数字相加。对数字进行累加是计算机特别擅长的工作。但我们也会指出，对于这样一个数字序列求累加和的问题，存在一个通用的数学解：

$$\mathrm{sum} = \frac{n \cdot (n+1)}{2}$$

对于握手问题，我们需要将从 1 到学生人数减去 1 之间的数字累加起来。基于前文的分析发现，对于只有 1 个学生的班级，没有握手行为发生。假设有 12 个学生，则 $n=11$。将 11 代入公式中可以得到：

$$\frac{11 \times 12}{2} = 66$$

我们也可以自己将 1 到 11 的数字相加，来验证上述结果的正确性。

事实上，我们可以证明这个公式通过使用**表示法**（representation）给出了正确的答案，这是解决问题的另一个重要策略。对大多数人来言，对于所有的 n 值，用数学归纳法证明以下公式的正确性是一项艰巨的任务。

$$\sum_{i=1}^{n} i = \frac{n \cdot (n+1)}{2}$$

但是，让我们可视化表示将 1 到 N 的数字相加的问题，如图 1-1 所示。

在这个稍微简化的问题表示中，我们将要累加的每个数字显示为一行圆圈，从而表示 $1+2+3+4$ 的加法运算。现在，我们只需要统计一下圆圈的数量就可以得到答案，但是这个练习不是很有趣，也不能证明什么。有趣的信息出现在图 1-2 中，我们将复制四行中所有的圆圈，然后沿对角线翻转这些圆圈。结果圆圈现在形成一个 4 行 5 列的矩形。现在很容易看出，圆圈的总数量为 $4 \times 5 = 20$。但是结果为初始数量的两倍，所以初始的数量是 $20 \div 2 = 10$。

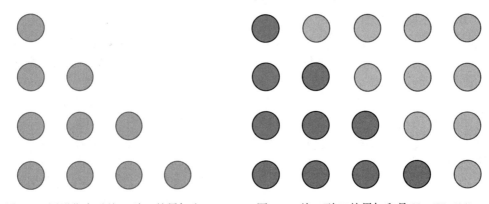

图 1-1　图形化表示从 1 到 N 的累加和　　　图 1-2　从 1 到 N 的累加和是 $N \cdot (N+1)/2$

如果稍微泛化一下我们的示例，则很容易看出，无论使用多少行圆圈，这个可视化图形技巧都是有效的。因此，我们已经证明了一个有趣的数学序列，但是因为我们为这个问题选择了一个有效的表示法，所以只需要进行简单的乘法和除法运算。

1.5 Python 概述

在本书中，我们采用的计算机编程语言是 Python。为什么选择 Python 而不是像 C++ 或者 Java 那样的语言？答案很简单：我们希望读者专注于学习计算机科学家使用的问题求解的策略和技术。**程序设计语言**（programming language）是工具，而 Python 是一个很好的启蒙工具。类似于 Java 和 C++ 的计算机语言也是很好的工具，但是相对于 Python 语言，它们需要程序员掌握更多的细节。

学习 Python 的最好方法是尝试动手实践，所以让我们开始行动吧。Python 是可以免费下载和安装的。有关在各种操作系统上安装 Python 的详细说明，请访问 Python 官网"www.python.org"。实际上，python.org 是一个很好的学习 Python 及其许多**库**的资源平台。Python 库是预先编写好的 Python 代码，我们可以将这些库融合到自己的程序中。

安装好 Python 之后，首先要启动 Python 解释器。根据所使用的操作系统的不同，我们可以采用多种不同的方法启动 Python 解释器。例如，我们可以启动一个名为 IDLE 的程序，该程序以 Monty Python fame 的 Eric Idle 命名。或者，我们可以通过在命令提示符下键入 Python 并按回车键启动 Python 解释器。无论采用何种方法启动 Python 解释器，当看到如图 1-3 所示的窗口时，就表明已经成功启动了 Python 解释器。在本例中，我们在 Windows 10 计算机上启动了 Python 解释器。

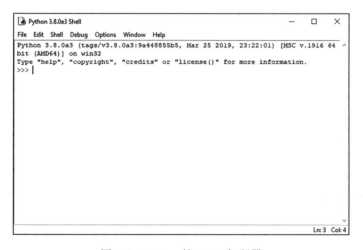

图 1-3   Python 的 IDLE 解释器

在本章中，读者将看到示例程序出现在名为程序清单的文本框中，在 Python shell 中键入的交互式命令将出现在名为会话的文本框中。每当看到一个会话框时，我们就会强烈建议读者亲自动手实践。此外，在输入了会话中显示的示例后，建议读者尝试做一些变通，并发现哪些变通是有效的，哪些变通是无效的。

当我们开始探索 Python 时，接下来将回答与所有程序设计语言都相关的三个重要问题：

- 基本元素是什么？

- 如何将基本元素有机组合？
- 如何创建自己的抽象？

1.5.1 基本元素

在最底层，Python 中的一个基本元素是**对象**（object）。Python 将其世界中的事物均视为对象。如果环顾世界，我们会看到很多对象：铅笔、钢笔、椅子、计算机。Python 甚至将数值也视为对象，这一想法可能会让我们有点困惑，因为我们可能不会将数字视为对象。但 Python 确实如此，我们很快就会明白其重要性。

Python 将其世界中不同类型的对象分为不同的**数据类型**（type）。最容易处理的数据类型是数值。Python 的数值数据类型包括以下几种：

- 整数。
- 浮点数。
- 复数。

1. 整数

整数（integer）对应于在数学课上学到的整数。仅仅使用整数数据类型，我们就可以用 Python 完成很多任务。首先，我们可以使用刚才启动的 Python 解释器作为计算器。请注意，Python 解释器的提示符显示为＞＞＞。这三个字符称为 Python **提示符**（prompt），表示 Python 解释器已准备好等待用户键入表达式。让我们试试几个数学表达式。使用 Python 解释器输入以下示例。输入某个表达式后，按 enter 或者 return 键以查看结果。

会话 1-1　简单的整数运算

```
>>> 2 + 2
4
>>> 100 - 75
25
>>> 7 * 9
63
>>> 14 // 2
7
>>> 15 // 2          # 整数除法，舍弃余数
7
>>> 15 % 2          # 若要获取余数，请使用模运算符 %
1
```

会话 1-1 中的示例演示了一些非常重要的 Python 概念，读者应该尽快熟悉这些概念。第一个概念是 Python 的读取 – 求值 – 打印（read-eval-print）循环。

从高级别的角度看，Python 解释器非常简单。它重复做三件事：读取表达式，对表达式求值，打印结果。如图 1-4 所示。

首先，Python 读取一行输入。在第一个示例中，Python 读取 2+2；然后对表达式 2+2 求值并确定答案是 4；最后，Python 输出结果值 4。在显示结果之后，Python 打印字符 ＞＞＞ 以告知用户它正在等待读取下一个表达式。

图 1-4　Python 中读取 – 求值 – 打印循环

通常，Python **表达式**（expression）是运算符和操作数的组合。表 1-1 列举了 Python 的算术运算符。

表 1-1　Python 算术运算符

运算符	运算
+	加法
−	减法
*	乘法
//	整除
/	浮点数除法
%	模（整除后的余数）
**	乘幂

对一个表达式求值时，我们将得到一个结果。在 Python 会话的示例中，一些运算符是我们熟悉的数学运算符，例如"＋"和"－"。尽管我们可能更习惯于使用符号 × 和 ÷ 来表示乘法和除法，但在标准键盘上找不到这些符号，因此 Python 与几乎所有程序设计语言一样，使用符号"*"表示乘法，使用符号"/"或者"//"表示除法。

在本例中，有一件事可能会让我们感到惊讶，那就是表达式 15 // 2 的结果。很显然，我们都知道 15 除以 2 等于 7.5。但是，由于这两个操作数都是整数对象，并且 // 是整数除法运算符，因此 Python 生成一个整数对象。整数除法的工作原理和我们小时候学过的除法一样：15 除以 2 等于 7，余数为 1。使用模运算符（%）可以获得整除运算结果的余数。例如，15 % 2 的计算结果为余数 1。

> **注意事项**　使用整数除法运算符（//）时，商将不包括余数。若要获取余数，请使用模运算符（%）。

让我们继续执行一些计算。在 Python 解释器中分别输入会话 1-2 中的表达式。

会话 1-2　更多的数值运算

```
>>> 12 * 6 + 2
74
>>> 2 + 12 * 6
74
>>> (2 + 12) * 6
84
>>> 12 * (6 + 2)
96
>>> 2 ** 3
8
```

这里，我们测试了乘法和加法混合运算。如前两次计算所示，表达式的键入顺序不会对结果产生影响。原因是 Python 在执行任何加法和减法运算之前先执行所有的乘法和除法运算。我们可以通过在需要优先执行的计算周围加上括号来覆盖这些规则，如第三个和第四个表达式所示。

最后，我们引入乘幂运算符（**）用以计算一个数的指数。在这种情况下，我们计算 2 的三次方，结果为 8。

表 1-2 总结了 Python 执行计算的优先级。运算符按从上到下的顺序求值；同一级别的运

算符在表达式中出现时按从左到右（左结合）的顺序求值，但幂运算除外，其求值顺序为从右到左（右结合）。

表 1-2　Python 算术运算的优先级

运算符	运算	求值顺序
()	括号	从左到右（左结合）
**	乘幂	从右到左（右结合）
*、//、/	乘法和除法	从左到右（左结合）
+、-	加法和减法	从左到右（左结合）

动手实践

1.1 计算数字 8、9 和 10 的累加和。

1.2 计算数字 8、9 和 10 的乘积。

1.3 计算非闰年的一年有多少秒。

1.4 计算 1 英里所对应的英寸数。

1.5 计算覆盖 10 英尺 ×12 英尺房间的地板所需的 2 平方英尺瓷砖的数量。

1.6 计算你所在班级中每个人与其他人有且只有 1 次的握手次数。

1.7 使用整数除法计算你周围五个人的平均年龄。仔细复查所得到的答案。

1.8 计算 13 的阶乘。

1.9 计算 2 的 120 次幂的值。

2. 浮点数

虽然整数除法适用于某些场景，但有时候不能满足需求。如果我们希望计算 15 除以 2 时得到 7.5 的答案呢？如果希望返回的结果为**浮点数**（floating-point number），则必须使用浮点除法运算符"/"。

在 Python 中，我们可以很容易地区分浮点数和整数，因为浮点数有小数点。浮点数是 Python 对数学课中的实数的近似表示。我们说浮点数是一种近似值，因为与实数不同，浮点数在小数点后不能有无限位数字。这是浮点数存储在计算机内存中的方式所带来的局限性。会话 1-3 给出了使用浮点数的一些计算示例。

会话 1-3　浮点数的数学运算

```
>>> 2.0 + 2.0
4.0
>>> 15.3 / 2.5
6.12
>>> 6.0 * 1.5
9.0
>>> 2.5 ** 25.0
8881784197.001253
>>> 2.0 ** 500.0
3.273390607896142e+150
>>> 1.33e+5 + 1.0
133001.0
```

请注意，当操作数是浮点数时，结果是一个浮点数，包括小数部分。另外，当浮点操作的结果变得非常大时，Python 使用科学计数法来表示结果。最后，我们还可以在 Python 表达式中使用科学计数法表示的浮点数。

动手实践

1.10 计算你周围五个人的平均年龄。仔细复查所得到的答案。

1.11 计算半径为 1 的球体的体积。球体体积的公式为 $(4/3)\pi r^3$。

1.12 计算 15 的 1/3。请问可以获得正确的结果吗？

1.13 仙女座星系距离地球 290 万光年。每光年为 5.878×10^{12} 英里。请问仙女座星系距离地球多少英里？

1.14 如果我们以每小时 65 英里的速度旅行，请问到达仙女座星系需要多少年？

虽然 3.273e+150 是一个很好的近似值，但我们知道结果中并没有 147 个 0。使用科学计数法的一个缺点是结果将丢失一些精度。如果希望得到非常精确的结果，则可以使用整数运算，Python 整数的精度几乎没有限制[⊖]。会话 1-4 使用整数显示 2**500 的实际值。

会话 1-4　使用整数获得大数的精确结果

```
>>> 2 ** 500
32733906078961418700131896968275991522166420460430647894832913680961337964046745548832700923259041571508866841275600710092172565458853930533285275893376
>>> 100000000 * 500        # 1 亿 * 500
50000000000
>>> 100_000_000 * 500      # 可以使用下划线（_）分隔大数
50000000000
```

键入大整数时，我们可能会尝试在 3 个数字组之间插入千分位逗号，例如 100,000,000。不幸的是，Python 不允许将逗号插入整数中。会话 1-4 显示，Python 允许使用下划线（_）作为输入大数字的可视分隔符。下划线不是整数的一部分，只是作为键入大数字的辅助符号。

3. 复数

Python 语言中的最后一个基本数值类型是**复数**（complex number）。我们知道，复数有两部分：实部（real）和虚部（imaginary）。在 Python 中，复数显示为：real+imaginary j。例如，5.0+3j 的实部为 5.0，虚部为 3。本节之所以提及复数，目的是为读者列出完整的基本数据类型一览表，但不会进一步展开阐述复数。

4. 混合数值类型

当我们在一个计算中混合不同类型的数值时，结果会如何？让我们观察会话 1-5 中显示的示例。

会话 1-5　整数和浮点数的混合运算

```
>>> 100 * 3.4          # 整数和浮点数的混合运算 --> 浮点数
340.0
>>> 100 + 3.4
103.4
>>> 100 - 3.4
96.6
>>> 100 ** 3.4
6309573.44480193
```

⊖ 仅受内存大小限制。——译者注

```
>>>
>>> 1000 / 10.2          # 除法是一种特殊情况
98.03921568627452
>>> 1000 / 10
100.0
>>> 1000 // 10.2
98.0
>>> 1000.1 // 10.2
98.0
```

正如会话 1-5 的结果所示，将浮点数和整数混合进行算术运算（除法以外）时，结果将是浮点数。

但是，对于除法，结果取决于使用的除法运算符。使用浮点数除法运算符（/）时，无论操作数是整数还是浮点数，结果都是浮点数。使用整除运算符（//）时，如果一个或者多个操作数为浮点数，结果也是一个浮点数，但小数部分被舍弃。

> **注意事项** 使用浮点数除法运算符（/）时，结果总是浮点数。使用整除运算符（//）时，如果一个或者两个操作数为浮点数，则结果为浮点数，但小数部分被舍弃。

如会话 1-6 所示，在 Python 中，我们还可以使用 int 函数或者 float 函数显式地将数值转换为整数或者浮点数。这些**函数**是内置的 Python 代码，对函数名后面括号中的参数值进行操作。例如，float(5) 将整数 5 转换为浮点数 5.0。相反，int(3.99999) 将浮点数 3.99999 转换为整数 3。当将浮点数转换为整数时，Python 总是丢弃小数部分。如果要将浮点数转换为最接近的整数，我们可以使用内置的四舍五入函数。例如，round(3.99999) 将浮点数 3.9999 四舍五入为 4。

会话 1-6　整数和浮点数之间的相互转换

```
>>> float(5)
5.0
>>> int(3.99999)
3
>>> round(3.99999)
4
```

表 1-3 总结了这些数值类型转换函数。

表 1-3　Python 语言中数值类型之间的转换函数

函数	描述
float(i)	把整数 i 转换为浮点数
int(f)	把浮点数 f 转换为整数。舍弃小数部分
round(f)	把浮点数 f 转换为最接近的整数

总之，我们已经了解到 Python 支持若干基本的数值类型对象：整数用于普通的简单算术运算，适用于高精度或者处理非常大的数；浮点数用于科学应用程序和财务应用程序，在财务处理中需要记录美元和美分。然而，到目前为止，我们将 Python 仅仅作为一个计算器使用。在下一节中，我们将添加一些 Python 基本元素，这些基本元素将为我们提供更多的功能。

1.5.2　命名对象

我们常常希望记住某个对象。Python 允许我们**命名**对象，以便以后可以引用这些对象。

例如，我们可能希望在数学表达式中使用名称 pi，而不是值 3.14159。我们可能希望给一个多次被使用的值命名，而不是每次都重新计算该值。

在 Python 中，我们可以使用**赋值语句**（assignment statement）来命名对象。语句与表达式类似，只是不产生需要打印的值。赋值语句由三部分组成：左侧、右侧和赋值运算符（＝）。右侧可以是任何 Python 表达式，左侧是要为其分配表达式求值结果的变量名称。

变量名称 = python 表达式

当 Python 解释器执行赋值语句时，它首先计算在等号右侧表达式的值。对右侧表达式求值后，将使用等号左侧的变量名称引用结果对象。在计算机科学中，这些名称被称为**变量**（variable）。更正式地说，我们将变量定义为对数据对象的命名引用。换句话说，变量仅仅是一个名称而已，它允许我们定位一个 Python 对象。

假设我们要计算圆柱体的体积，并且假设圆柱体底部圆的半径为 8 厘米，高度为 16 厘米。我们可以使用公式：volume（体积）=area of base（底部圆的面积）*height（高度）。我们可以把这项计算任务分成若干条赋值语句，而不是采用一个复杂的表达式来计算所有的任务。首先，将数字对象分别命名为"pi""radius"和"height"，然后，我们使用命名对象来计算底部圆的面积，最后计算圆柱体的体积。会话 1-7 展示了如何使用多条赋值语句和Python 算术运算来求解我们的问题。

会话 1-7　使用赋值语句计算圆柱体的体积

```
>>> pi = 3.14159
>>> radius = 8.0
>>> height = 16
>>> baseArea = pi * radius ** 2
>>> baseArea
201.06176
>>> cylinderVolume = baseArea * height
>>> cylinderVolume
3216.98816
```

完成会话 1-7 中的计算任务后，读者可能会提出以下疑问：

- 在 Python 中，等号的使用与在数学课上学到的等号有什么区别？
- 如果更改 baseArea 的值，cylinderVolume 会自动更新吗？
- 为什么 Python 不在第一条赋值语句之后输出 pi 的值？
- 在 Python 中哪些名称是合法的？

接下来，我们逐一解答上述疑问。Python 中的等号与数学课上学到的符号有很大区别。实际上，我们不应该从相等的角度来考虑等号，而应该把它看作赋值运算符，它的任务是将变量名称与对象关联起来。图 1-5 说明了在 Python 中变量名称是如何与对象相关联的。图 1-5 中所有的变量名称和对象都来自会话 1-7。变量名称和它们所引用的对象之间的关系由它们之间的箭头表示。

另一种理解赋值的方法是想象赋值语句就像是把一个写有名字的黏性标签附加到一个对象上。我们知道，在现实世界中可以在一个对象上放置多个黏性标签，而在 Python 世界中，这种类比也适用：一个 Python 对象可以有多个名称。例如，假设我们又编写了一条赋值语句：x = 8.0。执行该语句后，我们可以添加另一个名为 x 的标签，使用另一个箭头指向对象 8.0，如图 1-6 所示。

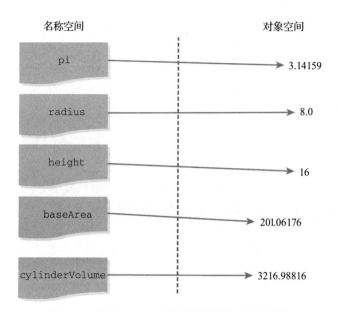

图 1-5 展示 Python 中简单赋值语句的引用图

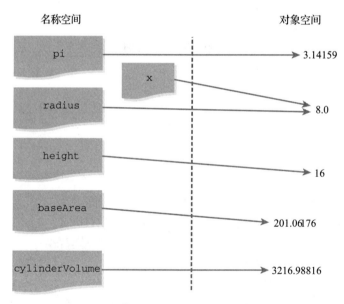

图 1-6 赋值语句 x=8.0 执行后的引用图

变量可以代替 Python 表达式中的实际对象。当 Python 对表达式"pi * radius ** 2"求值时，它首先查找 pi 和 radius 以确定它们所引用的对象；然后将它们的值替换到表达式中。因此，表达式变成 3.14159 * 8.0 ** 2。接下来，Python 计算 8.0 ** 2 的值，得到 64.0 的中间结果。然后，Python 计算 3.14159 * 64.0 的值，得到结果值 201.06176。在对表达式的右侧求值之后，Python 将值 201.06176 赋给名称 baseArea。类似地，Python 通过用值 201.06176 替换 baseArea 并乘以 16 来计算表达式 baseArea * height 的值。然后 Python 将结果值 3216.98816 赋给名称 cylinderVolume。

让我们再讨论一个使用赋值的例子。考虑会话 1-8 中的 Python 语句。

会话 1-8　Python 按顺序执行赋值语句

```
>>> a = 10
>>> b = 20
>>> a = b
>>> a
20
>>> b
20
```

这三条赋值语句执行之后，a 引用哪个对象？为了回答这个问题，需要意识到 Python 是从上到下依次执行语句的。让我们按照 Python 执行各语句的顺序重新描述正在发生的事情。

1）将名称 a 指向整数对象 10。

2）将名称 b 指向整数对象 20。

3）找到名为 b 的对象，然后将名称 a 指向该对象。

这个问题的最终结果是 a 现在引用对象 20，如图 1-7 所示。此外，由于 b 在初始赋值之后并没有被改变，因此 b 继续引用对象 20。如果对这个例子感到困惑，请自己尝试逐步绘制引用关系图。

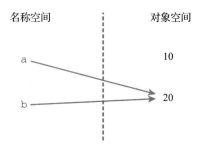

图 1-7　赋值语句 a=b 执行后的结果

至此，我们已经学习了许多有关赋值运算符的知识，因此可以理解将变量名称 baseArea 指向其他对象不会对变量名称 cylinderVolume 产生任何影响。如果我们希望 baseArea 的新值影响 cylinderVolume 的值，则需要命令 Python 使用 baseArea 的新值重新执行赋值语句 cylinderVolume = baseArea * height。

由于赋值是一条语句而不是一个表达式，因此它不返回值，结果就是没有什么可打印的。这就是为什么在会话 1-7 和会话 1-8 中，在赋值语句之后看不到任何输出结果。

单独的名称作为一条代码行，其本身就是一个非常简单的 Python 表达式。请注意，只要键入一个名称，Python 就会查找对象的值并将其作为表达式的结果返回。当我们输入 baseArea 和 cylinderVolume 时，在会话 1-7 中可以观察到该结果；在会话 1-8 结束时，输入 a 和 b 之后就可以观察到输出结果。Python 通过打印它们的值来响应。

在 Python 中，需要牢记以下几条重要的命名规则：名称可以包含任何字母、数字或者下划线；名称必须以字母或者下划线（_）开头；Python 区分大小写，这意味着 baseArea、basearea 和 BaseArea 是三个不同的名称。

Python 保留了一些名称供自己使用。这些**关键字**（keyword）对应于我们将要学习的重要 Python 功能。表 1-4 列出了 Python 的所有保留关键字。同样，这些保留字是区分大小写的。例如，True 是一个保留关键字，但 true 不是。为了避免混淆，最好不要选择与保留字仅存在大小写区别的名称。

表 1-4　Python 保留关键字

and	continue	finally	is	raise
as	def	for	lambda	return
assert	del	from	None	True
async	elif	global	nonlocal	try
await	else	if	not	while
break	except	import	or	with
class	False	in	pass	yield

> **摘要总结** Python 名称必须遵循以下规则：
> - 名称必须以字母（大小字母或者小写字母）或下划线（_）开始。
> - 名称可以包含字母（大小字母或者小写字母）、下划线（_）和数字。
> - 名称不能为 Python 关键字（见表 1-4）。
> - 名称区分大小写。

> **最佳编程实践** 注意，我们在创建名称时使用**驼峰式命名规范**（camelCase），即第一个单词用小写字母开始，内部单词用大写字母开始。这可以增加名称的可读性，也更容易记住它的拼写。避免选择仅仅与 Python 的保留字大小写不同的对象名称也是一个很好的编程实践。

动手实践

1.15 给定以下 Python 语句：

```
a = 79
b = a
a = 89
```

（a）绘制在执行完前两条语句后的名称和对象之间的引用关系图。

（b）绘制执行完最后一条语句后的名称和对象之间的引用关系图。

1.16 以下变量名称中哪些是合法的？

（a）_abc123

（b）123abc

（c）abc123_

（d）_123

1.17 考虑以下语句：

```
a = 10
b = 20
c = a * b
d = a + b
```

绘制执行完这些语句后的名称和对象之间的引用关系图。

1.18 当 Python 执行以下四条赋值语句后，a 和 b 的值分别是什么？

```
a = 10
b = 20
a = b
b = 15
```

1.19 考虑以下语句：

```
idx = 0
idx = idx + 1
idx = idx + 2
```

当 Python 执行完以上三条赋值语句后，idx 的值是什么？

1.5.3　抽象

抽象（abstraction）被定义为与任何特定实例无关的概念或者思想。例如，我们可以将计算器上的数学函数（例如平方根、正弦和余弦）看作抽象函数。这些函数可以计算任意数的值，但计算平方根的方法与特定数无关。从这个角度来看，可以把计算平方根的函数看作一个总体概念。平方根函数对所有数字都同样有效，因为它是一个通用函数。对于每个具体的数值，不存在一个特殊的平方根函数；只存在一个函数，对所有的数值都有效。

理解函数的方式之一是把它当作一个"黑匣子"，把输入信息发送到黑匣子的一边，新的信息就会在出现在黑匣子的另一边。我们不知道黑匣子里面到底发生了什么，但知道黑匣子应该执行了某些行为。图 1-8 说明了平方根函数的概念。

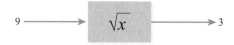

$$9 \longrightarrow \boxed{\sqrt{x}} \longrightarrow 3$$

图 1-8　平方根函数的"黑匣子"视图

Python 语言包含许多这样的抽象。实际上，我们将在 Python 中看到的许多新事物都是使用我们已经讨论过或者稍后将要讨论的 Python 基本元素构建的抽象。换句话说，大部分 Python 语言的功能都是用 Python 语言编写的。

1. `turtle`（海龟）模块

Python 语言的许多附加功能都是通过**模块**（module）提供的。模块是预先编写的 Python 代码，实现某种旨在简化程序设计的抽象。为了应用模块的功能，我们必须告知 Python 事先加载所需的模块。加载模块所需的语句是 `import modulename`。

当我们导入（import）模块时，在 Python 中将创建一个对象。该对象具有类型 `module`（模块），附属在该对象上的名称与导入模块语句中的模块名一致。Python 中的每个对象都有三个重要特征：标识、类型和值。此外，一些 Python 对象还具有称为**属性**（attribute）的特殊值；一些 Python 对象还具有**方法**（method），方法是 Python 代码的一部分，允许用户请求对象执行某种操作。在进一步讨论之前，让我们看一个简单的例子。

我们将使用的示例是 `turtle` 模块，该模块提供了一个称为海龟的简单图形编程工具。`turtle` 是一个我们可以控制的对象。`turtle` 可以向前或者向后移动，也可以向任何方向转弯。当 `turtle` 移动时，如果它的尾巴向下，则会绘制一条线。`turtle` 是一个 Python 对象，同时具有属性和方法。表 1-5 列举了 `turtle` 对象的一些属性。

表 1-5　`turtle` 对象的属性

Position	turtle 对象在屏幕上的坐标位置
Heading	turtle 对象所朝向的方向
Color	turtle 对象的颜色
Tail position	turtle 对象的尾巴可以抬起或者放下

表 1-6 是 `turtle` 对象的方法一览表。函数和方法是广义行为的抽象。正如 cos(20) 或者 $\sqrt{20}$ 之类的数学函数接受参数一样，Python 函数和方法也可以接受参数。第二列标题为"参数"。参数（parameter）是我们指示函数具体应该执行什么操作的方式。如果在参数列中看到 Python 关键字 `None`，则意味着该方法不需要任何参数来完成其任务。

表 1-6　turtle 对象的方法一览表

方法名	参数	说明
Turtle	None	创建并返回一个新的 turtle 对象
forward	Distance（距离）	向前移动 turtle
backward	Distance（距离）	向后移动 turtle
right	Angle（角度）	顺时针旋转 turtle
left	Angle（角度）	逆时针旋转 turtle
up	None	抬起 turtle 的尾巴
down	None	放下 turtle 的尾巴
pencolor	Color name（颜色名称）	更改 turtle 尾巴的颜色
fillcolor	Color name（颜色名称）	更改 turtle 用于填充多边形的颜色
color	Color name（颜色名称）	更改 turtle 尾巴和用于填充多边形的颜色
heading	None	返回当前方向
position	None	返回当前位置
goto	x,y	移动 turtle 到坐标 (x,y) 所在的位置
begin_fill	None	设置一个填充多边形的起始点
end_fill	None	完成一个多边形的绘制并使用当前填充色进行填充
dot	None	在当前位置绘制一个点

首先，我们将讨论 turtle 对象的方法。例如，我们可以指示 turtle 对象前进（forward）、后退（backward）、左转（left）、右转（right），或者返回其当前位置（position）。turtle 有一条可以抬起（up）或者放下（down）的尾巴。当 turtle 的尾巴处于放下状态时，若 turtle 移动，则会绘制一条线。当 turtle 的尾巴处于抬起状态时，若 turtle 移动，则什么也不绘制。在会话 1-9 中，我们创建了一个 turtle 对象并尝试了 turtle 的一些功能。

会话 1-9　使用 turtle 模块

```
>>> import turtle
>>> turtle
<module 'turtle' from
'C:\\Users\\julie\\AppData\\Local\\Programs\\Python\\Python38\\lib\\turtle.py'>
>>> gertrude = turtle.Turtle()
>>> gertrude
<turtle.Turtle object at 0x000001F5196D3080>
>>> gertrude.forward(100)
>>> gertrude.right(90)
>>> gertrude.forward(50)
>>> gertrude.position()
(100.00,-50.00)
>>> gertrude.heading()
270.0
```

让我们逐行分析上述示例的代码。在第一行中，使用 import 语句加载 turtle 模块。在第二行中，指示 Python 解析 turtle 这个名称。Python 返回解析结果，告知我们名称 turtle 被分配到的对象的标识。该标识指示该模块对应的 Python 代码所在的位置。此位置将根据读者使用的计算机类型和安装 Python 的位置而有所不同。如果读者感兴趣，可以打开该位置中指定的 turtle.py 文件，查看其中的 turtle 方法。

一旦我们加载了 turtle 模块，就可以开始使用模块中的方法来执行一些有趣的任务。

在第 5 行是一条赋值语句，用于生成一个新的 `turtle` 对象，并命名为 `gertrude`。

在阅读本节时，如果我们以交互方式键入此会话，则将看到当创建一个 `turtle` 对象时，屏幕上会出现一个新窗口，如图 1-9a 所示。屏幕中间的箭头代表 `turtle`。当首次创建 `turtle` 对象时，它位于窗口中间的位置 (0.0, 0.0)。`turtle` 的初始方向是 0.0 度，即指向正右方。新 `turtle` 的颜色属性为黑色，尾巴处于放下状态。当移动 `turtle` 时，它会记住其最新位置、面对的方向以及其尾巴的状态（抬起还是放下）。

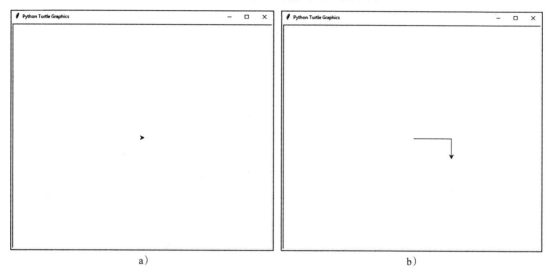

a)   b)

图 1-9 使用 `turtle` 图形。a) 刚刚创建好的 `turtle` 对象；b) 经过若干次移动后的 `turtle`

在进一步讨论这个例子之前，需要更详细地解释第 5 行代码。请注意，表达式 `turtle.Turtle()` 包含一个新的运算符：点运算符（.）（dot operator）。点运算符指示 Python 在点的前面查找名称并返回其命名的对象，这个过程称为**解引用**（dereferencing）。在这种情况下，解引用操作允许 Python 找到 `turtle` 模块。一旦找到了该模块，Python 就会在模块中查找点右边的名称。在本例中，Python 寻找 `Turtle` 方法。一种好的理解方法是将 `Turtle` 视为位于 `turtle` 模块"内部"的 Python 代码。所以点运算符引导我们到 `turtle` 模块，然后在 `turtle` 模块中找到名为 `Turtle` 的对象。

如上所述，`turtle.Turtle()` 是一个创建新对象的方法。请注意，`Turtle` 方法不带任何参数；但是，在调用方法时，必须包含括号，即使其中是空的。新创建的对象的类型是 `Turtle`。创建新对象的方法称为**构造方法**（constructor）。我们构造的新 `turtle` 对象称为 `Turtle` 类型的**实例**（instance）。

> **注意事项** 调用方法时，方法名后面的括号始终是必需的，即使该方法不带任何参数。

接下来的两行代码简单表明，当解析一个更复杂对象所对应的名称时，Python 将返回该对象的表示形式。与数值不同之处在于，数值的表示是不言而喻的，而 `turtle` 的表示则显示对象的唯一标识。在本例中，结果显示 `gertrude` 是 `<turtle.Turtle object at 0x000001F5196D3800>`。更确切地说，这个结果表明，`gertrude` 的类型是 `turtle.Turtle`。此外，该 `turtle` 对象位于计算机内存中的 `0x000001F5196D3800` 位置。

至此，我们创建了一个名为 `gertrude` 的新 `turtle` 对象，接下来的 3 行代码指示

gertrude 绘制一些图形。正如我们所料，gertrude.forward(100) 使 turtle 向前移动 100 个单位。再次强调，点运算符对于理解 Python 如何解释执行语句非常重要。首先，点运算符指示 Python 对名称 gertrude 进行解引用。当 Python 找到该对象时，它会解析该 turtle 对象 "内部" 的 forward 方法。forward 方法意味着需要向前移动 100 个单位，因为我们将参数 100 传递给该方法。在这种情况下，我们希望 gertrude 向前移动 100 个单位；然后右转 90 度；然后再次向前移动，但这次只是移动 50 个单位。如果我们自己运行这个示例，那么运行结果窗口应该如图 1-9b 所示。

会话 1-9 中最后 4 行代码表示我们可以使用方法请求 turtle 对象返回其自身的信息。首先，调用 gertrude.position() 方法请求 gertrude 对象返回其位置信息。gertrude 返回结果 "turtle 位于 (100.0, −50.0)"。实际上，position() 方法返回值 (100.0, −50.0)，并输出该值。所有函数都可以返回值，然后这些值都可以包含在 Python 表达式中。事实上，position 方法的返回值与余弦函数的返回值并没有什么区别。类似地，heading() 方法告知我们 gertrude 当前 turtle 面对的是 270.0 度方向。

在 turtle 的世界里，坐标 (0.0, 0.0) 位于窗口的中心。当 turtle 向右移动时，x 坐标向正方向增大。如果 turtle 向窗口左侧移动，则 x 坐标会减小，并在窗口中间左侧变为负值。类似地，y 坐标随着 turtle 向窗口顶部移动而增大，但随着 turtle 向窗口底部移动而减小，并在窗口中间下方变为负值。计算机屏幕上的一个像素对应于 turtle 移动的一个单位。turtle 的朝向范围从 0 到 359 度，沿窗口逆时针方向移动。如果 turtle 的方向是 0.0 度，那么它是朝着右边方向；90.0 度是向上方向；180.0 度是向左方向；270.0 度是向下方向。

turtle 模块还包含许多其他的方法。表 1-6 只显示了其中一部分方法。在本书后续的例子中，我们将根据需要介绍其他方法。

动手实践

1.20 创建一个 turtle 对象 sven。指示 sven 向前移动 50 个单位。请问 sven 位于什么位置？

1.21 创建一个 turtle 对象 ole，指示 ole 向右旋转 45 度，然后向前移动 50 个单位。请注意，此时我们在同一个窗口中拥有两个 turtle 对象。

1.22 在一张绘图纸上绘制出某个物体的简单线条草图。使用表 1-6 中列出的 turtle 方法，重新绘制该线条草图。

2. 编写自定义函数

除了 Python 语言提供的函数，我们还可以编写自定义函数，将自己的抽象添加到 Python 语言中。实际上，函数只是另一种具有一些特殊功能的 Python 对象。在 Python 中，我们可以使用 def 语句定义一个函数。使用 def 语句定义函数的一个通用模板如下所示：

```
def functionName(param1, param2, …):
    statement1
    statement2
    …
```

def 语句首先为函数命名。接下来，指定希望函数接受的参数。在 Python 中，我们可以为编写的函数设置零个或者多个参数。所有参数都必须包含在函数名后面的括号内。接下来，使用一个冒号字符告知 Python 解释器后面的缩进语句序列是函数的一部分。当遇到未缩进的行时，Python 将停止读取 def 语句的行。在同一个缩进级别的一组 Python 语句称为**语句块**（block）。

> **注意事项**　在定义函数时，我们可以使用制表符或者空格缩进函数块中的所有语句，但必须在整个函数中保持一致。换句话说，如果我们使用制表符缩进，则函数中的所有行都需要使用制表符缩进。如果我们使用空格缩进，则函数中的所有行都需要缩进相同数量的空格。

接下来，让我们尝试编写一个真正的函数。假设我们正在开发一个图形程序，需要绘制很多正方形。每次绘制一个正方形的时候，需要告知 turtle 如何绘制正方形，这样做十分烦琐并且工作重复。事实上，正方形是抽象的一个例子。我们知道正方形是一种几何形状，有四条等长的边和四个 90 度的角。对于一个正方形，唯一未知的变量是边长。

我们的目标是编写一个函数，可以使用任意 turtle 来绘制任意大小的正方形。为了解决这个问题，我们需要两个信息，即绘制正方形的 turtle 和正方形的边长。这些信息将成为函数的参数。

下一步是使用参数和 turtle 的内置方法。我们通过把 turtle 向前移动并向右旋转 4 次的方法绘制一个正方形。程序清单 1-1 显示了一个完整的 Python 函数，该函数使用 turtle 绘制一个正方形。

程序清单 1-1　使用 turtle 绘制一个正方形的函数

```
1  def drawSquare(myTurtle, sideLength):
2      myTurtle.forward(sideLength) #第一条边
3      myTurtle.right(90)
4      myTurtle.forward(sideLength) #第二条边
5      myTurtle.right(90)
6      myTurtle.forward(sideLength) #第三条边
7      myTurtle.right(90)
8      myTurtle.forward(sideLength) #第四条边
9      myTurtle.right(90)
```

注意，函数体中的语句与我们第一次使用 turtle 时交互输入的 turtle 命令相同。将命令放在函数中可以将它们组合在一起，这样就可以像一个接一个地键入命令一样运行整个命令集。这是编写函数所能实现的强大功能之一。还必须记住，Python 将严格按照在函数中键入的顺序执行命令。

在程序清单 1-1 中，需要注意的是出现在第 2、4、6 和 8 行的新元素：散列字符（#）。散列字符用于开始一个**注释**。Python 解释器忽略散列字符后面的所有文本，直到行尾。因此，注释允许程序员将描述性文档放入 Python 代码中，而不会影响程序的执行结果。读者将发现在我们的会话代码中包含许多注释。

> **最佳编程实践**　使用注释语句，以增加代码的可读性和可理解性。

使用"记事本"程序或者 TextEdit 程序创建一个新文件，输入与程序清单 1-1 所示完全一致的代码（包括函数块的缩进），以创建 drawSquare 函数。输入函数代码后，将其保存到一个名为 ds.py 的文件中。为了便于查找此文件，请将 IDLE 的 "Start in" 属性设置为保存文件的文件夹。我们刚刚创建了自己的第一个模块！正如 turtle 是其他 Python 程序员创建的模块一样，我们也创建了一个名为 ds 的模块。

> **注意事项** 请务必将 drawSquare 函数保存在扩展名为 .py 而不是 .txt 的文件中。扩展名 .py 向 Python 解释器指示文件包含 Python 代码。

接下来，我们就可以使用 drawSquare 函数了，如会话 1-10 所示。在这个会话中运行命令之后，结果将生成如图 1-10 所示的图像。

会话 1-10   演示调用函数的 Python 会话

```
>>> from ds import *
>>> import turtle
>>> t = turtle.Turtle()
>>> drawSquare(t, 150)
```

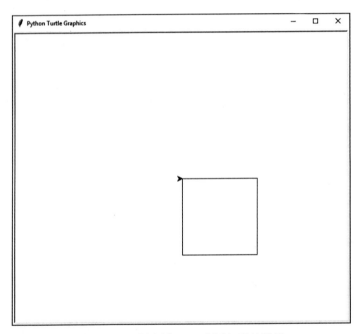

图 1-10   运行会话 1-10 中语句后的结果

在这个简单的示例中涉及很多操作，但是只包含少数没有讨论过的新操作。首先，我们导入 turtle 模块和 ds 模块。当执行 import turtle 语句时，除非使用 turtle 前缀，否则 turtle 模块中的所有函数都"不可见"。但是，如果使用 from ds import * 语句，即使不使用 ds 前缀，文件 ds.py 中定义的所有函数也都是"可见"的。

然后，我们创建一个新的 turtle 对象 t，并调用函数 drawSquare。Python 知道它应该像处理函数调用一样处理对象 drawSquare，因为它的名称后面包含括号。我们甚至可以通过键入不带括号的函数名 drawSquare 来证明 drawSquare 是一个普通的对象。如果对函数名求值，则 Python 将返回类似于 <function drawSquare at 0x000001C3863E01E0> 的结果。

当我们调用函数 drawSquare 时，将传递两个对象 t 和 150。当调用一个函数时，传递的参数对象将与定义该函数时给定的参数名匹配。列表中的第一个参数命名第一个对象，列表中的第二个参数命名第二个对象，依此类推。在本例中，t 在 drawSquare 函数中的名称是 myTurtle。turtle 对象现在有两个名字。类似地，在 drawSquare 函数中，150 现在的名称是 sideLength。

　　图 1-11 中的引用关系图指示了如何匹配所有名称和对象。这张图被适当地简化了，但是我们将在后面的章节中为这些图添加更多的细节。需要强调的是，必须注意函数参数的名称与调用时传递给函数对象之间的关系。

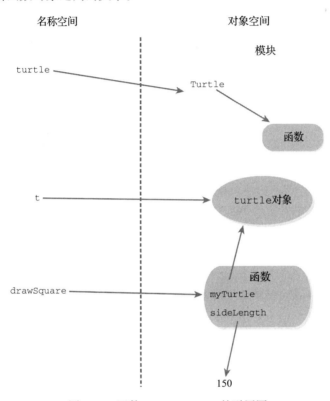

图 1-11　函数 drawSquare 的引用图

　　图 1-11 显示了三个名称：1）turtle，引用之前所导入的 turtle 模块；2）t，引用通过调用 turtle 构造方法（turtle.Turtle()）创建的 turtle 对象，显示在 turtle 模块内；3）drawSquare，引用为绘制正方形而定义的函数对象。在名为 drawSquare 的函数对象中，我们可以观察到两个附加名称：1）myTurtle，引用名为 t 的 turtle 对象；2）sideLength，引用没有其他名称的整数对象 150。

动手实践

1.23 修改 drawSquare 函数，绘制一个宽度为 sideLength 的两倍的长方形。

1.24 创建一个名为 drawRectangle 的新函数，带 3 个参数：myTurtle、width 和 height。

1.25 假设在会话 1-10 中，使用语句 import ds 代替语句 from ds import *。继续执行会话中剩余的语句，并绘制该会话的引用关系图。

1.26 使用如下参数调用在动手实践 1.24 中编写的函数：`drawRectangle(t,50,300)`。
1.27 为前一道题绘制引用关系图。

1.5.4 循环

尽管前面讨论的 `drawSquare` 函数可以正常运行，但我们的解决方案存在一个有待改进的地方：必须重复执行向前移动并向右旋转的语句 4 次。我们可以使用 Python 提供的语句来消除这种重复，该语句用于多次重复执行一个代码块，即 `for` 循环。`for` 循环是在程序中使用**重复**操作的一个示例。

在重新编写 `drawSquare` 函数之前，让我们先看看 `for` 循环的语法结构，以便更好地了解此语句的工作原理：

```
for i in range(n):
    statement1
    statement2
    ...
```

注意，`for` 循环的语法模板与 `def` 函数定义的语法模板有一定的相似之处。使用一个以冒号结尾的开始行，后跟缩进的代码块。关于 `for` 循环，我们现在只需要了解缩进块中的每个语句将被计算 n 次，其中 n 是 `range` 函数的参数。如果第一行代码是"`for i in range(10):`"，则每个语句将被执行 10 次。稍后我们将展开讨论 `range` 函数和语句中的 `i` 以及 `in` 的作用。

接下来，让我们看看如何使用这种简单重复的思想来改进 `drawSquare` 函数，使其更加简单优雅。事实上，我们需要把这两条语句（`turtle` 向前移动和向右旋转）包含在一个循环中，并重复执行 4 次。新的改进后的 `drawSquare` 函数如程序清单 1-2 所示。

程序清单 1-2　drawSquare 函数的改进版本

```
1    def drawSquare(myTurtle, sideLength):
2        for i in range(4):
3            myTurtle.forward(sideLength)
4            myTurtle.right(90)
```

> **注意事项**　读者可能已经注意到了 Python 代码中的颜色[⊖]。IDLE 程序会使用颜色来突出显示代码，以便区分程序的各个部分。默认情况下，关键字为橙色，函数名为蓝色，内置函数名称为紫色，输出为蓝色。我们可以通过选择"Options"（选项）菜单，然后选择"Configure IDLE"（配置 IDLE）命令中的"Highlights"（突出显示）选项卡来更改这些颜色。

1. 绘制螺旋形图案

本节的目标是了解如何使用 `for` 循环让 `turtle` 创建更复杂的正方形螺旋图案。为了创建一个螺旋形的图案，每当 `turtle` 向前移动时，正方形的边长都需要增大。一旦理解了 `for` 语句尚未展开阐述的两个组成部分，就很容易实现该功能。

首先，让我们讨论 `range` 函数。如果让 Python 对表达式 `range(5)` 求值，则结果将得到一个**序列对象**（sequence object），表示为数值 [0，1，2，3，4]。

⊖ 本书中未显示代码中的颜色，可通过 Python 解释器查看。——编辑注

range 函数具有多种功能，可以根据用户所提供的参数创建各种序列。我们可以采用以下三种方法调用 range 函数：

- range(stop)：创建一个从 0 开始直到 stop - 1 的数字序列，数字序列每次递增 1。
- range(start, stop)：创建一个从 start 开始直到 stop - 1 的数字序列，数字序列每次递增 1。
- range(stop, stop, step)：创建一个从 start 开始直到 stop - 1 的数字序列，数字序列每次递增 step。

现在我们对 range 函数有了更深入的理解，接下来讨论 range 函数中的**循环变量**，这个变量总是跟在关键字 for 后面。在程序清单 1-3 中，循环变量名为 sideLength。在 Python 中，循环变量在第一次循环遍历中为 range 函数生成序列中第一个项的名称；在第二次循环时，循环变量使用序列中第二个项的名称，依此类推，直到序列中没有更多项为止。我们可以使用任何有效的 Python 名称作为循环变量。

程序清单 1-3   一个绘制螺旋形图案的 Python 函数

```
1    def drawSpiral(myTurtle, maxSide):
2        for sideLength in range(1, maxSide + 1, 5):
3            myTurtle.forward(sideLength)
4            myTurtle.right(90)
```

图 1-12 显示了调用 range 函数所产生的序列，以及第 4 次循环遍历时，item 所引用的对象值。注意，55 是序列中的最后一项，因为 range 函数的结果中不包括上界 60。

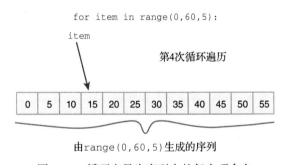

图 1-12   循环变量为序列中的每个项命名

➕➖ 动手实践
✖️➗

1.28   使用 range 函数创建一个 5 的倍数的数值序列（直到 50）。

1.29   使用 range 函数创建一个从 −10 到 10 的数值序列。

1.30   使用 range 函数创建一个从 10 到 −10 的数值序列。

与其他 Python 名称一样，循环变量也可以用于表达式和函数调用。为了求解绘制螺旋形图案的问题，程序清单 1-3 在一个名为 drawSpiral 的函数中使用了一个循环变量来绘制螺旋形图案。这个函数有两个参数：turtle 对象和螺旋形图案最长边的长度。我们从长度为 1 的第一条边开始；每次通过循环，我们将螺旋形图案下一条边的长度增加 5。

图 1-13 展示了程序清单 1-3 中 for 循环的前四次迭代。在第一次迭代中，turtle 绘

制了一条 1 个单位长度的线,因为 sideLength 引用由 range(1, maxSide+1, 5) 生成的序列中的第一项,即 1。在第二次迭代中,边长引用的是数值 6,所以 turtle 绘制了一条 6 个单位长度的线。在第三次迭代中,sideLength 引用的是数值 11;在第四次迭代中,sideLength 引用序列中的第四个数字,即 16。

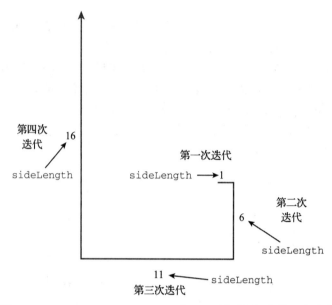

图 1-13 drawSpiral(t, 150) 中 for 循环语句的前四次迭代

动手实践

1.31 修改绘制螺旋形图案的函数,每次迭代时旋转大于 90 度。

1.32 修改绘制螺旋形图案的函数,每次迭代时旋转小于 90 度。

1.33 修改绘制螺旋形图案的函数,使用循环变量作为旋转的角度。

1.34 修改绘制螺旋形图案的函数,使用第二个 turtle,创建两个方向相反的螺旋形图案。

1.35 编写一个函数 drawTriangle,所带的三个参数分别为两个边长和一个夹角,绘制一个三角形。(提示:需要记住起始位置。)

1.36 编写一个函数,绘制 10 个正方形组成的系列,每个正方形的边长比前一个正方形的边长小 5 个像素。要求所有的正方形从相同的位置开始。

1.37 修改上一道练习题,使得所有的正方形都居中。

1.38 使用 turtle 对象绘制函数图形 $y=x^2$。

1.39 使用 turtle 对象绘制函数图形 $y=x/2+3$。

2. 绘制圆形

本章的最后一个问题是编写一个函数,使用 turtle 对象绘制一个给定半径的圆形。虽然这看起来是一项艰巨的任务,但本节我们要学会首先尝试解决一个简单的问题,然后利用所学的知识来解决更普遍的问题。第一个挑战是 turtle 的功能只允许绘制直线。但是通过绘制许多短直线,结果可以近似于一条曲线。

假设我们的问题是绘制一个三角形而不是一个圆。从 drawSquare 函数开始，很容易修改 drawSquare 函数来编写 drawTriangle 函数。我们可以将调用 range(4) 修改为 range(3)，因为现在只需要三条边。还需要更改作为向右旋转函数参数所传递的旋转角度数。

绘制等边三角形时，每次需要旋转多少度呢？当完成三角形绘制时，我们希望 turtle 指向和初始时相同的方向。所以，当我们绘制三角形的三条边时，turtle 总共旋转 360 度。这与 drawSquare 函数相匹配，该函数执行了 4 个 90 度的转向（4×90＝360）。所以，为了绘制一个三角形，我们将使用 360÷3＝120 作为旋转角度。程序清单 1-4 显示了为创建 drawTriangle 函数而对 drawSquare 函数所做的一些小更改。

程序清单 1-4　一个绘制三角形的 Python 函数

```
1    def drawTriangle(myTurtle, sideLength):
2        for i in range(3):
3            myTurtle.forward(sideLength)
4            myTurtle.right(120)
```

至此，我们实现了两个简单多边形的绘制示例：等边三角形和正方形。按照前文建立的绘制三角形和正方形的模式，我们很容易想象如何编写一个函数来绘制五角形或者八角形。表 1-7 描述了绘制几个不同多边形的 range 函数和 right 函数所需的参数值。

表 1-7　绘制若干多边形所使用的边数和旋转角度

名称	边数	range()	旋转角度
等边三角形	3	3	360/3＝120
正方形	4	4	360/4＝90
正五边形	5	5	360/5＝72
正八边形	8	8	360/8＝45

表 1-7 表明我们可以编写一个比 drawSquare、drawTriangle 甚至 drawOctagon 更抽象的函数。我们在本例中使用的抽象是正多边形。在更高的抽象层次上创建一个函数来代替许多简单的函数，是计算机科学中常见并且重要的问题求解技术之一。

> **最佳编程实践**　一种重要的问题求解技术是创建一个函数，在更高的抽象级别上替换许多简单的函数。

例如，如果我们给函数传递第三个参数，就可以编写一个函数来绘制任意正多边形。第三个参数告诉函数需要绘制的边的数量。一旦知道了需要绘制的边数（numSides），我们就可以使用公式 turnAngle=360 / numSides 轻松地计算出旋转角度。新的 drawPolygon 函数如程序清单 1-5 所示。

程序清单 1-5　一个绘制任意大小的正多边形的 Python 函数

```
1    def drawPolygon(myTurtle, sideLength, numSides):
2        turnAngle = 360 / numSides
3        for i in range(numSides):
4            myTurtle.forward(sideLength)
5            myTurtle.right(turnAngle)
```

会话 1-11 和图 1-14 演示了对 drawPolygon 函数的若干次调用，假设我们已经将代码保存到一个名为 dp.py 的文件中。然而，在调用 drawPolygon 函数之前，我们希望将 turtle

向左移动并使其面朝上。为此，我们抬起 turtle 的尾巴，这样 turtle 在移动时就不会留下一条路径；然后将 turtle 向后移动 200 像素，再向左旋转 90 度，最后放下 turtle 的尾巴。

会话 1-11　测试 **drawPolygon** 函数

```
>>> from dp import *
>>> import turtle
>>> t = turtle.Turtle()
>>>
>>> # 将 turtle 向左移动并使其面朝上
>>> t.up()
>>> t.backward(200)
>>> t.left(90)
>>> t.down()
>>>
>>> # 使用不同的边长度 size 和边数量 side 调用 drawPolygon 函数绘制多边形
>>> drawPolygon(t, 100, 4)
>>> drawPolygon(t, 100, 8)
>>> drawPolygon(t, 50, 20)
>>> drawPolygon(t, 20, 20)
```

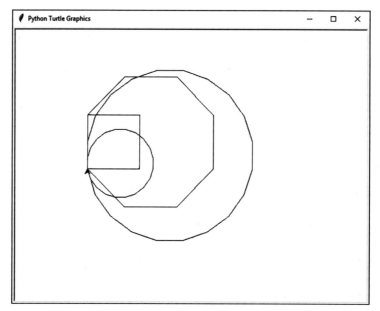

图 1-14　drawPolygon 函数绘制的若干多边形

注意，调用 drawPolygon(t, 20, 20)，结果绘制了一个近似圆形。

至此，我们已经解决了使用一个大正多边形来近似绘制圆形的问题。现在让我们回到最初的问题陈述：画一个给定半径的圆。因此，最后的困难是如何使用半径来计算正多边形边的数量和边的长度。

假设为了得到尽可能平滑的圆，即使我们在画一个很大的圆，仍然选择绘制一个包含 360 条边的多边形。基于这个规范，turtle 每次都将旋转 1 度，即使半径很大，结果也应该是一个平滑的圆。

现在只剩下一个问题：如何确定一个给定半径的圆所对应的正多边形的边长？一个好的近似方法是使用圆的半径与圆的周长的关系。如果我们能很好地逼近一个圆，那么圆的周长应该非常接近多边形各条边的总和。回想一下，使用半径计算圆的周长的公式如下：

circumference（周长）=$2 \times \pi \times$ radius（半径）。如果已知周长，则可以通过使用周长除以边的数目（已经确定为 360）来计算正多边形每条边的长度。drawCircle 函数如程序清单 1-6 所示，该函数使用 drawPolygon 函数绘制具有给定半径的圆。

程序清单 1-6　一个绘制圆形的 Python 函数

```
def drawCircle(myTurtle, radius):
    circumference = 2 * 3.1415 * radius
    sideLength = circumference / 360
    drawPolygon(myTurtle, sideLength, 360)
```

drawCircle 函数非常简单，因为我们将绘制圆形的问题简化为绘制具有特定边数和边长的多边形的问题。首先，我们计算圆的周长，然后根据圆的周长和多边形的边数计算多边形的边长。因为我们已经知道如何绘制多边形，所以不必重新进行该工作。我们可以基于之前已经完成的工作，并使用 drawPolygon 函数来执行这项烦琐的工作。会话 1-12 和图 1-15 演示了使用 drawCircle 函数绘制一个大圆和一个小圆。我们假设已经将 drawCircle 函数添加到 dp.py 文件中。

会话 1-12　绘制一个圆形

```
>>> from dp import *
>>> import turtle
>>> t = turtle.Turtle()
>>>
>>> t.up()
>>> t.backward(200)
>>> t.left(90)
>>> t.down()
>>>
>>> drawCircle(t, 20)
>>> drawCircle(t, 200)
```

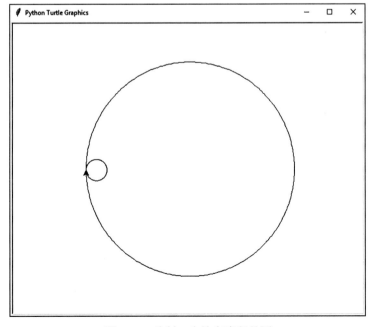

图 1-15　绘制一个给定半径的圆

动手实践

1.40 修改 `drawCircle` 函数，要求以 `turtle` 的当前位置为圆心绘制圆形。

1.41 `drawCircle` 函数有时并不十分有效：对于小圆形，360 条边实际上太多；对于非常大的圆形，360 条边可能会太少。尝试设计出一种方法，使得正多边形边的数量和 `turtle` 的旋转角度依赖于圆的半径，这样小的圆形使用较少的边，而大的圆形使用更多的边。

1.6　本章小结

本章主要介绍了以下有关程序设计和 Python 语言的基本构建模块：

- 使用基本数据类型。
- 使用表达式。
- 命名对象。
- 使用 Python 提供的模块和函数。
- 编写自定义函数来扩展 Python 提供的功能。
- 使用 `for` 语句多次重复执行一个代码块。

此外，我们通过使用 `turtle` 绘制一种圆形的方法阐述了一种重要的问题求解模式，在阅读本书的过程中，读者将多次使用这种模式。这种模式可以概括为以下的最佳编程实践：

> **最佳编程实践**　在设计程序时使用以下问题求解策略：
> - 简化，以便更好地理解问题。
> - 使用一个函数来泛化以解决更多的问题。
> - 根据所学知识解决更复杂的问题。

随着 Python 学习的深入，我们将继续使用这些基本的构建模块，并且将探究更多可以添加到工具箱中的工具。我们省略了本章中介绍的某些想法的具体细节，但稍后将继续讨论。当我们深入研究 Python 时，请始终记住一个重要的观念：集中精力解决问题，同时不断增加程序设计和计算机科学的知识。

关键术语

abstraction（抽象）	dereferencing（解引用）
algorithm（算法）	dot operator（点运算符）
assignment statement（赋值语句）	expression（表达式）
attributes（属性）	floating-point number（浮点数）
block（语句块）	function（函数）
camelCase（驼峰式命名规范）	generalization（泛化）
comment（注释）	instance（实例）
complex number（复数）	integer（整数）
computer science（计算机科学）	keywords（关键字）
constructor（构造方法）	libraries（库）
define（定义）	loop variable（循环变量）

machine learning（机器学习）	prompt（提示符）
method（方法）	Python（Python 语言）
module（模块）	repetition（重复 / 循环）
name（名称）	representation（表示法）
object（对象）	sequence object（序列对象）
parameter（参数）	simplification（简化策略）
program（程序）	type（类型）
programming language（程序设计语言）	variable（变量）

Python 关键字

def	import
for	in
from	range

编程练习题

1.1 使用 drawSquare 函数，让 turtle 通过绘制多个正方形来创建有趣的花朵形状。绘制一个正方形之后，turtle 旋转一定的角度，然后绘制下一个正方形。编写一个函数 drawFlower，将要绘制的正方形数量作为一个参数（numSquares），并通过重复绘制 numSquares 次正方形来绘制花朵形状。注意，需要根据 numSquares 计算出 turtle 每次旋转的角度大小。

1.2 编写一个函数，让 turtle 绘制一个五角星。

1.3 编写一个函数，让 turtle 绘制一个 *n* 角星（假设 *n* 限定为奇数）。

1.4 编写一个函数，让只能绘制简单线条的 turtle 能够绘制出任何我们想绘制的图形。

1.5 turtle 对象支持另外两个函数：begin_fill() 和 end_fill()。当调用 begin_fill 函数时，turtle 会跟踪它的起点和它绘制的所有线，直到调用 end_fill 函数。当调用 end_fill 函数时，turtle 将填充所绘制的线所包围的空间。请尝试使用这些新函数来绘制更有趣的图片。

π thon：估算圆周率的值

本章介绍数学方法和随机方法、选择结构和布尔表达式、print（打印）函数。

2.1 本章目标

- 理解计算机如何辅助解决现实问题。
- 进一步讨论数值表达式、变量和赋值语句。
- 理解累加器模式。
- 使用 math（数学）库。
- 进一步探索简单的迭代模式。
- 理解简单的选择语句。
- 使用随机数运行模拟。

2.2 圆周率是什么

在本章中，我们将通过估算圆周率（最著名的数值之一，通常用希腊字母 π 表示）的值来继续探讨计算机科学概念、问题求解和 Python 程序设计语言。几乎每个人都用过圆周率。实际上，第 1 章在对圆进行计算时，也使用了圆周率 π。

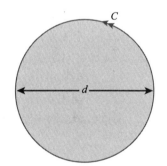

圆周率定义为圆的周长与其直径之比（见图 2-1）。根据这个关系（ π = C/d），可以产生一个熟悉的公式 C= π d，用来计算给定直径的圆的周长。因为圆的直径是半径的两倍，该公式也可以写成 C=2 π r，其中 r 是半径。

使用 π 的其他常用公式包括：计算半径为 r 的圆的面积的公式 A= π r^2，计算半径为 r 的球体的体积的公式

$$V = \frac{4}{3}\pi r^3$$

以及计算半径为 r 的球体的表面积的公式 S=4 π r^2。

图 2-1　圆周率是圆的周长 C 与其直径 d 之比

几千年来，圆周率的值一直是人们关注的问题。来自古埃及和巴比伦的著作以及圣经都提到了这个神秘的数字。在小学的数学课上，很可能我们被告知使用 3.14 或者 3.14159 作为圆周率的值。事实上，这些值对于我们需要求解的大多数问题都非常有效。然而，事实证明，圆周率的确切值并没有那么简单。

在数学上，圆周率是无理数。换句话说，圆周率是一个浮点数，具有无限的、不重复的十进制位数模式。圆周率的实际值是：

3.14159265358979323846264338327950288419716939937510…

其中省略号（…）表示无限的位数。

由于不能精确地表示圆周率的大小，因此我们只能够提供一个近似值，例如 3.14。圆周

率其他常用的近似值包括：

$$\frac{22}{7}, \frac{355}{113}$$

以及更为复杂的 $\frac{9801}{2206\sqrt{2}}$。

会话 2-1 演示了求这些近似值的交互式 Python 环境。

会话 2-1　圆周率的简单近似值

```
>>> 22 / 7
3.142857142857143
>>> 355 / 113
3.1415929203539825
>>> import math
>>> 9801 / (2206 * math.sqrt(2))
3.1415927300133055
```

会话 2-1 引入了一个新的 Python 元素：语句 import math。回想一下，import 语句允许我们访问一个 Python 模块，该模块包含可能有用的附加功能。在本例中，我们需要计算 2 的平方根。在导入 math（数学）模块之后，就可以使用 sqrt() 函数来执行求平方根的操作。

2.3　有关 **math** 模块的进一步讨论

math 模块中提供了许多数学辅助函数。如何在 math 模块中找到有哪些可用的方法或者函数呢？幸运的是，Python 包含一个内置的帮助子系统，允许用户查看特定模块或者函数的文档。若要使用此帮助，只需输入命令 help("modulename")，其中 modulename（模块名）是我们感兴趣的模块。或者，如果我们知道函数名并且希望了解如何调用该函数，则可以使用命令 help("modulename.functionname")。例如，会话 2-1 演示了查找 math 模块中帮助信息的结果。我们可能会发现，除了典型的数学函数之外，math 模块还包含若干数据常量，包括 pi（圆周率）。

会话 2-2 中所示的一些符号（例如 "/"）超出了我们目前所讨论的范围，稍后我们将解释这些符号的含义。

会话 2-2　查找某个 Python 模块的帮助信息

```
>>> help ("math")
Help on built-in module math:
NAME
    math

DESCRIPTION
    This module is always available.  It provides access to the
    mathematical functions defined by the C standard.

FUNCTIONS
    acos(x, /)
        Return the arc cosine (measured in radians) of x.
    acosh(x, /)
        Return the inverse hyperbolic cosine of x.
    asin(x, /)
        Return the arc sine (measured in radians) of x.
```

```
       .
       . many more functions here
       .
       sin(x, /)
           Return the sine of x (measured in radians).
       sinh(x, /)
           Return the hyperbolic sine of x.
       sqrt(x, /)
           Return the square root of x.
       tan(x, /)
           Return the tangent of x (measured in radians).
       tanh(x, /)
           Return the hyperbolic tangent of x.
       trunc(x, /)
           Truncates the Real x to the nearest Integral toward 0.
           Uses the __trunc__ magic method.

   DATA
       e = 2.718281828459045
       inf = inf
       nan = nan
       pi = 3.141592653589793
       tau = 6.283185307179586

   FILE
       (built-in)
```

在接下来的几节中，我们将探讨几种用于估算圆周率 pi 的值的有趣方法。记住，这些方法都不能给出圆周率的准确答案。

> **摘要总结** 如果想了解模块中有哪些可用函数以及这些函数需要哪些参数，可以使用 Python 的内置帮助系统。

➕➖✖️ 动手实践

2.1 运行帮助命令 help('turtle')。注意模块名 turtle 包含在英文引号中。

2.2 运行帮助命令 help(turtle)。请问本题与上一题有什么区别？

2.3 运行命令 import turtle 后，重复运行上一道题中的命令。

2.4 运行帮助命令，查找 math.sin 函数的帮助信息。

2.5 使用帮助功能探索 random 模块。randrange 方法的功能是什么？ randint 方法的功能是什么？

2.4 阿基米德方法

我们将要讨论的第一种方法是由数学家阿基米德提出的，即利用多边形来近似求解圆的周长。回想一下，圆周率 π 与圆的周长 C 之间的关系如以下公式所示：

$$\pi = \frac{C}{2r}$$

其中 r 是圆的半径。给定一个半径为 1 的圆（有时候称之为单位圆），上述公式可以简化为：

$$\pi = \frac{C}{2}$$

阿基米德方法（如图 2-2 所示）使用单位圆的内接多边形的周长估算圆的周长。通过增加边的数量（从而减少边的长度），内接多边形的周长将越来越接近圆的实际周长。这听起来熟悉吗？当然，不管边的数量有多大，我们都无法用这种方法真正地求得圆的实际周长。

图 2-2 显示了理解这种近似计算工作原理的细节。假设内接多边形包含长度为 s 的 n 条边，那么我们可以将注意力集中在多边形的一小块上。在图中所示的斜线填充的三角形中，标记为 h 的边的长度为 1，因为我们假设这是一个单位圆。我们知道一个圆为 360 度，因此可以很容易地计算出角 B，即角 B 等于 $360 \div n$，角 A 等于：

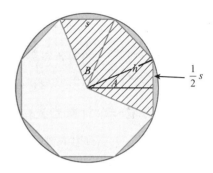

图 2-2　使用一个八边形来开发阿基米德方法

$$\frac{1}{2}B$$

另外，我们知道突出显示的三角形是直角三角形，因此角 A 的对边的长度为：

$$\frac{1}{2}s$$

接下来我们应用三角学的一些知识。在直角三角形（见图 2-3）中，对边与长边（或称为斜边）之比等于角 A 的正弦。因为这里三角形的斜边长度为 1，所以以下值与 $\sin A$ 相等：

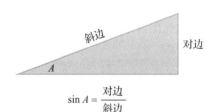

$$\sin A = \frac{对边}{斜边}$$

图 2-3　角 A 的正弦

$$\frac{1}{2}s$$

该如何计算角 A 的正弦值呢？答案是使用 `math` 库。与前面讨论的 `sqrt` 一样，一旦导入 `math` 模块，就可以使用 `sin` 函数（以及所有其他三角函数）。

2.4.1　Python 实现

会话 2-3 演示了使用交互式 Python 环境实现阿基米德算法的可行性。可以简单地遵循会话中的步骤键入语句并求值。请注意，会话 2-3 中的最后一步对前一条语句中计算的圆周率 `pi` 进行求值。

会话 2-3　阿基米德方法：交互式实现

```
>>> import math
>>> numSides = 8
>>> innerAngleB = 360.0 / numSides
>>> halfAngleA = innerAngleB / 2
>>> oneHalfSideS = math.sin(math.radians(halfAngleA))
>>> sideS = oneHalfSideS * 2
>>> polygonCircumference = numSides * sideS
>>> pi = polygonCircumference / 2
>>> pi
3.0614674589207183
```

在继续讨论之前，我们应该注意 `math`（数学）库的另一个用途。`sin` 函数接受一个角度作为参数，并返回对边与斜边的比率值。但是，它假设角度是弧度而不是度数。当用 360 除以边数来计算角 B 时，得到一个以度为单位的值。幸运的是，数学库包含一个函数（称为 radians），该函数将以度为单位的值转换为以弧度为单位的等效值。当收到 radians 函数的计算结果时，它就成为 math.sin 函数的参数。

> **注意事项** math 模块中的三角函数采用弧度而不是度数作为参数。只需使用 radians 函数就可将度数转换为弧度。

2.4.2 开发一个计算圆周率 pi 的函数

如果现在想更改边的数量并再次尝试计算呢？不幸的是，需要重新键入所有语句，因为需要重复计算过程。解决该问题的更好方法是使用抽象。

回想一下，抽象允许我们将步骤集看作一个逻辑组。在 Python 中，可以定义一个函数，它不仅作为一系列动作的名称，而且在调用时返回一个值。我们已经在 sqrt 函数中看到了这种类型的行为。例如，当调用 sqrt(16) 时，它返回 4.0。

程序清单 2-1 显示了第 1 章中提供的函数定义模板，以及一条新增的语句 return。return 语句导致两个相关操作：首先，对语句中包含的表达式求值，生成一个结果对象；其次，函数立即终止，并将结果对象的引用返回给调用语句。归根结底，函数调用的值就是返回的表达式的值。必须认识到，无论 return 语句出现在哪里，它都将是函数中要执行的最后一条语句，因为 return 语句会导致函数终止。因此，return 通常是函数中的最后一条语句。

程序清单 2-1 带 return 语句的函数定义模板

```
1    def functionName(param1, param2, ...):
2        statement1
3        statement2
4        ...
5        return expression        #退出函数，并返回 expression 的值给调用方
```

> **摘要总结** return 语句导致函数终止。return 语句中表达式的值将成为调用语句中函数的值。

在估算阿基米德圆周率的情况下，我们需要开发一个具有图 2-4 所示行为的函数。这个函数需要一个参数，即希望在多边形中使用的边数。函数将使用我们先前开发的步骤返回圆周率 π 的值。

图 2-4 对阿基米德估算方法的抽象

估算圆周率的阿基米德函数如程序清单 2-2 所示。当我们阅读此函数中的每一条语句时，请注意变量名与我们在前一个问题求解过程中使用的变量名相匹配。这种实践可以帮助我们观察如何将解决方案中发现的步骤映射到 Python 语句。实际上，具有良好规范的函数

的一个特点是能够通过阅读代码理解其实现的算法。

程序清单 2-2   使用一个函数实现估算圆周率的值的阿基米德算法

```
 1   import math
 2
 3   def archimedes(numSides):
 4       innerAngleB = 360.0 / numSides
 5       halfAngleA = innerAngleB / 2
 6       oneHalfSideS = math.sin(math.radians(halfAngleA))
 7       sideS = oneHalfSideS * 2
 8       polygonCircumference = numSides * sideS
 9       pi = polygonCircumference / 2
10       return pi
```

会话 2-4 节演示了如何使用 archimedes 函数。在第一次求值中，名称 archimedes 对函数对象的引用进行求值。后面的代码行调用该函数时传递不同的边的数量作为参数。请注意，随着多边形中边的数量的增加，估算的圆周率的精度越来越高。

会话 2-4   使用 archimedes 函数

```
>>> archimedes
<function archimedes at 0x0000024EF79641E0>
>>> archimedes(8)
3.0614674589207183
>>> archimedes(16)
3.121445152258052
>>> archimedes(100)
3.141075907812829
>>>
>>> for sides in range(8, 100, 8):
    print(sides, archimedes(sides))


8 3.0614674589207183
16 3.121445152258052
24 3.1326286132812378
32 3.1365484905459393
40 3.1383638291137976
48 3.1393502030468667
56 3.13994504528274
64 3.140331156954753
72 3.140595890304192
80 3.140785260725489
88 3.14092537783028
96 3.1410319508905093
```

在会话的最后一段代码中，使用 for 语句反复调用函数 archimedes，使用 range 语句自动提供不同边的数量。回想一下，range(8, 100, 8) 将从 8 开始，每次递增 8，在 99 或者之前停止，为变量 sides 提供值（即 8,16,24,…,96）。

会话 2-4 中还包括另一个新的 Python 函数 print（如表 2-1 所示）。因为 print 函数是一个内置的 Python 函数，所以不需要导入模块就可以直接使用它。默认情况下，此函数接受多个参数并打印由空格分隔的参数值。在会话 2-4 中，我们调用 print 函数，并传递两个参数：所使用的边数以及调用 archimedes 函数的函数。在 for 循环的每次迭代中，print 函数将打印边数、一个空格以及调用 archimedes 函数的结果。

表 2-1 print 函数

函数	说明
print(param1, …)	在同一行上输出每个参数值, 使用空格分隔

动手实践

2.6 重复会话 2-4 中的循环。除了输出估算的圆周率 pi 的值外, 还要求打印 archimedes 函数和 math.pi 计算的值之间的差。请问需要多少条边, 二者的结果才能够接近?

2.7 修改 archimedes 函数, 将半径 radius 作为参数。请问使用较大半径的圆是否有助于更快地得到更好的结果?

2.5 累加器估算法

接下来, 我们将讨论另外的估算圆周率的值的方法——基于无穷级数或无穷乘积展开的数学方法。其基本思想如下: 通过累加或者累乘无穷多个算术项, 结果越来越接近尝试计算的实际值。尽管这些方法的数学证明超出了本书的讨论范围, 但该模式提供了算术处理的优秀范例。

2.5.1 累加器模式

为了使用这些技术, 我们需要引入另一个重要的问题求解模式: **累加器模式**(accumulator pattern)。当遇到需要解决的新问题时, 能识别常用的模式并实现该模式将特别有用。

作为一个示例, 考虑一个简单的问题: 计算前 5 个整数的累加和。当然, 这很容易, 因为只需要计算表达式 1+2+3+4+5。但是如果需要求前 10 个整数的累加和呢? 或者是前 100 个整数的累加和呢? 表达式将变得相当长。为了应对这个挑战, 我们可以开发一个使用迭代的更通用的解决方案。

仔细阅读会话 2-5 中的 Python 代码。其中, 变量 acc 的初始值设置为 0, 有时候称之为**初始化**(initialization)。回想一下以下语句将在 1 到 5 之间迭代循环变量 x:

```
for x in range(1, 6):
```

图 2-5 显示了如何使用该语句创建**动态求和**(running sum)。每次执行 for 循环的主体时, 都会执行赋值语句 acc = acc+x。因为首先计算语句的右侧, 所以在加法中使用 acc 的当前值。执行完赋值语句后, 变量 acc 将更新为引用新的总和。变量 acc 的最终值是 15。

会话 2-5 使用迭代和累加器变量创建动态求和

```
>>> acc = 0
>>> for x in range(1, 6):
    acc = acc + x

>>> acc
15
```

在赋值语句的左侧和右侧使用相同的变量名称可能看起来很奇怪。但是, 如果弄清楚赋值语句的执行事件序列, 就很容易理解这一点了:

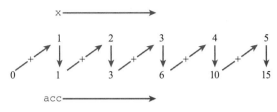

图 2-5　使用累加器模式

1）对右侧的表达式进行求值。

2）让左侧的变量引用右侧表达式求值的结果对象。

变量 acc 通常被称为**累加器变量**（accumulator variable），因为它不断被更新为动态求和的当前值。现在，无论需要计算前 5 个整数的累加和，还是计算前 5000 个整数的累加和，所执行的任务都是一样的：只需更改 range 函数的上限，然后让累加器模式完成其求和任务。

> **摘要总结**　累加器模式可以用于计算一组数字的累加和：
> 1）设置累加器变量为一个起始值（通常为 0）。
> 2）使用 for 循环，将每个数字累加到累加器变量的动态求和中。
> 3）当循环结束时，累加器变量将保存所有数字的累加和。

> **注意事项**　整个累加过程取决于如何正确初始化累加器变量。如果 acc 没有被初始化为适当的值（在本例中为 0），则累加结果不正确。

动手实践

2.8　计算前 100 个偶数的累加和。

2.9　计算前 50 个奇数的累加和。

2.10　计算前 100 个奇数的平均值。

2.11　编写一个函数，返回前 N 个数的平均值，其中 N 为参数。

2.12　编写一个名为 factorial 的函数，计算前 N 个数的乘积，其中 N 为参数。

2.13　斐波那契数列中的每个数都是前面两个数之和。序列中的前两个数字都是 1。计算第 10 个斐波那契数。

2.14　编写一个函数来计算第 N 个斐波那契数，其中 N 是参数。假设 N 大于等于 3。

2.5.2　项的总和：莱布尼茨公式

接下来，我们专注于估算圆周率的值的问题。如前所述，许多公式都采用了无限级数展开的思想。其中一个是**莱布尼茨公式**（Leibniz formula），以生活在 16 世纪中期到 17 世纪早期的德国数学家和哲学家戈特弗里德·莱布尼茨的名字命名：

$$\frac{\pi}{4} = \frac{1}{1} - \frac{1}{3} + \frac{1}{5} - \frac{1}{7} + \frac{1}{9} \cdots$$

经过简单的代数运算，即把每一个分数乘以 4，结果得到一个更简单的形式：

$$\pi = \frac{4}{1} - \frac{4}{3} + \frac{4}{5} - \frac{4}{7} + \frac{4}{9} \cdots$$

为了将该公式转换为 Python 代码，必须利用以下模式：

- 所有的分子都是 4。
- 分母是从 1 开始的递增序列中的奇数。
- 分数序列在加减之间交替。

我们将很快处理这些模式。

圆周率的准确性将取决于使用的项数，换言之，项数越多，估算值越准确。考虑到这一点，可以采用抽象模式并构造一个函数，该函数将以项数为参数并返回这些项所产生的圆周率 π 的值（见图 2-6）。

图 2-6   莱布尼茨公式的抽象

因为这个公式的右侧是项的累加和，所以我们倾向于使用累加器模式。为了建立这个模式，我们需要一个累加器变量和一个迭代。在这种情况下，项数将是函数的一个参数，因此我们可以从以下构造开始：

```python
def leibniz(terms):
    acc = 0

    for aTerm in range(terms):
        # 此处为函数体

    return acc
```

因为每个项都是分数，所以我们需要构建分子和分母。每个分数都有相同的分子 4。分母每次都会改变，从 1 开始，每次递增 2，可以通过使用累加器模式来实现这种效果。

初始时，设置累加器变量 den 为 1，并在迭代中每次使用语句 den = den+2 实现累加计算。

```python
def leibniz(terms):
    acc = 0
    num = 4    # 分子的值为常量
    den = 1    # 分母的初始值为 1

    for aTerm in range(terms):
        # 这里包含一些代码

        den = den + 2    # 分母递增 2

    return acc
```

接下来，需要确定如何计算每个分数项。首先，可以将分子除以分母。然而，还需要交替设置正的项和负的项，一个有效的方法是利用循环变量 aTerm。

图 2-7 显示了序列的前 5 项，以及各项与循环变量 aTerm 的值的关系。结果发现，当 aTerm 为 0 或者偶数时，项为正；当 aTerm 为 1 或者奇数时，项为负。

生成这种模式的一种方法是，计算 −1 的 aTerm 次幂。结果将产生一个在 1 和 −1 之间

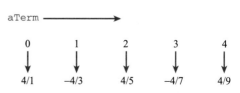

图 2-7   莱布尼茨公式中的分数

交替的序列，然后将每个分数乘以序列中的当前数字。每次迭代过程中，nextTerm 都是通过将分子除以分母并将结果乘以 −1 的 aTerm 次幂来计算的。然后，可以将结果添加到累加器变量 acc 中，参见程序清单 2-3。接着在分母累加器上递增 2，为下一项做准备。注意，这个函数中包含两个累加器变量 acc 和 den。会话 2-6 演示了如何使用该函数。再次强调，增加项数可以更逼近圆周率 pi。

程序清单 2-3　一个使用莱布尼茨公式估算圆周率的值的函数

```
 1  def leibniz(terms):
 2      acc = 0
 3      num = 4
 4      den = 1
 5
 6      for aTerm in range(terms):
 7          nextTerm = num / den * (-1)**aTerm
 8          acc = acc + nextTerm        # 把当前项累加到累加器中
 9          den = den + 2               # 准备下一个分数
10
11      return acc
```

会话 2-6　使用 leibniz 函数

```
>>> leibniz(100)
3.1315929035585537
>>> leibniz(1000)
3.140592653839794
```

最佳编程实践　在数据中寻找模式可以帮助我们设计解决方案。

动手实践

2.15 分别使用 10 000 项和 100 000 项运行 leibniz 函数。

2.16 比较 leibniz 函数和 archimedes 函数的结果。项数与边数的比较关系是什么？

2.17 修改 leibniz 函数，要求不使用 (-1)**term 的方法交替更改项的正负号。

2.5.3　项的乘积：沃利斯公式

累加器模式的第二个示例将使用无穷级数的累乘积，而不是无穷级数的累加和。本节采用的**沃利斯公式**（Wallis formula），以莱布尼茨同时代的英国数学家约翰·沃利斯（John Wallis）的名字命名，如下所示：

$$\frac{\pi}{2} = \frac{2}{1} \times \frac{2}{3} \times \frac{4}{3} \times \frac{4}{5} \times \frac{6}{5} \times \frac{6}{7} \times \frac{8}{7} \cdots$$

和无穷级数累加和公式一样，这个公式要求我们确定要使用多少项。在本例中，可以观察到右侧使用了乘法运算符。所以必须马上意识到，乘法运算将对累加器变量的初始化产生影响。如果依旧设置初始值为 0，则结果始终为 0。因此，在本例中，我们必须将累加器变量初始化为 1。

接下来，需要考虑的模式是分数本身。乍一看，它们似乎毫无关联。但是，如果仔细地成对观察它们（见图 2-8），我们将发现每一对分数的分子相同，第一对分数从 2 开始，然后每一对分数上下同时增加 2。

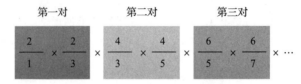

图 2-8　沃利斯公式中的分数对

再次使用抽象的方法，接下来构造一个函数，它将接受成对（pairs）的数量作为输入参数，并返回由无穷乘积产生的圆周率 pi 的值。可以将分子初始化为 2。

```
def wallis(pairs):
    acc = 1   # 对于乘积，累加器初始为 1
    num = 2   # 初始化序列中的第一个分子值

    for aPair in range(pairs):

        # 计算分数对

        num = num + 2   # 准备下一个分子
```

下一步是计算实际的分数项。我们已经注意到它们是成对出现的，所以需要寻找每对分数项中分子和分母之间的关系：对于每个分子，一个分母是分子减 1，一个分母是分子加 1。换言之，如果分子为 n，则该对分数项左边分数的分母为 $n-1$，而右边分数的分母为 $n+1$。至此，可以计算这两个分数并进行累积乘法。

```
def wallis(pairs):
    acc = 1
    num = 2

    for aPair in range(pairs):

        leftTerm = num / (num - 1)   # 分母为分子减 1
        rightTerm = num / (num + 1)  # 分母为分子加 1

        acc = acc * leftTerm * rightTerm

        num = num + 2
```

最后一步，在原始的沃利斯公式中，无穷乘积的值等于：

$$\frac{\pi}{2}$$

这意味着必须将得到的乘积乘以 2，以得到圆周率 π 的近似值并由函数返回。程序清单 2-4 显示了完整的函数。注意，语句 return 之前的乘法语句与 return 语句处于相同的缩进级别，而不是在 for 循环中，因为此处只需要做一次乘法运算。会话 2-7 显示了使用不同数量的分数项对调用沃利斯函数的结果。

程序清单 2-4　一个使用沃利斯公式估算圆周率的值的函数

```
1   def wallis(pairs):
2       acc = 1
3       num = 2
4       for aPair in range(pairs):
5           leftTerm = num / (num - 1)
```

```
 6              rightTerm = num / (num + 1)
 7
 8              acc = acc * leftTerm * rightTerm
 9
10              num = num + 2
11
12          pi = acc * 2
13          return pi
```

会话 2-7   使用沃利斯函数

```
>>> wallis(100)
3.1337874906281575
>>> wallis(1000)
3.1408077460303785
>>> wallis(10000)
3.141514118681855
```

动手实践

2.18 使用 20 000 对分数项和 100 000 对分数项分别运行 wallis 函数。

2.19 比较 wallis 函数和 archimedes 函数的结果。分数项对的数量与多边形边的数量的比较关系是什么？

2.20 也可以根据分数的分母配对来编写 wallis 函数。使用分母配对方式重新编写 wallis 函数。提示：第一项不属于分母配对项的一部分。

2.6 蒙特卡罗模拟

我们采用的估算圆周率 pi 的值的最后一种方法是利用概率和随机行为。这种类型的解决方案通常被称为**蒙特卡罗模拟**（Monte Carlo simulation），因为它们使用类似于"机会博弈"（games of chance）的特性。换言之，我们要做的不是明确在模拟过程中会发生什么，而是要在模拟中引入随机元素，以便它每次的行为都不同。

为了设置估算圆周率的值的模拟，请考虑图 2-9。假设有一个正方形的飞镖靶，宽 2 个单位，高 2 个单位。在正方形内有一个内接圆，圆的半径为 1 个单位。

现在假设我们切下正方形的右上象限（见图 2-10）。结果是一个高 1 个单位、宽 1 个单位的正方形，里面有一个四分之一圆。我们将在该范围内进行模拟。原始正方形的面积是 4 个单位。

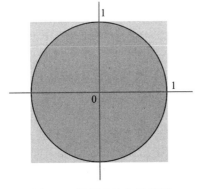

图 2-9 设置蒙特卡罗模拟

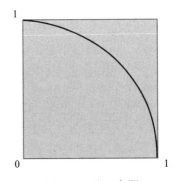

图 2-10 右上象限

因为原始圆的半径是 1 个单位，所以原始圆的面积是 $\pi r^2 = \pi$ 个单位。在切割右上角的四分之一区域后，四分之一圆的面积是：

$$\frac{\pi}{4}$$

并且四分之一正方形的面积是 1。

蒙特卡罗模拟将通过在图 2-10 中的飞镖靶上随机"投掷飞镖"来实现。假设每一个飞镖都会击中飞镖靶，但击中的位置是随机的。很容易看出每个飞镖都会击中正方形，但有些会落在四分之一圆内。击中四分之一圆内和圆外的飞镖数量将与圆内和圆外的面积成比例。更具体地说，落在四分之一圆内的飞镖的比例将等于：

$$\frac{\pi}{4}$$

为了实现这个模拟，我们将使用 random（随机）模块。调用 help 命令探索这个模块将有助于理解其功能。为了实现本节的目的，我们将只使用 random 函数（一个随机数生成器）。每次调用 random 函数时，结果返回一个介于 0 和 1 之间的浮点数。表 2-2 描述了 random 函数，会话 2-8 演示了随机函数的实际应用。请注意，由于这些数字是随机生成的，因此我们的结果可能与会话 2-8 中显示的结果不同。并且，每次执行此代码时，结果可能都会有所不同。

表 2-2 random 模块

函数	说明
random()	返回一个 0（包含）到 1（不包含）之间的随机数

会话 2-8 演示 random 函数的实际应用

```
>>> import random
>>> random.random()
0.25550891539484577
>>> random.random()
0.6859443145707982
>>>
>>> for i in range(5):
    print(random.random())


0.577228141293573
0.22083041796609904
0.06603403633392257
0.031634023389753074
0.4317550283999746
```

我们将使用随机数来模拟前面描述的投掷飞镖的动作。对于每一轮的模拟，我们将随机生成两个介于 0 和 1 之间的数字，表示每个飞镖落在正方形的飞镖靶上的位置。可以把飞镖靶看作有一个水平轴和一个垂直轴，分别标记为 0 到 1 之间。如果让第一个数字代表水平距离，第二个数字代表垂直距离，那么这两个数字确定一个点的位置 (x, y)。

我们的计划是跟踪落在四分之一圆内的点数，然后用这个数估算圆周率 π 的近似值。为此，我们需要确定点的位置是否在四分之一圆内。做出判断需要引入新的程序设计思想。

摘要总结 random 模块可以用于在模拟过程中生成随机数。

2.6.1　布尔表达式

　　为了解决如何确定一个点是在四分之一圆内还是在四分之一圆外的问题，我们需要提出一个问题。在计算机科学中，问题通常被称为**布尔表达式**（Boolean expression），因为问题的结果是两个布尔值之一：True 或者 False。这两个布尔值是 Python 中的另一种基本类型：布尔类型。

　　最简单的布尔表达式类型是比较两个表达式的结果。为了进行比较，我们使用数学中的**关系运算符**（relational operator），例如等于、小于和大于。表 2-3 显示了关系运算符及其在 Python 中的含义。

表 2-3　关系运算符及其含义

关系运算符	含义
<	小于
<=	小于或等于
>	大于
>=	大于或等于
==	等于
!=	不等于

　　使用关系运算符比较两个数据值的表达式称为**关系表达式**（relational expression）。与 Python 中的其他表达式一样，对关系表达式求值会产生一个结果，即布尔值。会话 2-9 演示了几个关系表达式的简单示例。注意，使用赋值运算符（=）将变量 dogWeight 赋值为 25，然后在等性比较中使用等性关系运算符（==）。请注意区分赋值运算符（=）和等性运算符（==）。另外还需要注意，在会话 2-9 的最后一条语句中，将变量的值与算术表达式 5 * 5 的结果进行比较。

会话 2-9　对简单的关系表达式求值

```
>>> dogWeight = 25      # 把 25 赋值给变量 dogWeight
>>> dogWeight
25
>>> dogWeight == 25     # dogWeight 是否等于 25？
True
>>> dogWeight != 25     # dogWeight 是否不等于 25？
False
>>> dogWeight < 25      # dogWeight 是否小于 25？
False
>>> dogWeight <= 25     # dogWeight 是否小于或等于 25？
True
>>> dogWeight > 25      # dogWeight 是否大于 25？
False
>>> dogWeight >= 25     # dogWeight 是否大于或等于 25？
True
>>> dogWeight == 5 * 5  # dogWeight 是否等于表达式 5 * 5？
True
>>> catWeight = 18
>>> dogWeight == catWeight   # 比较变量 dogWeight 和另一个变量
False
```

　　注意事项　千万不要混淆赋值运算符（=）和等性关系运算符（==）。赋值运算符是为变量赋值，而等性关系运算符是比较两个表达式并对表达式求值，结果为 True 或者 False。

2.6.2 复合布尔表达式和逻辑运算符

在 Python 中，**复合布尔表达式**（compound Boolean expression）由简单的布尔表达式组成，这些表达式通过逻辑运算符（logical operator）and、or 和 not 连接。表 2-4 定义了 Python 逻辑运算符的行为。请注意，任何 Python 表达式都可以用作布尔表达式的一部分。大多数情况下，表达式是关系表达式。

表 2-4 逻辑运算符的行为

表达式	求值
x and y	如果 x 是 False，则返回 x；否则返回 y
x or y	如果 x 是 False，则返回 y；否则返回 x
not x	如果 x 是 False，则返回 True；否则返回 False

需要强调的是，Python 完全按照表 2-4 中所示的方式对布尔表达式求值。Python 使用布尔表达式的**短路求值**（short-circuit evaluation），这意味着它只计算从左到右所需的尽可能少的表达式，以确定表达式是真还是假。

例如，在以下使用 or 运算符的布尔表达式中：

```
3 < 7 or 10 < 20
```

Python 只需要对第一个子关系表达式 3<7 求值，因为 3<7 的结果为 True。对于使用 or 运算符的复合布尔表达式，只需要其中一个子表达式为 True，则整个表达式的结果即为 True。第二个子关系表达式 10<20 是 True 还是 False，对结果没有影响。同样，在以下使用 and 运算符的表达式中：

```
10 > 20 and 3 < 7
```

Python 只需要对第一个子关系表达式 10 > 20 求值，因为 10 > 20 的结果为 False，因此，整个表达式的结果一定为 False。对于使用 and 运算符的复合布尔表达式，只有两个子表达式都为 True，整个表达式的结果才为 True。与前面的例子一样，第二个子关系表达式 3 < 7 是 True 还是 False 对结果没有影响。会话 2-10 演示了逻辑运算符的实际应用。

会话 2-10 对复合布尔表达式求值

```
>>> 6 < 10 and 3 < 7
True
>>> 6 < 10 and 10 < 6
False
>>> 4 != 4 or 5 < 8
True
>>> 4 != 4 or 8 < 5
False
>>> not 6 < 10
False
>>> not 6 > 10
True
```

注意事项 运算符 and 和 or 都带两个操作数，运算符 not 只带一个操作数。

动手实践

2.21 对布尔表达式 False or True 求值的结果是什么？

2.22 对布尔表达式 True and False 求值的结果是什么？

2.23 对布尔表达式 not 7 > 3 求值的结果是什么？

2.24 对布尔表达式 not (True or False) 求值的结果是什么？

2.25 对布尔表达式 (not True) and (not False) 求值的结果是什么？

2.26 对布尔表达式 (not (True and False)) 求值的结果是什么？

2.27 编写一个复合布尔表达式，如果变量 count 的值位于 1 到 10（包含）之间，则返回 True。

> **摘要总结** 关系运算符和逻辑运算符允许我们通过创建求值结果为 True 或者 False 的表达式来提出问题。

2.6.3 选择语句

一旦我们能够通过编写布尔表达式来提出问题，就可以将注意力转移到使用该问题实现决策上。在计算机科学中，决策通常被称为**选择**（selection），因为我们希望根据所提出问题的结果，在可能的选项之间进行选择。例如，当早上出门时，我们可能会提出一个问题："外面正在下雨吗？"如果正在下雨，就需要带雨伞。否则，就带太阳镜。在这种情况下，我们根据天气情况来选择需要携带的物品。

直到目前为止，本书涉及的 Python 程序中的语句都是按照书写的顺序依次执行。现在我们引入一条新的语句，称为 selection 语句，也称为 if 语句。选择语句包含一个问题和其他可能执行或者不执行的语句组，具体取决于问题的答案。大多数程序设计语言都提供了两个版本：if-else 和 if。

if-else 语句的语法结构如下所示：

```
if <condition>:
    <statements>     # 当 condition 为 True 时执行
else:
    <statements>     # 当 condition 为 False 时执行
```

关键字 if 后面跟着一个布尔表达式，该表达式用作选择的条件。当对布尔表达式求值时，其结果为 True 或者 False。如果结果为 True，则按顺序执行第一组语句，跳过第二组语句；如果结果为 False，则跳过第一组语句，按顺序执行第二组语句（见图 2-11）。这样，就可以根据问题的结果执行不同的操作。

请注意，条件后面有一个冒号，并且每一组语句都像 for 循环或者函数定义一样缩进。

例如，在会话 2-11 中，首先为变量

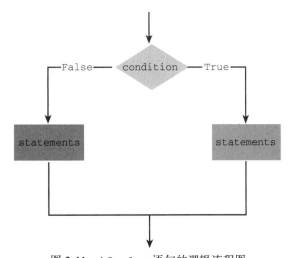

图 2-11　if-else 语句的逻辑流程图

a 和 b 赋初值。随后的 if-else 语句询问 a 是否大于 b。由于 a 大于 b，因此将执行第一组语句（在本例中，只有一条语句），并将变量 c 的值设置为 10。我们可以通过在语句完成后打印变量 c 来验证结果。

会话 2-11　执行一条简单的 if-else 选择语句

```
>>> a = 5
>>> b = 3
>>> if a > b:
        c = 10 #当a>b时执行
else:
        c = 20 #当a<=b时执行

>>> c
10
```

> **注意事项**　在 IDLE 中以交互方式键入 if-else 语句时，if 必须与 else 匹配，二者应该左对齐，以保证正确缩进。

if 语句的另一个变体不包括 else 子句。其语法格式如下所示：

```
if <condition>:
    <statements> # 仅当条件表达式 condition 为 True 时执行
```

如前所述，先对条件表达式 condition 求值，结果为 True 或者 False。如果结果为 True，则按顺序执行缩进的语句组；否则，如果结果为 False，则不执行任何操作，语句完成，程序继续执行 if 语句之后的下一条语句（见图 2-12）。

例如，在会话 2-12 中，重新对变量 a 和 b 赋初值。随后的 if 语句询问 a 是否大于 b。因为结果为 True，所以执行一组语句（在本例中，只有一条语句），变量 c 的值被设置为 10。但是，在第二个选择语句中，条件（b > a）的求值结果为 False，因此不修改变量 c 的值。在这种情况下，c 的值与选择语句之前的值相同。

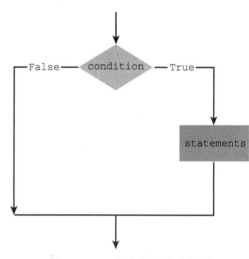

图 2-12　if 语句的逻辑流程图

会话 2-12　执行一条简单的 if 语句

```
>>> a = 5
>>> b = 3
>>> c = 44
>>> if a > b:    # 条件表达式的结果为 True
        c = 10   #执行该语句

>>> c
10
>>>
>>> if b > a:    # 条件表达式的结果为 False
        c = 25   # 不执行该语句

>>> c
10
```

由于选择语句中可以包含任何合法的 Python 语句，很显然可以将一个 if 语句放在另一个 if 语句中。这种方法有时被称为**嵌套选择结构**（nested selection）。以下 if-else 语句有两个嵌套的 if-else 语句：

```
if <condition1>:
    if <condition2>:
        <statements>  # condition1 为 True 并且 condition2 为 True
    else:
        <statements>  # condition1 为 True 并且 condition2 为 False
else:
    if <condition3>:
        <statements>  # condition1 为 False 并且 condition3 为 True
    else:
        <statements>  # condition1 为 False 并且 condition3 为 False
```

这种结构的结果用于判断执行四组语句中的哪一组。如果 condition1 为 True，则执行第一个嵌套的 if-else 语句。如果嵌套的 condition2 也是 True，则执行其第一组语句。但是，如果嵌套的 condition2 为 False，则执行其第二组语句。同样，如果 condition1 为 False，则执行第二个嵌套的 if-else 语句。这样，我们就可以利用三个条件的结果在四组语句中进行决策。

嵌套选择的一种常见模式称为**尾部嵌套**（tail nesting）。对于尾部嵌套，所有的嵌套选择都发生在前一个 if-else 语句的 else 子句中。其语法结构如下所示：

```
if <condition1>:
    <statements>        # condition1 为 True
else:
    if <condition2>:
        <statements>    # condition1 为 False, condition2 为 True
    else:
        if <condition3>:
            <statements>  # condition1 和 condition2 为 False, condition3 为 True
            ...
```

这种尾部嵌套模式非常常见，因此 Python 提供了一个称为 elif 语句的精简版本。在这个语句中，else 和下一个 if 的组合允许我们一次性列出条件和相关的语句，而不需要额外的缩进。注意，最后一种情况使用了一个简单的 else 子句。

```
if <condition1>:
    <statements> # condition1 为 True
elif <condition2>:
    <statements> # condition1 为 False, condition2 为 True
...
elif <conditionN>:
    <statements>  # conditions 1 ~ (N-1) 为 False, conditionN 为 True
else:
    <statements>  # conditions 1 ~ N 均为 False
```

注意事项 Python 选择执行一组语句后，将跳过 if 语句的其余部分。

摘要总结 Python 提供了三种形式的选择语句。

- if：仅当条件为 True 时执行一组语句。
- if-else：如果条件为 True，则执行一组语句；如果条件为 False，则执行另一组语句。
- if-elif-else：基于多个互斥条件选择需要执行的语句组。

动手实践

2.28 Python 如何判断一个 else 子句与哪个 if 语句匹配？

2.29 编写一个选择语句，如果名为 result 的变量等于 100，则将名为 answer 的变量的值设置为 1，否则设置为 2。

2.30 使用 if-else 语句编写嵌套选择结构。如果名为 score 的变量大于或等于 90，则将变量 gradePoint 的值设置为 4；如果 score 在 80 和 89 之间，则将 gradePoint 设置为 3；如果 score 在 70 和 79 之间，则将 gradePoint 设置为 2；如果 score 在 60 和 69 之间，则将 gradePoint 设置为 1；否则将 gradePoint 设置为 0。

2.31 使用 elif 语句重新编写动手实践 2.30 中的选择结构。

2.32 如果某个年份可以被 4 整除，那么它就是闰年，但是，年份为世纪年（能被 100 整除）但不能被 400 整除的年份除外。编写一个函数，以年份为参数，如果年份是闰年，则返回 True，否则返回 False。

2.33 一家水果公司以每磅 32 美分的价格出售橙子，外加每份订单索取 7.50 美元的运费。如果一份订单的重量超过 100 磅，则运费将减少 1.50 美元。编写一个函数，将橙子的磅数作为参数，并返回订单的总金额。

2.34 编写一个函数，将三个整数作为参数，返回其中的最大值。

2.35 编写一个函数，带两个参数（小时工资和工作时长），返回薪酬。超过 40 小时的部分按 1.5 倍小时工资给付。

2.6.4 实现模拟

接下来，我们将实现使用蒙特卡罗模拟法估算圆周率 π。同样，我们将使用抽象思想来构建一个函数，该函数将返回 π 的近似值。对于此函数，我们将使用飞镖的数量作为输入参数。如果投掷的飞镖越多，则估算值的精度会越高。

回想一下模拟的基本步骤。首先，在正方形的飞镖靶上随机选取一个点。下一步，确定该点是否位于其中的四分之一圆内，并对命中圆内的飞镖进行计数。在对所有随机点进行测试之后，π 的近似值将是落在圆内的飞镖的比例的四倍。

为了计算落在圆内的点数，我们将再次使用累加器模式，将变量初始化为 0。每次一个点落在圆内，就将累加器变量递增 1。请记住，初始化需要在迭代的外部进行。

为了处理每个点，首先必须生成构成随机位置的两个值。为此，我们将使用 random 模块中的 random 函数。因为我们将第一个值视为水平度量，第二个值视为垂直度量，所以将分别使用 x 和 y 作为它们的名称。

```python
def montePi(numDarts):

    ...

    for i in range(numDarts):
        x = random.random()
        y = random.random()

        ...
```

接下来，我们需要确定随机点是否位于圆内。为此，可以使用以下公式来计算随机点与原

点 (0，0) 之间的距离：$D = \sqrt{x^2 + y^2}$。math 模块为我们提供了计算平方根所需的 sqrt 函数。

计算距离之后，就可以使用选择语句来确定该点是否在统计范围之内。回想一下，如果随机点在距离中心的 1 个单位内，则位于圆内，因此应该执行增量步骤。使用一个简单的 if 语句就可以实现该功能。

```
def montePi(numDarts):

    inCircle = 0    # 累加器
    ...
    distance = math.sqrt(x**2 + y**2)

    if distance <= 1:
        inCircle = inCircle + 1
    ...
```

最后，pi 的计算结果为圆内出现的随机点数与总点数的比率，然后这个比率必须乘以 4 才能得到圆周率的近似值。如程序清单 2-5 所示。

程序清单 2-5　一个使用蒙特卡罗模拟估算圆周率的值的函数

```
1    import random
2    import math
3
4    def montePi(numDarts):
5
6        inCircle = 0
7
8        for i in range(numDarts):
9            x = random.random()
10           y = random.random()
11
12           distance = math.sqrt(x**2 + y**2)
13
14           if distance <= 1:
15               inCircle = inCircle + 1
16
17
18       pi = inCircle / numDarts * 4
19       return pi
```

会话 2-13 演示了 montePi 函数的实际应用。请注意，随着模拟中使用的随机点数（飞镖数）的增加，计算精度会随之提高。尽管如此，由于点的随机性，即使使用相同数量的飞镖数，每次执行的结果也会有所不同。

会话 2-13　使用 montePi 函数

```
>>> montePi(100)
3.12
>>> montePi(1000)
3.148
>>> montePi(10000)
3.1468
```

动手实践

2.36　分别使用 100 000 和 100 万个飞镖数运行 montePi 函数。

2.37 比较 montePi 函数和本章前述小节中函数的结果。

2.38 编写一个函数，带两个参数（一个点和一个半径）。如果点位于圆内部，则返回 True；否则返回 False。

2.39 修改 montePi 函数，使用上一题中编写的 isInCircle 函数。

2.6.5 使用图形可视化结果

作为估算圆周率的值的最后一个改进变体，我们将使用 turtle 模块实现算法的图形动画。可以使用 turtle 来动态显示所生成的随机点。此外，根据随机点的位置，可以使用不同的颜色来表示随机点位于圆的内部或者外部。

为了开始使用 turtle，必须导入 turtle 模块。在前面的 turtle 示例中，当创建一个新的 turtle 对象时，将自动创建一个 turtle 窗口。turtle 模块还可以单独创建绘图窗口或者屏幕，然后稍后添加 turtle 对象。这样，我们就可以调用方法来自定义绘图窗口。

创建绘图窗口的方法是使用 turtle 模块中包含的 Screen 构造函数。语句 wn = turtle.Screen() 将创建一个新的绘图窗口并将其命名为 wn。表 2-5 描述了该方法和 turtle 模块的其他几种方法。

表 2-5　turtle 模块中的 Screen 方法

函数	说明
Screen()	用于创建 TurtleScreen 对象的构造函数，TurtleScreen 对象用于绘图窗口
setworldcoordinates(xLL,yLL, xUR, yUR)	调整窗口坐标，使窗口左下角的点为 (xLL,yLL)，窗口右上角的点为 (xUR, yUR)
exitonclick()	当用户在窗口中的某个位置单击鼠标时，关闭窗口

接下来的步骤是设置前面描述的"飞镖靶"。回想一下，模拟的工作原理是生成 0 到 1 之间的数字作为随机点。为了显示这些内容，可以调整绘图 turtle 所使用的坐标系，以便绘制的区域填充更多的屏幕。图 2-13 显示了窗口内用于模拟的初始图案。

为了修改绘图窗口的坐标系，可以使用 Screen 对象的 setworldcoordinates 方法。该方法带 4 个参数：1) 左下角的 x 坐标；2) 左下角的 y 坐标；3) 右上角的 x 坐标；4) 右上角的 y 坐标。这两个点表示绘图 turtle 所使用窗口的左下角和右上角的坐标。因为我们希望窗口包含从左下角 $(-2,-2)$ 到右上角 $(2, 2)$ 的点，所以将使用以下参数调用 setworldcoordinates 方法：

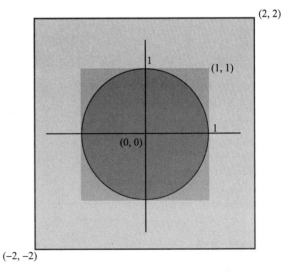

图 2-13　为图形可视化模拟设置坐标

```
wn.setworldcoordinates(-2, -2, 2, 2)
```

我们可以根据自己的要求任意调整该窗口的大小。但是，窗口越大，模拟所占用的实际区域就越小。

设置窗口的大小后，需要绘制水平轴和垂直轴，以便在绘制点时可以清楚地观察点的位置。回想一下，绘图 turtle 在尾巴放下状态时会绘制一条线，而在尾巴抬起状态时不会绘制线。因此，可以执行以下操作：

1）抬起尾巴。

2）移动到坐标轴的起始位置，但不绘制直线。

3）放下尾巴。

4）移动到坐标轴的结束位置，并且绘制一条直线。

实现上述操作的 Python 代码如下所示：

```
# 绘制水平坐标轴
drawingT.up()                # 抬起尾巴
drawingT.goto(-1, 0)         # 移动到左边的 (-1,0) 位置
drawingT.down()              # 放下尾巴
drawingT.goto(1, 0)          # 绘制一条从 (-1,0) 到 (+1,0) 的直线

# 绘制垂直坐标轴
drawingT.up()                # 抬起尾巴
drawingT.goto(0, 1)          # 移动到 (0,1) 位置
drawingT.down()              # 放下尾巴
drawingT.goto(0, -1)         # 绘制一条从 (0,1) 到 (0,-1) 的直线
```

程序的其余部分只要求绘图 turtle 在生成随机点时绘制该点。为了实现该功能，可以移动 turtle 对象到该随机点的位置，然后使用 turtle 对象的 dot 方法，在当前位置绘制一个点。

还需要添加的唯一附加功能是绘制点的颜色，以指示点是在圆的内部还是外部。

由于根据点的位置有两种选择，所以很显然可以使用前面描述的 if-else 版本的选择语句结构。如果点位于圆的内部，则将 turtle 尾巴的颜色更改为蓝色，并统计该点。否则，如果点位于圆的外部，则将 turtle 尾巴的颜色更改为红色。在 Python 中，实现该逻辑的语句序列如下所示：

```
drawingT.goto(x, y)
if distance <= 1:
    inCircle = inCircle + 1
    drawingT.color("blue")
else:
    drawingT.color("red")

drawingT.dot()
```

程序清单 2-6 显示了完整的函数，包括使用 turtle 显示正在进行的模拟命令。注意，点是在 if 语句执行之后绘制的，每次迭代只需要执行一次。另外，因为不希望在使用 goto 方法移动 turtle 时绘制直线，所以在开始 for 循环之前，需要先抬起 turtle 的尾巴。即使 turtle 尾巴处于抬起状态，dot 方法也会留下一个标记。图 2-14 显示了模拟的结果示例。我们可以观察到四分之一圆是如何开始出现的。随着绘制的点越来越多，结果将显示得更清楚。

程序清单 2-6　在蒙特卡罗模拟中增加图形功能

```
1  import random
2  import math
```

```
3     import turtle
4
5     def showMontePi(numDarts):
6         wn = turtle.Screen()
7         drawingT = turtle.Turtle()
8
9         wn.setworldcoordinates(-2, -2, 2, 2)
10
11        drawingT.up()
12        drawingT.goto(-1, 0)
13        drawingT.down()
14        drawingT.goto(1, 0)
15
16        drawingT.up()
17        drawingT.goto(0, 1)
18        drawingT.down()
19        drawingT.goto(0, -1)
20
21        inCircle = 0
22        drawingT.up()
23
24        for i in range(numDarts):
25            x = random.random()
26            y = random.random()
27
28            distance = math.sqrt(x**2 + y**2)
29
30            drawingT.goto(x, y)
31
32            if distance <= 1:
33                inCircle = inCircle + 1
34                drawingT.color("blue")
35            else:
36                drawingT.color("red")
37
38            drawingT.dot()
39
40
41        pi = inCircle / numDarts * 4
42        wn.exitonclick()
43
44        return pi
```

在 showMontePi 函数的末尾，我们使用了 Screen 对象的另一个名为 exitonclick 的方法。此方法告诉绘图窗口 "冻结" 显示内容，直到用户单击窗口内的某个位置。如果不使用这个方法，程序结束时 turtle 绘图窗口将自动关闭。因此在从函数返回之前，我们立即调用了 exitonclick 方法。

> **注意事项** 在 for 循环之前执行累加器变量（count）的初始化和抬起 turtle 的尾巴（up），并在 for 循环之后执行最终的操作（结果乘以 4）。这些操作只需要执行一次。

动手实践

2.40 调整世界坐标系，使窗口仅包含圆的右上象限。

2.41 修改模拟程序，允许在整个圆中绘制点。注意，必须相应地调整 π 的估算值。

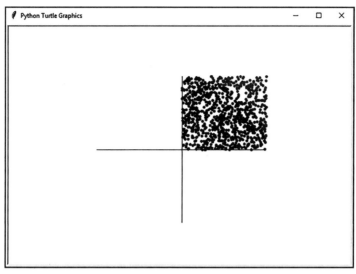

图 2-14　使用 1000 个点可视化模拟结果

2.7　本章小结

本章主要介绍了以下有关程序设计和 Python 语言的基本构建模块：

- 数学方法。
- 随机数。
- 使用关系运算符和逻辑运算符的布尔表达式。
- 使用 if、if-else 和 if-elif-else 的选择语句。
- 累加器模式：使用累加器变量，该变量作为迭代的一部分不断被更新。注意，必须将累加器变量初始化为适当的初始值。

关键术语

accumulator pattern（累加器模式）

accumulator variable（累加器变量）

Archimedes approach（阿基米德方法）

Boolean expression（布尔表达式）

compound Boolean expression（复合布尔表达式）

if statement（if 语句）

initialization（初始化）

Leibniz formula（莱布尼茨公式）

logical operator（逻辑运算符）

Monte Carlo simulation（蒙特卡罗模拟）

nested selection（嵌套选择结构）

pi（圆周率）

relational expression（关系表达式）

relational operator（逻辑运算符）

running sum（动态求和）

selection（选择结构）

selection statement（选择语句）

short-circuit evaluation（短路求值）

tail nesting（尾部嵌套）

Wallis formula（沃利斯公式）

Python 关键字、模块和命令

and

elif

False

for

help	or
if	print
if-else	random
import	return
math	True
not	

编程练习题

2.1 编写一个函数，计算半径为 r 的圆的周长。使用 r 作为函数的参数，使用 math 模块中的 π 作为圆周率。

2.2 编写一个函数，计算半径为 r 的圆的面积。使用 r 作为函数的参数，使用 math 模块中的 π 作为圆周率。

2.3 编写一个函数，计算半径为 r 的球的体积。使用 r 作为函数的参数，使用 math 模块中的 π 作为圆周率。

2.4 编写一个函数，返回圆周率 π 的估算值。使用以下公式：

$$\pi = 16\left(\arctan\frac{1}{5}\right) - 4\left(\arctan\frac{1}{239}\right)$$

其中 arctan 是 math 模块中的反正切函数（atan），1/5 和 1/239 的单位是弧度。

2.5 编写一个函数，返回圆周率 π 的估算值。使用以下公式：

$$\pi = \frac{\ln(640\,320^3 + 744)}{\sqrt{163}}$$

其中 ln 是 math 模块中的 log 函数。

2.6 编写一个函数，带一个数值参数。如果参数值为偶数，则返回 True，否则返回 False。

2.7 编写一个函数，返回圆周率 π 的估算值。使用以下公式：

$$\pi = \sqrt{12}\left(1 - \frac{1}{3\times 3} + \frac{1}{5\times 3^2} - \frac{1}{7\times 3^3} + \cdots\right)$$

使用一个名为 n 的参数，表示求和中所使用的项数。

2.8 在本章中，我们多次使用 math 模块中的求平方根函数。使用以下公式，编写自定义的求平方根近似函数：

$$X_{k+1} = \frac{1}{2}\times\left(X_k + \frac{n}{X_k}\right)$$

其中 $X_0 = 1$。该公式表示，可以通过反复计算下一个 X_i 项来估算 $\sqrt{n}$。使用的项数越多，则计算结果越精确。允许函数带两个输入参数：一个是要计算平方根的数，另一个是要计算的项数。

2.9 蒲丰投针问题（Buffon's needle）是一个古老的（18 世纪）模拟圆周率估算值的方法。请读者查找并研究这个模拟，并使用 Python 和 turtle 图形实现它。请问这种方法估算的圆周率的精度如何？

密码以及其他奥秘

本章介绍字符串运算符和方法、内置函数 len、关键字参数、用户输入。

3.1　本章目标

- 介绍字符串数据类型。
- 介绍内置函数 len。
- 介绍如何接收用户输入。
- 介绍简单的加密算法。

3.2　字符串数据类型

自从人类学会书写开始，人们就一直试图向他人隐藏自己所写的东西。希罗多德（Herodotus）描述了"秘密写作"的用法，它使希腊免于被波斯王赛瑟斯和波斯人征服。在本章中，我们将探讨使用 Python 进行秘密写作的一些简单方式。

如今，这种秘密写作的艺术被称为**密码学**（cryptography）。虽然可能没有意识到，但我们几乎每天都在使用密码学。日常的密码学并不是用于给朋友发送秘密信息（尽管可以在电子邮件中使用不同的加密插件发送秘密信息），而是用于在网上购物、在线查看成绩或者查询银行存款余额。

在深入研究密码学之前，我们必须学习另一种重要的 Python 数据类型——**字符串**（string），它是一种在程序中表示单词的数据结构。

其实，我们已经接触过字符串。字符串就是**字符**（character）序列，例如字母表中的字母和书写中常用的其他符号。大多数情况下，这些字符序列组合在一起形成熟悉的单词，但正如我们在本章中讨论的，字符序列可以用于许多其他有趣的用途。

在 Python 中，字符串对象是一个包含在单引号（'）或者双引号（"）中的字符串系列。与数值一样，字符串是可以命名为变量的对象。

字符串可以包含任何字符：字母、空格、数字、标点符号，甚至引号。如果希望字符串包含单引号，则必须在字符串外部使用双引号。如果要在字符串中使用双引号，则必须在字符串外部使用单引号。如果字符串不包含单引号或者双引号，则在外部既可以使用单引号也可以使用双引号。会话 3-1 演示了若干简单的字符串示例。

会话 3-1　若干简单的字符串示例

```
>>> "Hello"                    # 使用英文双引号
'Hello'
>>> 'world'                    # 或者使用英文单引号
'world'
>>> greeting = "Hello world"   # 命名一个字符串
>>> greeting
'Hello world'
>>> "Let's go"                 # 在英文双引号中嵌入英文单引号
```

```
"Let's go"
>>> 'She said, "How are you?", then left.'   # 在单引号中嵌入双引号
'She said, "How are you?", then left.'
```

> **注意事项**　如果字符串包含单引号，请在字符串周围使用双引号。如果字符串包含双引号，请在字符串周围使用单引号。如果字符串不包含单引号或者双引号，只要引号的类型前后匹配，则在字符串周围使用单引号或者双引号没有任何区别。换而言之，如果以单引号开始字符串，则必须以单引号结束字符串。同样，如果字符串以双引号开始，则必须以双引号结束。

与数值数据类型类似，Python 提供了可以在字符串上使用的运算符。在接下来的小节中，我们将研究一些常用的字符串运算符。

3.2.1　拼接

有关字符串的运算符，第一个示例将讨论字符串**拼接**（concatenation）运算符（+）。虽然 + 也是加法运算符，但是当 + 应用于两个字符串时，Python 将其识别为字符串拼接运算符。当拼接两个字符串时，只需将两个字符串连接在一起，如会话 3-2 所示。请注意，字符串拼接运算符不会自动在两个字符串之间添加空格。若要添加空格，必须连接包含空格的字符串。

会话 3-2　字符串拼接示例

```
>>> "Hello " + 'world!'
'Hello world!'
>>> firstName = 'John'
>>> lastName = 'Smith'
>>> firstName + lastName
'JohnSmith'
>>> fullName = firstName + ' ' + lastName   # 添加一个空格
>>> fullName
'John Smith'
```

> **注意事项**　字符串拼接运算符（+）不会自动在字符串之间添加空格。因此，必须在字符串中包含空格。

3.2.2　重复

可以应用于字符串的另一个运算符是**重复**（repetition）运算符（*）。正如所料，重复运算符（*）按指定的次数重复一个字符串。例如，假设要创建字符串 'gogogo'，不必多次键入 'go'，只需按如下方式应用重复运算符：'go'*3。

与数值对应的运算符一样，重复运算符的优先级高于字符串拼接运算符的优先级。因此，可以同时使用这两个运算符来构造字符串，如会话 3-3 所示。

会话 3-3　字符串重复运算

```
>>> "Hip "*2 + "Hooray!"
'Hip Hip Hooray!'
>>> def rowYourBoat():
        print( "Row, "*3 + 'your boat' )
```

```
        print( "Gently down the stream" )
        print( "Merrily, "*4 )
        print( "Life is but a dream" )


>>> rowYourBoat()
Row, Row, Row, your boat
Gently down the stream
Merrily, Merrily, Merrily, Merrily,
Life is but a dream
```

3.2.3　索引

接下来，我们将讨论**索引**（index）运算符（[]），注意没有与之对应的数学运算符。索引运算符用于访问字符串中的特定字符。字符串的第一个字符的索引位置为 0，第二个字符的索引位置为 1，以此类推。例如，如果希望获取一个字符串的第一个字符，则可以使用如下的索引运算符：'John'[0]。

另外，Python 还允许我们反向访问字符串。字符串的最后一个字符的索引位置为 −1，倒数第二个字符串的索引位置为 −2，以此类推。字符串的索引位置与字符的对应关系如图 3-1 所示。

正向索引	0	1	2	3	4	5	6	7	8	9	10	11
字符串	P	Y	T	H	O	N		R	O	C	K	S
反向索引	−12	−11	−10	−9	−8	−7	−6	−5	−4	−3	−2	−1

图 3-1　字符串中每个字符的索引值

使用索引访问字符串时，常常需要知道字符串的**长度**。Python 的内置函数 len 用于返回一个字符串中包含的字符个数。len 函数如表 3-1 所示。正确理解字符串长度与字符串中最后一个字符索引之间的关系非常重要。例如，尽管 len('abc') 返回 3，但是我们使用 'abc'[2] 来访问字符 'c'。

表 3-1　len 函数

函数	说明
len(string)	返回字符串 string 中包含的字符个数，包括空白字符和特殊字符

通过将 range 函数和 len 函数相结合，我们可以实现遍历访问字符串中的每一个字符。会话 3-4 演示索引运算符和 len 函数的使用方法。

会话 3-4　字符串索引

```
>>> name = "Roy G Biv"
>>> firstChar = name[0]
>>> firstChar
'R'
>>>
>>> middleIndex = len(name) // 2
>>> middleIndex
4
```

```
>>> middleChar = name[middleIndex]
>>> middleChar
'G'
>>> name[-1]
'v'
>>> name[len(name) - 1]
'v'
>>> for i in range(len(name)):
        print(name[i])


R
o
y

G

B
i
v
```

> **摘要总结** 字符串中字符的正向索引范围从 0 到 `len(string) - 1`，反向索引范围从 −1 到 `-len(string)`。

3.2.4 字符串切片

切片运算符（slice operator）（`[:]`）与索引运算符相似，区别在于切片运算符可以从字符串中抽取多个字符。从字符串中抽取的部分字符常常称为**子字符串**（substring）。使用切片运算符时需要两个索引位置：位于 `':'` 之前的开始索引位置和位于 `':'` 之后的结束索引位置。

例如，以下切片操作将返回字符串的前三个字符：

`"mary"[0:3]`

左方括号后面的第一个数字用于指定需要访问字符串中的第一个字符，在本例中为索引位置 0，即第一个字符 m。字符 `':'` 后的数字是需要抽取的最后一个字符的索引位置加 1。这与 range 函数的上下限相同，其中不包含上限。因此，在本例中，我们希望抽取从索引位置 0 开始到索引位置 2 结束的字符。结果是子字符串 `"mar"`。

如果省略第一个索引位置，则 Python 假定从字符串的开始位置（即索引位置 0）进行切片。如果省略结束索引位置，则 Python 假定抽取字符直到字符串末尾。这种缩略方式的一个好处是可以使用以下切片运算符复制字符串：`"duplicateStr = oldStr[:]"`。

字符串的真前缀是以字符串的第一个字符开头且比原始字符串短的所有子字符串。我们可以使用切片运算符简单地生成字符串的前缀，如会话 3-5 所示。请注意，range 函数的第一个参数值是 1，因此第一个切片是 `name[0:1]`。如果我们希望打印最后一个字符 `'v'`，则需要使用 `len(name)+1` 作为 range 函数的第二个参数值，这样最后一个切片为 `name[0:len(name)]`。

会话 3-5 字符串切片

```
>>> name = 'Roy G Biv'
>>> name[0:3]
```

```
'Roy'
>>> name[:3]              # 省略开始索引位置，因此切片从 0 开始
'Roy'
>>> name[6:9]
'Biv'
>>> name[6:]              # 省略结束索引位置，因此切片直到字符串末尾
'Biv'
>>> for i in range(1, len(name)):
        print(name[0:i])

R
Ro
Roy
Roy
Roy G
Roy G
Roy G B
Roy G Bi
```

3.2.5　字符串搜索

另外两个运算符（in 和 not in）用于判断一个字符串是否包含在另一个字符串中。将这两个运算符作用于两个字符串：

```
"sub" in "string"
```

或者

```
"sub" not in "string"
```

子字符串包含在字符串中，表示字符串中必须包含完整的子字符串，并且大小写相同。这些运算符的求值结果为 True 或者 False，因此可以在 if-else 语句中使用。会话 3-6 演示了 in 和 not in 运算符的使用。

会话 3-6　字符串搜索

```
>>> name = "Roy G Biv"
>>>
>>> "Biv" in name
True
>>> "biv" in name         # 小写字符 b 与大写字符 B 不匹配
False
>>> "v" not in name
False
>>> "3" in name
False
>>> "Bv" in name          # 虽然 B 和 v 都在 name 中，但是与 Biv 不匹配
False
>>>
>>> if "y" in name:
    print("The letter y is in name")
else:
    print("The letter y is not in name")


The letter y is in name
```

表 3-2 总结了到目前为止介绍的字符串运算符和函数。

表 3-2　字符串运算符和函数小结

运算符 / 函数	说明	示例	结果
+	**字符串拼接**：拼接两个字符串	"hello "+"world"	"hello world"
*	**重复**：重复字符串	"abc"*3	"abcabcabc"
[i]	**索引**：返回索引位置 i 的字符；索引从 0 开始	"abc"[1]	'b'
[i:j]	**切片**：返回从 i 到 j-1 的子字符串	"abcdef"[0:2]	"ab"
len()	**len 函数**：返回字符串中字符的个数	len('abc')	3
in	**in 运算符**：判断一个字符串是否包含另一个字符串	'bc' in 'abc'	True
not in	**not in 运算符**：判断一个字符串是否不包含另一个字符串	'bc' not in 'abc'	False

动手实践

3.1　创建一个字符串变量，初始化为读者的姓名，包括名字（Firstname）、中间名（Middlename）和姓氏（Lastname）。

3.2　使用切片运算符，打印读者姓名中的名字。

3.3　使用切片运算符，打印读者姓名中的姓氏。

3.4　使用切片运算符和字符串拼接运算符，采用以下格式打印读者的姓名：Lastname, Firstname。

3.5　打印读者姓名中名字的长度。

3.6　假设有两个变量 s='s' 和 p='p'。使用字符串拼接运算符和重复运算符，编写一个表达式，生成以下字符串 mississippi。

3.7　修改会话 3-5 中的前缀示例，打印姓名的所有前缀，要求仅使用结束索引位置。

3.2.6　字符串方法

除了字符串运算符之外，字符串还支持方法，因为字符串和 turtle 一样也是 Python 对象。表 3-3 总结了字符串的一些方法。其中一些方法（例如 ljust、rjust 和 center）用于格式化字符串以适应一定的空间。其他一些方法则用于将字符串转换为全大写或者全小写，以及替换字符。

表 3-3　字符串的方法小结

方法	方法的使用	说明
center	aString.center(w)	返回长度为 w 的字符串，由字符串 aString 和两端加相同数量的空格构成
count	aString.count(item)	返回字符串 aString 中子字符串 item 出现的次数
ljust	aString.ljust(w)	返回长度为 w 的字符串，由 aString 加空格组成（左对齐）
rjust	aString.rjust(w)	返回长度为 w 的字符串，由 aString 加空格组成（右对齐）
upper	aString.upper()	返回字符串，内容为 aString 的全大写字符
lower	aString.lower()	返回字符串，内容为 aString 的全小写字符
index	aString.index(item)	返回字符串 item 在字符串 aString 中第一次出现的索引位置，如果不存在，则返回错误

（续）

方法	方法的使用	说明
rindex	aString.rindex(item)	返回字符串 item 在字符串 aString 中最后一次出现的索引位置，如果不存在，则返回错误
find	aString.find(item)	返回字符串 item 在字符串 aString 中第一次出现的索引位置，如果不存在，则返回 -1
rfind	aString.rfind(item)	返回字符串 item 在字符串 aString 中最后一次出现的索引位置，如果不存在，则返回 -1
replace	aString.replace(old, new)	返回一个字符串，结果为字符串 aString 中的所有子字符串 old 都被替换为子字符串 new

在表 3-3 中列举的字符串方法中，对本章最有用的方法是如何在一个字符串中搜索另一个字符串的方法。count 方法查找一个字符串在另一个字符串中出现的次数。index 和 find 方法的相似之处在于它们返回一个字符串在另一个字符串中第一次出现的索引位置。但是，当找不到需要查找的字符串时，二者的行为会有所不同。如果找不到需要查找的字符串，则 find 方法将返回 -1；而 index 方法会产生一个错误，并终止程序运行。会话 3-7 演示了这些字符串方法的使用示例。

会话 3-7　演示字符串方法的使用

```
>>> "hello".ljust(10)
'hello     '
>>> "hello".rjust(10)
'     hello'
>>> "hello".center(10)
'  hello   '
>>>
>>> teamSport = "Golden Gopher football"
>>> teamSport.count('o')
4
>>> teamSport.count('oo')
1
>>> teamSport.lower()
'golden gopher football'
>>> teamSport                   # 原始字符串变量不受影响
'Golden Gopher football'
>>> teamSport = teamSport.upper() # 把结果赋值给字符串变量
'GOLDEN GOPHER FOOTBALL'
>>> teamSport                   # 现在原始字符串变量发生了改变
'GOLDEN GOPHER FOOTBALL'
>>> teamSport.find('G')
0
>>> teamSport.rfind('G')
7
>>> teamSport.index('G')
0
>>> teamSport.rindex('G')
7
>>> teamSport.find('g')     # 不存在字符 'g'，find 函数返回 -1
-1
>>> teamSport.index('g')    # 不存在字符 'g'，index 函数抛出一个错误
Traceback (most recent call last):
  File "<pyshell#18>", line 1, in <module>
    teamSport.index('g')
>>>;
>>> 'ab cd ef'.replace('cd', 'xy')
'ab xy ef'
```

动手实践

3.8   使用 count 方法，查找子字符串 's' 在字符串 'mississippi' 中出现的次数。

3.9   把字符串 'mississippi' 中的所有子字符串 'iss' 替换为字符串 'ox'。

3.10   查找字符串 'mississippi' 中子字符串 'p' 第一次出现的位置。

3.11   将单词 'python' 转换为居中对齐且所有字母为大写字母、长度为 20 的字符串。

3.2.7   字符函数

正如稍后所述，基于字符串的算法可以将字符转换为数字，也可以将数字转换为字符。Python 包含一些内置函数，用于实现字符和数字之间的转换。函数 ord 和 chr 实现了这种转换功能。此外，str 函数将数字转换为字符串形式。表 3-4 总结了这些函数，会话 3-8 演示了其使用示例。

表 3-4   字符函数

函数	说明
ord(ch)	返回单个字符 ch 所对应的 Unicode 码值
chr(num)	返回 Unicode 码值 num 所表示的字符
str(num)	把数值 num 转换为字符串

会话 3-8   使用 **ord**、**chr** 和 **str** 函数

```
>>> ord('a')
97
>>> ord('c')
99
>>> ord('A')
65
>>> chr(104)
'h'
>>> chr(97 + 13)
'n'
>>> str(10960)
'10960'
```

读者可能会疑惑为什么字母 'a' 用数字 97 而不是 1 或者 0 表示呢？在计算机内存中，数字和字符串都存储为由 1 和 0 组成的序列。由于字符没有内在的数值，因此 Python 和其他程序设计语言使用编码系统将字符映射到数字。当字母 'a' 被转换成十进制数时，对应字母 'a' 的由 1 和 0 所组成的序列是十进制的 97。从字母到数字的映射，在 20 世纪 60 年代被定义为**美国信息交换标准码**（American Standard Code for Information Interchange，ASCII），ASCII 的一个限制是它只表示 128 个英文字符。相比之下，由 Unicode 协会开发的最新编码系统 Unicode 可以映射多种语言中的字符。为了与以前编写的程序保持兼容性，Unicode 协会将 Unicode 系统中的前 128 个字符定义为与 ASCII 字符相同。读者可以通过访问网站 unicode.org 并查看基本拉丁语（ASCII）代码映射表。

就本章而言，我们更希望字母 'a' 映射到数字 0，字母 'z' 映射到数字 25。这将大大简化我们的代码。使用 find 方法和字符串索引，我们定义了自定义的辅助函数，用于实现字符和数字之间的转换，如程序清单 3-1 所示。在这两个函数中，我们希望按顺序定义一个

包含字母表小写字母的字符串。我们可以直接使用在 string 模块中定义的名为 ascii_ lowercase 的常量（该常量是一个包含字母表中按照从 a 到 z 的顺序排列的小写字母字符串），这样我们就不用自己键入一个包含字母表所有字母的字符串。我们还希望我们的自定义字母表中包含一个空格字符，指定其值为 26。实际上，我们将一个空格字符拼接到常量 ascii_lowercase，从而生成字符串 alphabet（请参见第 3 行和第 11 行）。为了使用这个常量，我们需要从 string 模块中导入它，如第 2 行和第 10 行代码所示。

程序清单 3-1　实现字符和数字之间转换的辅助函数

```
 1   def letterToIndex(letter):
 2       from string import ascii_lowercase
 3       alphabet = ascii_lowercase + ' '
 4       idx = alphabet.find(letter)
 5       if idx == -1:        # 没有找到该字符
 6           print("error:", letter, "is not in the alphabet")
 7       return idx
 8
 9   def indexToLetter(idx):
10       from string import ascii_lowercase
11       alphabet = ascii_lowercase + ' '
12       letter = ''
13       if idx >= len(alphabet):
14           print("error:", idx, "is too large")
15       elif idx < 0:
16           print("error:", idx, "is less than 0")
17       else:
18           letter = alphabet[idx]
19       return letter
```

在 letterToIndex 函数中，通过将参数字符传递给 find 方法来检查该字符是否包含在字母表中。回想一下，如果 find 方法找不到其参数，则该方法返回 −1。因此，如果返回值为 −1，我们将打印一条错误消息；否则，我们将返回字符串 alphabet 中参数字符的索引位置。

在 indexToLetter 函数中，我们使用 if 语句的 elif 形式。此形式允许我们检查变量上的一系列条件。例如，为了验证索引参数 idx 是否与字符串 alphabet 中的字母相对应，我们检查索引参数（idx）是否大于或者等于字符串 alphabet 的长度，或者是否小于 0。无论哪种情况，我们都会打印一条错误消息。否则，我们将按照函数所提供的索引 idx 返回字符串 alphabet 中的字母。

在会话 3-9 中，我们测试了这两个辅助函数。我们将这两个函数保存在名为 mapper. py 的文件中，并在会话开始时导入该文件。为了确保代码能够正确工作，我们测试**边界值**（boundary value），即可能导致不同结果的边界值。例如，在 letterToIndex 函数中，存在两个可能的结果：找到了字母，或者找不到字母。我们可以使用字母 a（可能的最低索引）和空格（可能的最高索引）来作为测试这个函数的边界值。在 indexToLetter 函数中，存在三种可能的结果：索引小于 0，索引大于字母表中的最后一个字母，或者字母在字母表中。我们可以使用索引值 0（第一个字母）、26（字母表中的最后一个字符）、−1（小于 0）和 27（大于最高索引）来测试此函数。

会话 3-9　测试辅助函数

```
>>> from mapper import *
>>> letterToIndex('a')
0
```

```
>>> letterToIndex(' ')
26
>>> letterToIndex('5')
error: 5 is not in the alphabet
-1
>>>
>>> indexToLetter(0)
'a'
>>> indexToLetter(26)
' '
>>> indexToLetter(-1)
error: -1 is less than 0
''
>>> indexToLetter(27)
error: 27 is too large
''
```

> **最佳编程实践**　为了验证代码的正确性，需要测试边界值。

动手实践

3.12 表达式 ord('A') 和 ord('a') 的结果有什么区别？

3.13 编写一个函数，带一个数字字符参数，返回对应的整数值。

3.14 重新实现 letterToIndex 函数，要求使用函数 ord。

3.15 重新实现 indexToLetter 函数，要求使用函数 ord 和 chr。

3.16 编写一个函数，带一个参数（从 0 到 100 的百分制考试成绩），返回对应的字母等级成绩。使用我们选修的课程中教师所采用的成绩判定等级规则。

3.3　编码消息和解码消息

密码学是保障信息安全的科学。其工作原理是将可读的消息转换为不可读的消息，然后将其安全地传输给接收者。然后，接收者将不可读的消息转换为原始的可读消息。在本章中，我们把可读的消息称为**明文**（plaintext），而不可读的消息称为**密文**（ciphertext）。将明文转换为密文的过程称为**加密**（encryption）；将密文转换为明文的反向过程称为**解密**（decryption）。图 3-2 概述了加密过程和解密过程。本节的主题是加密算法和解密算法。

图 3-2　加密消息和解密消息

加密消息的最简单方法之一是打乱字母。例如，可以将"house"一词随机打乱为"suheo"，实际上"house"一词有 120 种不同的可能排列方式，但是如果加密算法随机地打乱字母，则解密算法的任务将变得十分困难。加密算法和解密算法必须以某种商定的方式协同工作，加密算法使用某种方案打乱字母，而解密算法必须知道该方案。

3.4　置换加密算法

3.4.1　使用置换进行加密

打乱消息中字母的一种方法是将消息分成两组字符，其中第一组字符由偶数位置的字符组成，第二组字符由奇数位置的字符组成。如果我们用偶数位置的字符创建一个字符串，用奇数位置的字符创建另一个字符串，我们可以将这两个新字符串拼接在一起形成密文字符串。因为这会导致字符串中的字符被置换到新的位置，所以我们称之为**置换加密算法**（transposition cipher），有时也称为**围栏加密算法**（rail fence cipher）。图 3-3 描述了置换加密算法的思想。

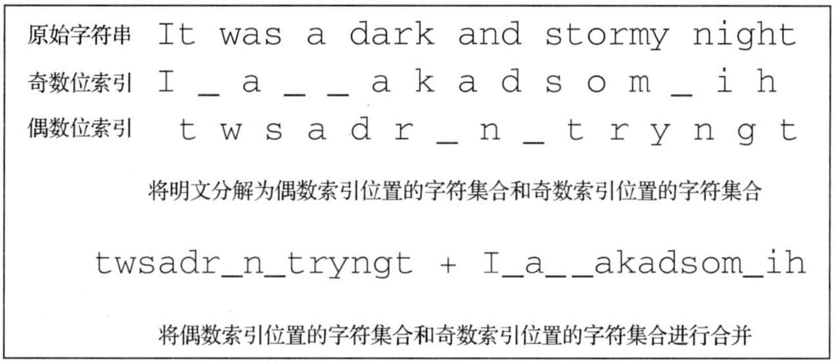

```
原始字符串  It was a dark and stormy night
奇数位索引   I _ a _ _ a k a d s o m _ i h
偶数位索引    t w s a d r _ n _ t r y n g t
```

将明文分解为偶数索引位置的字符集合和奇数索引位置的字符集合

```
twsadr_n_tryngt + I_a__akadsom_ih
```

将偶数索引位置的字符集合和奇数索引位置的字符集合进行合并

图 3-3　使用奇偶混排对字符串加密

现在我们有了一个打乱明文消息的方案。让我们编写一个 Python 函数，将明文消息作为参数，并返回密文消息。该算法的关键在于我们能够将明文中偶数位置的字符放在一个字符串中，将奇数位置的字符放在另一个字符串中。一种方法是使用计数器和**字符串迭代器**（string iterator）。字符串迭代器是一个 for 循环，其中循环变量接受字符串中每个字符的值。

字符串迭代器使用以下形式的 for 循环：

```
for ch in stringVariable:
```

在 for 循环的每次迭代中，循环变量 ch 接受字符串 stringVariable 中的下一个字符的值。因此，对于第一次迭代，ch 对应 stringVariable 索引 0 处的字符；对于第二次迭代，ch 对应 stringVariable 索引 1 处的字符；以此类推。

当遍历字符串的每个字符时，我们会递增计数器。如果计数器的当前值是偶数，则将当前字符拼接到偶数字符串。如果计数器的当前值是奇数，则将字符拼接到奇数字符串。在这个所谓的围栏加密算法中，每个栏杆（rail）都包含原始字符串的一部分。在这种情况下，因为我们将字符串分成两部分，所以我们称之为**双轨围栏加密算法**（two-rail cipher）。

如何判断一个数字是偶数还是奇数呢？回想一下，对于任何一个偶数 N，当 N 除以 2 时，余数为 0。对于任何一个奇数 N，N 除以 2 的余数为 1。在 Python 中，我们可以通过使用取模运算符（%）获取余数。对于任意偶数 N，$N\%2$ 的结果为 0。对于任意奇数 N，$N\%2$ 的结果为 1。我们可以使用表达式 charCount % 2 == 0 作为 if 语句中的条件，来测试字符计数器的当前值是偶数还是奇数。程序清单 3-2 显示了使用所描述策略的加密算法。

程序清单 3-2　打乱明文消息

```
1  def scramble2Encrypt(plainText):
2      evenChars = ""
3      oddChars = ""
4      charCount = 0
5      for ch in plainText:
6          if charCount % 2 == 0:
```

```
 7              evenChars = evenChars + ch
 8          else:
 9              oddChars = oddChars + ch
10          charCount = charCount + 1
11      cipherText = oddChars + evenChars
12      return cipherText
```

函数 scramble2Encrypt 在几个不同的地方使用累加器模式。首先，evenChars 和 oddChars 被初始化为空字符串，并在 for 循环执行时对字符进行累积计数。累加器模式对于拼接字符串同样有效，就像累加数值一样。当我们将累加器模式应用于字符串时，我们将构建一个从空字符串开始的字符串（空字符串表示为 ""），将字符串每次增长一个字符。累加器模式的下一个用法是使用一个常见的数值累加器作为 charCount 变量。

> **注意事项**　空字符串不包括任何字符，可以定义为 "" 或者 ''，引号中间不包括空格。空字符的长度为 0。

在程序清单 3-2 的第 5 行，我们开始一个循环，循环将遍历字符串 plainText 中的每个字符。当在字符串上迭代时，循环变量会逐一引用字符串中的每个字符。在第 6 行，使用前面设计的方法来测试 charCount 是偶数还是奇数。如果 charCount 为偶数，则将循环变量 ch 引用的当前字符拼接到字符串 evenChars 值的后面。因为拼接运算会创建一个新字符串，所以当执行赋值时，evenChars 将成为这个新构造的字符串。如果 charCount 为奇数，将 oddChars 和 ch 拼接起来以创建由 oddChars 引用的新字符串。

最后，在处理完明文字符串中的所有字符之后，在第 11 行，我们通过拼接 oddChars 和 evenChars 来创建密文字符串 cipherText。拼接运算中变量的顺序不是任意的，将 oddChars 放在前面的原因如下：如果字符串有奇数个字符，那么 oddChars 将比 evenChars 少一个字符。读者能解释一下原因吗？稍后我们将讨论这一点，当把密文分成两部分时，这一点非常重要。

会话 3-10 演示了使用 5 个不同的输入，测试 scramble2Encrypt 函数的输出结果。请注意，有些测试用例只是无意义的字符串，但是它们是经过仔细选择的，以便很容易判断函数是否正常工作。另外，我们测试了一些边界情况，例如长度为 1 的字符串以及空字符串。

会话 3-10　测试 scramble2Encrypt 函数

```
>>> scramble2Encrypt('abababab')
'bbbbaaaa'
>>> scramble2Encrypt('ababababc')
'bbbbaaaac'
>>> scramble2Encrypt('I do not like green eggs and ham')
' ontlk re gsadhmId o iegeneg n a'
>>> scramble2Encrypt('a')
'a'
>>> scramble2Encrypt('')
''
```

3.4.2　解密置换后的消息

下一个任务是编写一个函数，解密由 scramble2Encrypt 函数加密的消息。解密函数的输入将是加密函数生成的密文。解密函数将返回被还原的明文字符串副本。

为了恢复明文字符串，我们首先将密文分成两半。字符串的前半部分包含原始消息中奇数位置的字符，后半部分包含原始消息中偶数位置的字符。为了恢复字符串的明文，首先初始化明文字符串为空字符串，然后将偶数字符串和奇数字符串中的字符拼接到明文字符串的末尾。交替先从偶数字符串中提取一个字符，然后再从奇数字符串中提取一个字符，依此类推。图 3-4 给出了一个重新组合成明文的示例。

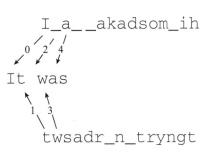

图 3-4　从密文字符串中交替提取字符以解密信息

重构明文消息时需要考虑一个细节：偶数字符串中可能比奇数字符串中多出一个字符。通过比较两个字符串的长度，我们可以很容易地检查出这种情况。如果奇数字符串比偶数字符串短，则只需将偶数字符串中的最后一个字符连接到明文字符串。

程序清单 3-3 显示了用于实现解密函数的 Python 代码。

程序清单 3-3　对置换加密后的消息进行解密

```
 1    def scramble2Decrypt(cipherText):
 2        halfLength = len(cipherText) // 2
 3        evenChars = cipherText[halfLength:]  # 从 halfLength 到字符串末尾
 4        oddChars = cipherText[:halfLength]   # 从 0 到 halfLength-1
 5        plainText = ""
 6
 7        for i in range(halfLength):
 8            plainText = plainText + evenChars[i]
 9            plainText = plainText + oddChars[i]
10
11        if len(oddChars) < len(evenChars):
12            plainText = plainText + evenChars[-1]  # 最后一个偶数字符
13
14        return plainText
```

为了将密文字符串拆分成两半，我们使用了切片运算符，如程序清单 3-3 的第 3 行和第 4 行所示。为了确定字符串的中间位置，我们使用整数除法将字符串的长度除以 2。在这些代码行上，我们使用了切片运算符的简化形式。回想一下，如果省略了符号 ':' 之前的数字，则切片运算符将从字符串的开头开始；反之，如果省略了符号 ':' 之后的数字，则切片操作将持续到字符串的结尾。

在从第 7 行开始的循环中，我们使用字符串索引运算符从两个子字符串中分别获取下一个字符。我们再次使用累加器模式来构建明文字符串。最后，在第 11 行和第 12 行，我们检查密文中的字符个数是否为奇数，即 evenChars 字符串是否比 oddChars 字符串长。如果是，我们将 evenChars 的最后一个字符添加到明文字符串的末尾。

会话 3-11 演示了如何测试解密函数。注意，由于 scramble2Encrypt 函数返回了一个字符串，我们可以直接将函数调用作为 scramble2Decrypt 函数的参数。实际上，我们将 scramble2Encrypt 函数的返回值传递给 scramble2Decrypt 函数。很容易测试解密函数是否工作正常，因为其返回结果与作为加密函数参数提供的字符串完全相同。同样，我们尝试了一个简单的案例，外加几个边界案例。

会话 3-11　测试加密函数和解密函数

```
>>> scramble2Decrypt(scramble2Encrypt('abababc'))
'abababc'
>>> scramble2Decrypt(scramble2Encrypt('a'))
'a'
>>> scramble2Decrypt(scramble2Encrypt(''))
''
>>> scramble2Decrypt(scramble2Encrypt('I do not like green eggs \
and ham'))
'I do not like green eggs and ham'
```

注意，在最后一个测试中，无法将整个字符串放置在一行上。为了表示一条语句尚未结束，语句将在下一行继续，我们可以使用反斜杠作为续行字符 (\)。

> **注意事项**　在 Python 中，字符串必须在同一行开始和同一行结束，除非插入一个续行字符 (\)，这表示下一行还包含该字符串更多的内容。在 Python 中，续行字符也可以用于将一个字符串扩展到多行中。

动手实践

3.17 使用纸和笔，演算对英文句子 "the quick brown fox jumps over the lazy dog." 使用置换加密算法进行加密。通过调用 scramble2Decrypt 函数来检查我们的答案。

3.18 编写一个函数 stripSpaces(myString)，带一个英文短语作为参数，返回一个短语，其字母顺序保持不变，但移除各单词之间的空格。

3.19 置换加密算法可以推广到任意数量的围栏。编写一个函数，实现一个三轨围栏加密算法，每次获取三个字符作为一组，并将其分别放在三轨之一上。

3.4.3　读取用户输入

至此，我们已经编写了实现加密消息和解密消息的函数，还需要提供一个更简单的获取需要加密的消息的方法。当今大多程序都使用对话框的方式接收用户的输入。虽然 Python 提供了一种创建对话框的方法，但它也提供了另外一种更简单的方法。也就是说，Python 提供了一个函数，允许请求用户输入一些数据，并以字符串的形式返回对数据的引用。这个函数称为 input。

如表 3-5 所示，Python 的内置函数 input 接受一个字符串参数。这个字符串通常被称为**提示信息**（prompt），因为它包含一些提示信息文本，提示用户输入一些内容。例如，可以按如下方式调用 input 函数：msg = input('Enter a message to encrypt: ')。Python 将显示提示信息字符串；等待用户键入某些内容，然后按 enter 或者 return 键确认。用户在提示信息后键入的任何内容都将存储在 msg 变量中。

表 3-5　input 函数

函数	说明
input(prompt)	显示提示信息，然后在用户按 enter 或者 return 键确认时返回用户键入的任何字符所组成的字符串。返回的字符串中不包括 enter 或者 return 键

使用 input 函数，我们可以很容易地编写另一个函数，提示用户输入消息，然后打

印该消息的加密版本。程序清单 3-4 演示如何在程序中结合 input 函数的输入功能，会话 3-12 演示了调用 encryptMessage 函数的结果。

程序清单 3-4　使用 input 函数

```
1   def encryptMessage():
2         msg = input('Enter a message to encrypt: ')
3         cipherText = scramble2Encrypt(msg)
4         print('The encrypted message is:', cipherText)
```

会话 3-12　使用 input 函数

```
>>> encryptMessage()

Enter a message to encrypt: It was a dark and stormy night
The encrypted message is: twsadr n tryngtI a akadsom ih
```

> **注意事项**　请注意，在键入字符串时，不需要将输入包括在引号中。

> **最佳编程实践**　建议在提示信息后增加一个空格，以便将用户的输入与提示信息分开，从而增加输入的可读性。

3.5　替换加密算法

置换加密算法提供了一个简单的加密示例，但它不是一种非常安全的加密形式。如果攻击者尝试读取用户的加密消息，并且知道用户使用的是置换加密算法，则会很容易使用相同的算法解密用户的消息。

另一种加密算法称为**替换加密算法**（substitution cipher），把消息的一个字母用另一个字母替换。例如，假设规定 'a' = 't'。在这种情况下，字母 't' 将替换明文中所有的 'a'。替换加密算法从恺撒时代就开始使用了，现在仍然很流行，例如日报上的 "Cryptoquip"（密语）专栏。

与置换加密算法相比，替换加密算法具有一个很大的优势：它使用**密钥**（key），密钥是字母表的重新排列版本。如果攻击者试图读取用户的密文消息，并且知道用户使用的是替换加密算法，那也并不能帮助攻击者破解密文，因为他们还需要知道字母表的字母重新排列的具体方法。图 3-5 演示了使用密钥的加密过程。如果我们只考虑字母表中的 26 个字母，就有 26 的阶乘（26!），或者说 403 291 461 126 605 635 584 000 000 种不同排列的字母表。所以我们需要从大量的密钥中做出选择！

图 3-5　使用密钥来加密会更加安全

让我们讨论一个使用替换加密算法的简单示例。我们将使用密钥 'bpzhgocvjdqswk imlutneryaxf' 来加密单词 'flow'。字母根据它们在字母表中的位置进行匹配。例如，字母表中的第六个字母是 'f'，它对应于密钥中的第六个字母 'o'。图 3-6 演示了这个过程。单词 'flow' 中的每个字母都从普通的明文字母表映射到密钥中的相应字母。在本例中，'f 映射到 'o'，'l' 映射到 's'，'o' 映射到 'i'，'w' 映射到 'y'。

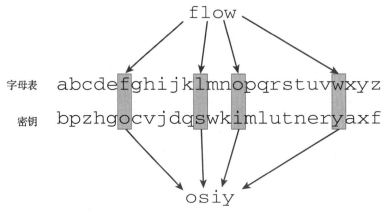

图 3-6　替换加密算法

下一步是将这个映射过程转换为一个 Python 函数。加密过程中的重要步骤是从明文字母表中提取一个字母并将其映射为密文字母表中的一个字母。我们可以使用字符串的 index 方法来实现该功能。回想一下 aString.index(ch) 返回字符串 aString 中 ch 的第一次出现的索引位置。使用这种技术，我们可以创建一个字符串，按顺序包含字母表中的所有字母，然后使用 index 方法返回某个字母在字母表中的位置。一旦知道了一个字母在明文字母表中的位置，我们就可以使用索引运算符在密钥中查找对应的密文字母。

例如，在会话 3-13 中，我们查找到字母 'h' 从明文字母表到密文字母表的映射。注意，我们定义了 alphabetString，按顺序包含字母表中的字母，其末尾包含一个空格，这样就可以加密包含空格的消息。为了简单起见，这里使用的密钥字母表是字符串 alphabetString 的逆序。在会话 3-13 中，我们使用 index 方法查找字母 'h' 在字符串 alphabetString 中的位置，并打印返回值，结果在索引位置 7 处查找到字母 'h'。使用 7 作为密钥字符串 key 的索引，结果表明应该用字母 't' 替换明文消息中的所有字母 'h'。

会话 3-13　把一个字母从字母表映射到密钥字母表

```
>>> alphabetString = "abcdefghijklmnopqrstuvwxyz "
>>> key = " zyxwvutsrqponmlkjihgfedcba"
>>> i = alphabetString.index('h')
>>> print(i)
7
>>> print(key[i])
t
```

至此，我们了解了如何将字符从明文字母表映射到密文字母表，接下来的工作就是将这个映射过程应用到明文消息的每个字符，并构造最终密文消息。对于最后两个步骤，我们可以使用迭代和累加器模式。程序清单 3-5 演示了一个使用给定密钥来加密字符串的函数。

程序清单 3-5　使用替换加密算法来加密消息

```
1   def substitutionEncrypt(plainText,key):
2       alphabet = "abcdefghijklmnopqrstuvwxyz "
```

```
3          plainText = plainText.lower()
4          cipherText = ""
5          for ch in plainText:
6              idx = alphabet.find(ch)
7              cipherText = cipherText + key[idx]
8          return cipherText
```

如果我们仔细查看代码，会注意到字符串 `alphabet` 包含 26 个小写字母和一个空格。我们在字母表的末尾添加空格，这样空格也将被加密。尽管密文将包含空格，但空格表示其他字符，因此不会向攻击者提供任何提示信息。另一种方法是从字母表和密钥中删除空格，并在应用替换加密算法之前从明文中删除所有空格。这将有效地将字符串 `"the quick brown fox"` 化简为字符串 `"thequickbrownfox"`。但是，删除空格将降低解密后消息的可读性。

在第 3 行，我们将大写字母转换为小写字母，这样大写字母和小写字母将具有相同的替换值；换句话说，如果密钥用 `'t'` 替换 `'b'`，则 `'t'` 将同时替换 `'b'` 和 `'B'`。另外，程序的第 6 行中并没有检测是否找到字符。为了简单起见，我们假设明文只包含字母和空格。为了处理数字、标点或者其他字符，我们的密钥需要为明文消息中可能接收到的每个字符提供唯一的替换字符。

会话 3-14 演示了 `substitutionEncrypt` 算法的实际应用。注意，即使加密同一个明文消息，当使用不同的密钥时，也会得到不同的密文消息。这就是替换加密算法优于置换加密算法的原因。即使攻击者知道了我们使用的是替换加密算法，但如果他们没有密钥，这些信息也不能帮助他们破解消息。`substitutionDecrypt` 函数与 `substitutionEncrypt` 函数几乎相同。

会话 3-14　使用 `substitutionEncrypt` 函数

```
>>> testKey1 = "zyxwvutsrqponml kjihgfedcba"
>>> testKey2 = "ouwckbjmpzyexa vrltsfgdqihn"
>>> plainText = input("Enter the message to encrypt: ")
Enter the message to encrypt: The quick brown fox
>>> cipherText = substitutionEncrypt(plainText, testKey1)
>>> print(cipherText)
hsvakgrxpayjlemauld
>>> cipherText = substitutionEncrypt(plainText, testKey2)
>>> print(cipherText)
smknrfpwynul danb q
```

动手实践

3.20　设计我们自己的密钥，并加密一条消息。与合作伙伴交换密钥和密文，看看是否可以解密对方的消息。

3.21　编写 `substitutionDecrypt` 函数。

3.22　重新编写 `substitutionEncrypt` 函数，要求从明文中移除所有的空格。

3.6　创建密钥

替换加密算法的优点在于两个人共享一个密钥的能力。也就是说，加密消息的发送者和接收者都必须有权访问同一密钥。该密钥必须表示字母表中 26 个字母加空格的重新排列版本。首先，让我们编写一个 Python 函数，返回字母表的随机重新排列版本。

该算法的主要思想是，我们希望从字母表中随机选择一个要包含在密钥中的字符，然后随机选择另一个字符，以此类推，直到随机选择了所有的 27 个字符。乍一看很简单，但是我们必须跟踪已经选择的字符，以保证密钥不会包含重复的字符。

让我们换一个角度来思考这个问题。假设初始化时明文字母表包含 27 个字母，密钥字符串为空。首先，从 0 到 26 中随机选择一个随机数。这个随机数为密钥中的第一个字母的索引，我们从字母表中检索到相应的字母并与密钥字符串拼接。为了确保不再选取同一个字母，我们从字母表字符串中删除选定的字母。由于字母表字符串现在少了一个字符，因此必须从 0 到 25 中随机选择一个随机数。我们可以重复这个挑选随机数和删除字符的过程，直到原始字母表字符串中没有更多的字母为止。

为了实现该解决方案，我们将它分解为两个子问题。首先，编写一个函数，该函数以字符串和索引值作为参数，并返回一个新字符串，该字符串在给定索引位置处的字符将被删除。接下来，编写一个函数，该函数以完整的字母表开头，并返回随机重新排列的字母表作为密钥。

程序清单 3-6 给出了一个简短的 Python 函数，用于从字符串中删除字符。此版本的函数首先使用切片运算符抽取从头开始到要删除的字符之前的子字符串（但不包括要删除的字符），然后抽取从要删除的字符之后到末尾的子字符串。我们使用字符串拼接运算符，将这两部分合并到最终的字符串中。

程序清单 3-6   从字符串中移除一个字符

```
1    def removeChar(string, idx):
2        return string[:idx] + string[idx + 1:]
```

让我们使用一个简单的字符串和几个不同的索引值来测试 removeChar 函数，结果如会话 3-15 所示。注意，当我们使用索引值 −1 时，会得到一个意外的结果。在继续阅读之前，请读者思考并解释为什么会得到这个结果。

会话 3-15   测试 removeChar 函数

```
>>> removeChar('abcdefg', 0)     # 移除第一个字符
'bcdefg'
>>> removeChar('abcdefg', 6)     # 移除最后一个字符
'abcdef'
>>> removeChar('abcdefg', 3)     # 移除中间的字符
'abcefg'
>>> removeChar('abcdefg', -2)    # 移除倒数第二个字符
'abcdeg'
>>> removeChar('abcdefg', -1)    # 尝试删除最后一个字符 ???
'abcdefabcdefg'
```

这个示例说明了测试函数（即便是最简单的函数）的重要性。我们在使用字符索引 −1 时得到上述结果的原因如下：第一个切片操作（string[:-1]）按预期工作：它返回除最后一个字符外的整个字符串。但是，第二个切片操作（string[-1+1:]）变为（string[0:]），返回整个字符串。我们可以继续使用这个有缺陷的 removeChar 函数版本，因为我们的密钥生成函数永远不会尝试删除负索引值。

实现了 removeChar 函数后，让我们把注意力转向主要的密钥生成函数 keyGen()。

程序清单 3-7 显示了前文所述策略的 Python 代码。因为我们将从字母表中依次移除一个字符（直到它为空），所以对于 for 循环，我们使用 range(len(alphabet)-1,-1,-1)，它按降序从 26 到 0 对循环变量 i 赋值。并与字母表的减小保持同步。我们使用 random 模块中的 randint 函数生成一个 0 到字母表当前大小（由 i 表示）之间的随机整数。因为我们使用函数调用 random.randint(0, i) 生成随机数，因此当 i 变小时，生成的随机数的范围也变小。最后，我们使用累加器模式 key = key+alphabet[idx] 来构建最终的密钥。

程序清单 3-7　从字母表生成一个随机密钥的函数

```
1    def keyGen():
2        import random
3        alphabet = "abcdefghijklmnopqrstuvwxyz "
4        key = ""
5        for i in range(len(alphabet)- 1, -1, -1):
6            idx = random.randint(0, i)
7            key = key + alphabet[idx]
8            alphabet = removeChar(alphabet, idx)
9        return key
```

注意事项　由于 keyGen 函数使用 randint 方法，所以需要导入 random 模块。这可以在函数中完成，如程序清单 3-7 的第 2 行所示。或者，如果 keyGen 函数存储在 .py 模块中，则可以在函数定义之前在 .py 模块中写入 import 语句导入模块。

会话 3-16 演示了通过调用 keyGen 函数生成的一些随机密钥。我们可以手动验证每个密钥的长度为 27 个字符，并且每个字母都不重复。

会话 3-16　生成随机密钥

```
>>> keyGen()
'yveszbfhuowxpiqrljangcdkm t'
>>> keyGen()
'dxioznjfp elwkbqtmrgahcsuvy'
>>> keyGen()
'hvjpksbflgiydtrcoen uwqmxza'
>>> len(keyGen())
27
```

记住 27 个随机拼凑的字符可能超出了大多数人的能力范围，所以让我们讨论解决密钥生成问题的另一种方法。与其生成 27 个字符的随机序列，不如假设我们选择一个单词或者短语作为密码。现在的问题是，"如何基于这个密码生成随机排列字母表？"答案是使用两个不同的字符串来构造密钥：密码和字母表。

首先，删除密码中的所有重复字母。接下来，我们删除字母表中的所有包含在密码中的字母。然后按顺序使用字母表，从密码中最后一个字母后面的字母开始。当到达字母表的末尾时，转到字母表的开头并使用其余字符。

让我们举例说明。假设我们的密码是 'topsecret'。移除重复字母后结果为 'topsecr'。现在，如果从字母表中删除包含在密码中的字母，结果为 'abdfghijklmnquvwxyz'。字母表中 'r' 后面的下一个字母是 'u'，因此可以组合成三个字符串 'topsecr'、'uvwxyz' 和 'abdfghijklmnq'，以构造最终的密钥。结果密钥为 'topsecruvwxyz abdfghijklmnq'。

这似乎是一项艰巨的任务，但如果把它分解成更小的问题，则很容易处理：

1）从密码中删除重复项。

2）把字母表分成两部分：beforeLast 和 afterLast。

3）从 beforeLast 和 afterLast 中删除包含在密码中的字母。

4）把密钥的三个部分拼接在一起。

按照上述方式，将问题分解成更小的部分，通常被称为**自顶向下的设计**（top-down design）或者**逐步求精**（stepwise refinement），因为我们采用的是逐步设计和开发问题的解决方案。

> **最佳编程实践**　使用自顶向下的设计将一个大问题分解成更小的、可管理的任务。这个过程也被称为逐步求精。

我们已经知道如何实现步骤 2 和步骤 4，所以现在解决从字符串中删除重复字母的问题。我们将使用累加器模式逐字符重新构建字符串，但是通过添加一个简单的规则来修改累加器模式：如果一个字符不是重构字符串中的一部分，则将其添加到新字符串中；否则，该字符已经添加到重构字符串中，因此将忽略该字符。

例如，考虑字符串 "book"。首先创建一个空字符串 newStr。然后迭代字符串 "book" 中的字符。迭代的第一个字符为 "b"，因为 "b" 不是 newStr 的一部分，所以添加该字符，结果字符串 newStr 为 "b"。下一个字符是 "o"，同样由于 "o" 不在 newStr 中，所以添加该字符，结果字符串 newStr 为 "bo"。下一个字符是第二个 "o"，但是由于 newStr 已经有了一个 "o"，因此忽略这个字符。最后一个字符 "k" 是新的，所以把它添加到 newStr 中，结果字符串 newStr 为 "bok"。

这种方法的关键是做出判断："当前字符是否是正在构建的字符串中的一部分？"为了回答这个问题，我们可以使用 not in 运算符作为 if 语句的条件。程序清单 3-8 显示了创建一个删除了重复项的字符串的 Python 代码。

程序清单 3-8　从一个字符串中移除重复的字母

```
1    def removeDupes(myString):
2        newStr = ""
3        for ch in myString:
4            if ch not in newStr:
5                newStr = newStr + ch
6        return newStr
```

我们可以使用类似的方法从一个字符串中移除另一个字符串中的字符。同样，开始初始化一个空字符串 newStr，然后使用累加器模式来构建新字符串。如果原始字符串 myString 中的下一个字符不是 removeString 中的一个字符，则将其添加到 newStr。如果 myString 中的下一个字符包含在 removeString 中，则忽略该字符。程序清单 3-9 显示了实现该过程的 Python 代码。

程序清单 3-9　从一个字符串中移除包含在另一个字符串中的字符

```
1    def removeMatches(myString, removeString):
2        newStr = ""
3        for ch in myString:
4            if ch not in removeString:
5                newStr = newStr + ch
6        return newStr
```

让我们来测试一下刚刚编写好的两个新函数。会话 3-17 演示了 removeDupes 函数和 removeMatches 函数的使用方法。

会话 3-17 测试 removeDupes 函数和 removeMatches 函数

```
>>> alphabet = 'abcdefghijklmnopqrstuvwxyz '
>>> removeDupes('topsecret')
'topsecr'
>>> removeDupes('wonder woman')
'wonder ma'
>>> removeMatches(alphabet, 'topsecr')
'abdfghijklmnquvwxyz '
>>> removeMatches(alphabet, removeDupes('wonder woman'))
'bcfghijklpqstuvxyz'
```

至此，我们已经实现了函数 removeDupes 和函数 removeMatches，剩下的关于字母表重新排列的算法相当简单。程序清单 3-10 显示了 Python 代码，实现了基于密码的字母表重新排列的算法版本。

程序清单 3-10 基于一个密码生成的一个密钥

```
 1    def genKeyFromPass(password):
 2        alphabet = 'abcdefghijklmnopqrstuvwxyz '
 3        password = password.lower()
 4        password = removeDupes(password)
 5        lastChar = password[-1]
 6        lastIdx = alphabet.find(lastChar)
 7        afterString = removeMatches(alphabet[lastIdx + 1:], password)
 8        beforeString = removeMatches(alphabet[:lastIdx], password)
 9        key = password + afterString + beforeString
10        return key
```

函数 genKeyFromPass 是自顶向下设计解决问题的一个很好的示例。请仔细阅读程序清单 3-10 中的代码。现在想象一下，如果我们试图包含函数 removeDupes 和函数 removeMatches 的代码，则代码将变得十分冗长。如果函数代码十分冗长，则很难理解其过程。函数 removeDupes 和函数 removeMatches 不仅提高了函数 genKeyFromPass 的可读性，而且还可以应用于我们编写的其他函数。

最佳编程实践 尽量编写可重用的精简函数。

会话 3-18 演示了 genKeyFromPass 函数的实际应用。请注意，该函数实际上生成了基于密码 'topsecret' 的密钥。

会话 3-18 运行 genKeyFromPass 函数

```
>>> genKeyFromPass('topsecret')
'topsecruvwxyz abdfghijklmnq'
>>> genKeyFromPass('wonder woman')
'wonder mabcfghijklpqstuvxyz'
```

在结束本节之前，我们还将讨论替换加密算法的安全性。假设我们不知道密钥，但希望尝试读取机密消息。一种可能的方法是简单地使用**暴力破解法**，即尝试所有可能的密钥，直到我们得到有意义的明文。因为密钥的数目相当于重新排列字母表中 26 个字母的所有方法的数目（忽略此处的空格），所以有 26! 或者 403×10^{24} 种可能的密钥。假设每秒钟我们能够尝试 1 000 000 个密钥。尝试所有这些可能的密钥需要 12 788 288 341 153 年，即 12 万亿年，大约是宇宙年龄估计值的一千倍!

然而，正如我们将在第 8 章中讨论的那样，通过利用英语的一些简单特性，替换加密算法很容易被破解。事实上，这种替换加密算法常常刊载在每天的报纸上，一般在填字游戏的旁边，名为"Cryptoquip"。这种替换加密算法容易被破解的主要原因在于：在密钥中的字母和明文字母之间存在一对一的映射。这意味着，如果明文"e"映射到密文"k"，那么在整个消息中该映射关系保持不变。但是由于"e"是英文语言中最常见的字母，因此"k"可能是密文中最常见的字母。这一观察为我们找出其余的字母提供了一个良好的开端。

动手实践

3.23 编写 removeChar 函数，要求使用 for 循环而不是切片运算符。

3.24 修改 removeChar 函数，要求允许使用负的字符索引。

3.25 修改 substitutionCipher 函数，要求使用 genKeyFromPass 函数。

3.26 加密算法通常涉及以朱利叶斯·恺撒（Julius Caesar）命名的恺撒加密算法（Caesar cipher），他使用该系统加密军事信息。许多早期的互联网用户也采用了这种加密算法。一种名为 rot13 的加密算法通过将明文字符在字母表中旋转 13 个位置来加密消息。例如，"a"变为"n"；同样，"n"变为"a"。rot13 的优点是可以使用相同的函数来加密消息和解密消息。编写一个名为 rot13 的函数，该函数将消息作为参数，并将所有字符旋转 13 个位置。

3.27 重新编写恺撒加密算法，以旋转的位置数作为参数。要求编写独立的加密函数和解密函数。

3.7 维吉尼亚加密算法

破解替换加密算法的奥秘最早由阿拉伯学者在 9 世纪发现，但直到 15 世纪才在西方广为人知。一旦密文的频率分析变得众所周知，普通的替换加密算法就变得毫无意义。为了解决简单替换加密算法中存在的问题，法国的外交官布莱斯·德·维吉尼亚（Blaise de Vigenère）发明了使用多字母映射的策略。维吉尼亚的思想不是对整个消息使用一个密钥，而是对消息的每个字母使用不同的密钥。对每个字母使用不同的密钥会使频率分析非常困难。

维吉尼亚加密算法的密钥是维吉尼亚方阵，如表 3-6 所示。表中的每一行对应一个不同的密钥，这样就可以使用第 12 行对机密消息的第一个字母进行编码，使用第 7 行对消息的第二个字母进行编码，依此类推。我们在这里选择的行是字母表的简单旋转排列。表中的每一行将字母表的字母向左移动一个位置。当一个字母从第一列移出时，它会移动到右边的末尾。

表 3-6 维吉尼亚方阵

密钥	明文																									
	a	b	c	d	e	f	g	h	i	j	k	l	m	n	o	p	q	r	s	t	u	v	w	x	y	z
a	a	b	c	d	e	f	g	h	i	j	k	l	m	n	o	p	q	r	s	t	u	v	w	x	y	z
b	b	c	d	e	f	g	h	i	j	k	l	m	n	o	p	q	r	s	t	u	v	w	x	y	z	a
c	c	d	e	f	g	h	i	j	k	l	m	n	o	p	q	r	s	t	u	v	w	x	y	z	a	b
d	d	e	f	g	h	i	j	k	l	m	n	o	p	q	r	s	t	u	v	w	x	y	z	a	b	c

（续）

密钥	明文																									
	a	b	c	d	e	f	g	h	i	j	k	l	m	n	o	p	q	r	s	t	u	v	w	x	y	z
e	e	f	g	h	i	j	k	l	m	n	o	p	q	r	s	t	u	v	w	x	y	z	a	b	c	d
f	f	g	h	i	j	k	l	m	n	o	p	q	r	s	t	u	v	w	x	y	z	a	b	c	d	e
g	g	h	i	j	k	l	m	n	o	p	q	r	s	t	u	v	w	x	y	z	a	b	c	d	e	f
h	h	i	j	k	l	m	n	o	p	q	r	s	t	u	v	w	x	y	z	a	b	c	d	e	f	g
i	i	j	k	l	m	n	o	p	q	r	s	t	u	v	w	x	y	z	a	b	c	d	e	f	g	h
j	j	k	l	m	n	o	p	q	r	s	t	u	v	w	x	y	z	a	b	c	d	e	f	g	h	i
k	k	l	m	n	o	p	q	r	s	t	u	v	w	x	y	z	a	b	c	d	e	f	g	h	i	j
l	l	m	n	o	p	q	r	s	t	u	v	w	x	y	z	a	b	c	d	e	f	g	h	i	j	k
m	m	n	o	p	q	r	s	t	u	v	w	x	y	z	a	b	c	d	e	f	g	h	i	j	k	l
n	n	o	p	q	r	s	t	u	v	w	x	y	z	a	b	c	d	e	f	g	h	i	j	k	l	m
o	o	p	q	r	s	t	u	v	w	x	y	z	a	b	c	d	e	f	g	h	i	j	k	l	m	n
p	p	q	r	s	t	u	v	w	x	y	z	a	b	c	d	e	f	g	h	i	j	k	l	m	n	o
q	q	r	s	t	u	v	w	x	y	z	a	b	c	d	e	f	g	h	i	j	k	l	m	n	o	p
r	r	s	t	u	v	w	x	y	z	a	b	c	d	e	f	g	h	i	j	k	l	m	n	o	p	q
s	s	t	u	v	w	x	y	z	a	b	c	d	e	f	g	h	i	j	k	l	m	n	o	p	q	r
t	t	u	v	w	x	y	z	a	b	c	d	e	f	g	h	i	j	k	l	m	n	o	p	q	r	s
u	u	v	w	x	y	z	a	b	c	d	e	f	g	h	i	j	k	l	m	n	o	p	q	r	s	t
v	v	w	x	y	z	a	b	c	d	e	f	g	h	i	j	k	l	m	n	o	p	q	r	s	t	u
w	w	x	y	z	a	b	c	d	e	f	g	h	i	j	k	l	m	n	o	p	q	r	s	t	u	v
x	x	y	z	a	b	c	d	e	f	g	h	i	j	k	l	m	n	o	p	q	r	s	t	u	v	w
y	y	z	a	b	c	d	e	f	g	h	i	j	k	l	m	n	o	p	q	r	s	t	u	v	w	x
z	z	a	b	c	d	e	f	g	h	i	j	k	l	m	n	o	p	q	r	s	t	u	v	w	x	y

现在，让我们来讨论如何使用维吉尼亚方阵来编码信息 "the eagle has landed"。第一步是确定密钥，例如选择单词 "davinci" 作为密钥。然后将密钥与消息顶部对齐，根据需要重复密钥的字母以覆盖消息。表 3-7 显示了 "davinci" 中的字母是如何覆盖消息中的字母的。注意，在这个方案中，我们不会对空格进行编码，所以从消息中删除了空格。

表 3-7   使用消息字母来匹配密钥字母

d	a	v	i	n	c	i	d	a	v	i	n	c	i	d	a	v
t	h	e	e	a	g	l	e	h	a	s	l	a	n	d	e	d

为了对消息进行编码，我们使用与密钥中的字母对应的行以及与明文字母对应的列来查找密文字母。例如，消息中的第一个字母是 "t"，因此查找 "t" 列和 "d" 行的字母 "w"，结果 "w" 是密文中的第一个字符。接下来查找 "h" 列和 "a" 行，得到密文的第二个字符 "h"。第三个字符在 "e" 列和 "v" 行，这意味着 "z" 是密文的第三个字符。注意，消息中的下一个字符也是一个 "e"，但是这次使用 "e" 列和 "i" 行，所以这个 "e" 被编码为 "m"。如果我们继续遵循这个模式，则整个信息短语被编码为 "whz rcooe pnu oailrf"。

尽管维吉尼亚加密算法于 15 世纪发明，但由于加密人员发现它很难实现，所以该算法被闲置了 200 年。显然，以前的加密人员没有 Python 语言工具。让我们编写一个函数，使用维吉尼亚加密算法来加密消息。首先对编码消息所需的过程进行自顶向下的分析：

1）初始化结果字符串为一个空字符串。

2）迭代明文消息中的每个字母：

（a）确定应该使用密钥中的哪一个字母。

（b）在维吉尼亚方阵中查找行是密钥字母、列是明文字母所对应的密文字母。

（c）将密文字母添加到密文消息中。

3）将结果字符串作为密文消息返回。

乍一看，查找表 3-6 中的字符似乎是这个过程中最困难的部分，但实际上并不是特别困难。让我们分析表的结构：

1）表的每一行将上一行的字母表向左旋转一个位置。

2）表的行号对应于密钥字母的字母表序号值。

3）表的列号对应于明文字母的字母表序号值。

（注意，术语"序号值"是指字母在 0 到 25 之间的位置。这是使用前文开发的辅助函数映射所得的。）

在为这个过程编写 Python 代码之前，我们可以做一个简化。使用模运算符来求余数，可以避免在字符串中复制和移动字母。我们可以简单地使用以下公式：

```
cipherTextLetter = (plainTextLetterIndex + keyLetterIndex) % 26
```

让我们分析其原理。假设我们要使用密钥字母"j"加密字母"e"。"e"的序号值是 4，"j"的序号值是 9。字母"n"的序号值采用以下公式的求值结果：`(9+4) % 26 = 13`。如果检查表 3-6 中的"j"行和"e"列，发现结果完全正确。让我们再看一个例子。假设要使用密钥字母"s"加密字母"t"。"t"的序号值是 19，"s"的序号值是 18。这意味着 `(18+19) % 26 = 37 % 26 = 11`，11 是字母"l"的序号值，对应于表 3-6 中的"s"行和"t"列。

函数 `vigenereIndex` 的代码如程序清单 3-11 所示。函数 `vigenereIndex` 仅使用了辅助函数 `letterToIndex` 和 `indexToLetter` 来完成查找工作。

程序清单 3-11　在维吉尼亚方阵中查找一个字母

```
1    def vigenereIndex(keyLetter, plainTextLetter):
2        keyIndex = letterToIndex(keyLetter)
3        ptIndex = letterToIndex(plainTextLetter)
4        newIdx = (ptIndex + keyIndex) % 26
5        return indexToLetter(newIdx)
```

实现维吉尼亚加密算法的最后一步是编写一个函数，以密钥和明文消息作为参数，并返回密文消息。如前所述，我们将采用逐字符的方法对消息进行加密，并将 `vigenereIndex` 函数应用于每个字符。剩下的唯一问题是如何确定对应消息的每个字母使用哪一个密钥字母。

解决这个问题的一种方法是根据需要将密钥复制多次，这样就可以覆盖消息中的所有字母，如表 3-7 所示。但是，如果消息很长，那么通过复制密钥来创建另一个长字符串会浪费空间。使用模运算符可以避免密钥的复制。如果密钥长度为 K 个字母，那么需要一个索引计数器，使得密钥在 0 到 K-1 之间重复循环。模运算符可以实现该过程，请读者自己尝试会话 3-19。

会话 3-19   演示使用模运算符实现循环计数

```
>>> for i in range(100):
        print(i % 7, end = ' ')

0 1 2 3 4 5 6 0 1 2 3 4 5 6 0 1 2 3 4 5 6 0 1 2 3 4 5 6
0 1 2 3 4 5 6 0 1 2 3 4 5 6 0 1 2 3 4 5 6 0 1 2 3 4 5 6
0 1 2 3 4 5 6 0 1 2 3 4 5 6 0 1 2 3 4 5 6 0 1 2 3 4 5 6
0 1 2 3 4 5 6 0 1 2 3 4 5 6 0 1
```

在会话 3-19 中，我们向 print 函数传递一种新的参数 [end = ' ']，它被称为**关键字参数**（keyword parameter）。Python 函数可以接受关键字参数和**位置参数**（positional parameter）。位置参数是目前为止所使用的参数类型，是按照函数头中列出的顺序给出的值。对于 print 函数，位置参数是要打印的项。给定位置参数后，函数可以选择接受关键字参数。关键字参数由关键字、赋值运算符和值组成。print 函数接受四个关键字参数，如表 3-8 所示；所有这些参数都是可选的。如果在没有任何可选关键字参数的情况下调用 print 函数，print 函数会将所有位置参数输出到标准 Python 输出，用空格分隔每个值，然后附加一个换行符以移动到下一行。在会话 3-19 中，我们使用 end 关键字并指定一个空格作为其值，以指定打印计算的值后跟一个空格，而不是换行符。

表 3-8   print 函数及其位置参数和打印参数

函数	说明
print(value1, …,（可选的由逗号分隔的关键字参数）)	输出每个值 可选的关键字参数： ● sep：分隔每个值的字符串；默认为空格 ● end：输出所有值后输出的字符串；默认为新行 ● file：输出的目标对象；默认为 Python 标准输出 ● flush：True 表示立即写入；False 表示把输出临时存储在缓冲区。默认为 False。该参数仅适用于写入文件；写入到标准输出没有意义

使用会话 3-19 中演示的取模运算，我们可以使用一个计数器跟踪消息中的当前字符，然后使用 counter % i 作为密钥的索引。程序清单 3-12 显示了使用维吉尼亚加密算法对消息进行编码的完整函数。函数没有将密钥和明文作为参数传递，而是提示用户输入密钥和明文；这使得对长消息加密变得更加容易。会话 3-20 显示了 encryptVigenere 函数的实际应用。

程序清单 3-12   使用维吉尼亚加密算法来加密消息

```
1   def encryptVigenere():
2       key = input('Enter the key: ')
3       plainText = input('Enter the message to be encrypted: ')
4       cipherText = ""
5       keyLen = len(key)
6       for i in range(len(plainText)):
7           ch = plainText[i]
8           if ch == ' ':        # 空格不加密
9               cipherText = cipherText + ch
10          else:
11              cipherText = cipherText \
12                      + vigenereIndex(key[i % keyLen], ch)
13      return cipherText
```

会话 3-20 使用 **encryptVigenere** 函数来加密消息

```
>>> encryptVigenere()
Enter the key: davinci
Enter the message to be encrypted: the eagle has landed
'whz rcooe pnu oailrf'
>>> encryptVigenere()
Enter the key: calendar
Enter the message to be encrypted: one small step for man
'qnp fpacn dxrs wqr qnq'
```

动手实践

3.28 编写一个函数 undoVig(keyLetter, ctLetter)，带两个参数（一个密钥字母、一个密文字母），返回对应的明文字母。

3.29 编写一个函数 decryptVigenere，带两个参数（密码和密文消息），返回对应的明文消息。

3.8 本章小结

本章介绍了一种重要的 Python 数据类型，称为字符串，表示字符序列。字符串类型提供了一系列内置函数、字符串运算符和方法。

- 字符串运算符
  - 字符串拼接运算符（+）
  - 字符串重复运算符（*）
  - 索引运算符（[]）
  - 切片运算符（[:]）
  - 成员运算符（in 和 not in）
- 内置函数：长度（len）
- 字符串搜索方法
  - find/rfind
  - index/rindex
- 字符串格式化方法
  - upper
  - lower
  - center
  - ljust
  - rjust
- 其他字符串方法
  - replace
  - count

本章还介绍了 Python 内置的字符函数：

- ord

■ `chr`

■ `str`

本章使用 `input` 函数请求用户在程序执行时输入值。

本章通过 `print` 函数的示例来区别位置参数和关键字参数。

本章使用抽象来建立一个可以用来解决更大问题的小函数集合。

本章使用字符串操作来实现一些基本的加密 / 解密方案，将明文转换为密文，然后再将密文转换为明文。这些算法允许我们演示字符串中字符的迭代以及累加器模式。

● 置换加密算法

● 替换加密算法

● 维吉尼亚加密算法

关键术语

accumulator pattern（累加器模式）

American Standard Code for Information
    Interchange（美国信息交换标准码，
    ASCII）

boundary values（边界值）

brute force（暴力破解法）

character（字符）

ciphertext（密文）

concatenation（字符串拼接）

cryptography（密码学）

decryption（解密）

encryption（加密）

index（索引）

key（密钥）

keyword parameter（关键字参数）

length（长度）

plaintext（明文）

positional parameter（位置参数）

prompt（提示符）

proper prefix of a string（字符串的适当
    前缀）

rail fence cipher（围栏加密算法）

repetition（重复）

slice（切片）

stepwise refinement（逐步求精）

string（字符串）

string iterator（字符串迭代器）

substitution cipher（替换加密算法）

substring（子字符串）

top-down design（自顶向下设计）

transposition cipher（置换加密算法）

Unicode（统一字符编码）

Python 关键字、函数和常量

`ascii_lowercase`	`def`
`center`	`lower`
`chr`	`ord`
`count`	`replace`
`find`	`rfind`
`index`	`rindex`
`input`	`rjust`
`len`	`str`
`ljust`	`upper`

编程练习题

3.1 研究 "普莱费尔加密算法"（playfair cipher），编写一个程序来实现该加密算法。

3.2 研究用于各种产品的 UPC 代码。使用 `turtle` 模块，绘制给定的产品名称和价格的 UPC 代码。

3.3 研究用来编码邮政编码的美国邮政条形码。使用 `turtle` 模块绘制给定的邮政编码的邮政条形码。

Python 集合导论

本章介绍列表、字典、元组和统计学。

4.1 本章目标

- 使用 Python 列表存储数据。
- 使用 Python 字典存储关联数据。
- 使用 Python 元组存储数据。
- 实现计算基本统计数据的算法。
- 使用 Python 的 `statistics` 模块中的方法。
- 学习如何生成直方图。

4.2 什么是数据

每年，世界各地都会发生数以千计的地震。它们大多非常温和，除了有监测设备的科学家，几乎没有人注意到它们。如果只考虑人们感受到的地震，那么一天大概会发生 35 次地震。有时候每天可能只有 10 次地震；有时候每天可能有 40 次或者 50 次地震。

刚刚所描述的是一种通过**数据**（data）报告地震发生的方法，一种通过某种方式观察、测量或者收集的项目分类，很多时候是数字形式。这些数据项与我们感兴趣的一些实验、事件或者活动有关。数据（有时被称为"原始数据"）代表了分析的起点，分析的目的是发现潜在的特征。数据可以包含各种形式的信息，我们可以以多种方式使用这些信息。有时，根据这些信息我们可以对数据项进行归纳，也可以根据数据对未来的事件做出预测。这种分析是建立在称为**统计学**（statistics）的数学科学基础上的。

本章以数据、信息和统计数据为中心，重点介绍使用程序设计语言（例如 Python）执行一些基本数据处理任务的方法，这些任务通常基于海量数据。

4.3 存储用于处理的数据

当处理大量数据时，我们需要以某种方法来组织数据的存储，以便能够以有序和高效的方式处理数据。计算机科学为完成这项任务提供了许多选择。Python 的内置**集合**提供了组织和存储数据值的方法。我们已经讨论了一种集合类型：字符串。在本章中，我们将进一步探讨字符串，并讨论另外三种 Python 集合：列表、字典和元组。

4.3.1 再论字符串

在第 3 章中，我们引入了字符串作为字符**序列集合**的概念。每个字符串都被认为是从左到右排序的，每个单独的字符都可以使用索引运算符访问。如果数据项是字符，那么字符串就是完美的集合机制。

例如，假设我们刚刚参加了选择题考试，其中每道问题有五个选项，分别标记为 A、B、

C、D 和 E。假设我们的答卷如下所示：

1. A
2. B
3. E
4. A
5. D
6. B
7. B
8. A
9. C
10. E

为了存储答案以便后续处理，我们可以使用一个包含 10 个字符的简单字符串。字符串将包含从学生处收集的 10 个答案数据项：

```
>>> myAnswers = "ABEADBBACE"
>>> for answer in myAnswers:
        print(answer)

A
B
E
A
D
B
B
A
C
E
```

该方法允许我们方便地访问每道题目的答案。此外，使用字符串迭代，我们可以处理整个考试结果。然而，这种方法也存在一些潜在的缺点。如果是数学课考试，如何求解数值问题并写下最终答案呢？在这种情况下，答案是数值而不是字符。请问还可以使用字符串类型吗？

例如，假设我们的数学考试答卷如下所示：

1. 34
2. 56
3. 2
4. 652
5. 26
6. 1
7. 99
8. 865
9. 22
10. 16

如果尝试使用相同的基于字符串的存储技术，则可能会得到如下结果：

```
>>> myAnswers = "34562652261998652216"
```

很明显，这种方法存在一个严重的问题：如何区分每个答案对应的数值？

在这种情况下，我们需要一种存储整数集合的方法，而不是仅限于使用字符。与字符串一样，每个位置存储一个字符，我们希望使用一种组织技术，可以为每个位置存储一个整数。幸运的是，我们可以使用一种集合类型——列表。

4.3.2　列表

　　列表（list）是一种集合，它与字符串在结构上非常相似，但是存在一些特定的差异，必须理解这些差异才能正确使用列表。图 4-1 显示了字符串和列表属于有序集合类型。

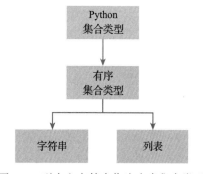

图 4-1　列表和字符串作为有序集合类型

　　列表是一个包含零个或者多个 Python 数据对象的有序集合。列表表示为包括在方括号中以逗号分隔的值。我们称一个包含零个数据对象的列表为**空列表**，由 [] 表示。回想一下，字符串是同构集合，因为集合中的每个数据项都是同一类型的对象（字符）。然而，列表是异构集合，因为列表可以由任何类型的对象混合组成。在会话 4-1 中，列表 myList 包含两个整数、一个浮点值和一个字符串。

会话 4-1　一个 Python 列表

```
>>> [3, "cat", 6.5, 2]                # 定义一个未命名列表
[3, 'cat', 6.5, 2]
>>> myList = [3, "cat", 6.5, 2]       # 把列表赋值给一个变量
>>> myList
[3, 'cat', 6.5, 2]
```

　　摘要总结　列表是不同对象的有序集合。列表的表示方式为包括在方括号中的、以逗号分隔的值。

　　与 Python 中的其他值一样，解释器对列表求值时只会返回列表本身。为了记住列表以便后续处理，我们需要将列表赋值给一个变量。对变量求值将返回列表。图 4-2 显示了会话 4-1 的示例列表中各数据项的有序组织关系。

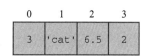

图 4-2　数据项有序存储的列表及其索引

　　由于列表是有序集合，所以适用于其他 Python 序列（例如字符串）的许多操作也可以应用于列表。表 4-1 总结了这些操作，会话 4-2 演示了其使用示例。注意，会话 4-2 中的最后一个示例引入了 del 语句（见表 4-2），它允许从列表中删除一个数据项。不允许对字符串执行此操作。字符串是**不可变的**（immutable）数据集合，即不能更改字符串中的单个数据项。对于列表，情况并非如此：我们可以通过使用赋值语句并将索引位置放在左侧来更改列表的单个成员。因此，列表是**可变的**（mutable）数据集合；即可以修改列表的内容。

表 4-1　Python 序列的操作

操作	运算符 / 函数	说明
索引	[]	访问序列的单个元素
拼接	+	组合相同类型的序列
重复	*	重复拼接序列多次
成员关系	in	判断一个数据项是否在序列中存在
成员关系	not in	判断一个数据项是否在序列中不存在
长度	len	返回序列的长度（即序列中数据项的个数）
切片	[:]	抽取序列的一部分

表 4-2　列表的额外操作

操作	语句	说明
删除	del	删除一个数据项

会话 4-2　使用序列操作方法处理列表

```
>>> myList
[3, 'cat', 6.5, 2]
>>> myList[2]                    # 使用索引返回第 2 个数据项
6.5
>>> myList + ["read", 7]   # 拼接两个列表
[3, 'cat', 6.5, 2, 'read', 7]
>>> myList*3                     # 重复列表内容 3 次
[3, 'cat', 6.5, 2, 3, 'cat', 6.5, 2, 3, 'cat', 6.5, 2]
>>> len(myList)              # 列表中的项数
4
>>> len(myList*4)
16
>>> myList[1:3]                  # 切片操作, 从第 1 项到第 2 项
['cat', 6.5]
>>> 3 in myList                  # 测试某个数据项是否存在于列表中
True
>>> "dog" in myList
False
>>> "dog" not in myList
True
>>> del myList[2]                # 删除第 2 个数据项
>>> myList
[3, 'cat', 2]
```

请注意，与字符串一样，列表的索引从 0 开始。切片操作 myList[1:3] 返回一个数据项列表，从索引为 1 的数据项开始，一直到索引为 3 的数据项（但不包括该数据项）。

会话 4-3 演示了一个使用赋值语句修改列表 changeList 中索引位置为 2 的数据项。图 4-3 中的引用关系图显示了列表是一个对 Python 对象的引用的集合。更改列表中的数据项只会更改存储在该位置的引用。请注意，在更改数据项 2 之后，将删除先前的引用，如图 4-3 中的虚线所示。如会话 4-3 所示，尝试使用相同的操作更改字符串中的数据项将无效；Python 解释器报告错误，因为字符串不支持更改单个字符。

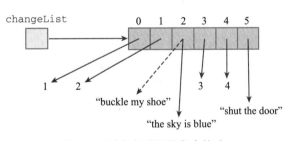

图 4-3　列表由引用的集合构成

会话 4-3　更改列表

```
>>> changeList = [1, 2, "buckle my shoe", 3, 4, "shut the door"]
>>> changeList
[1, 2, 'buckle my shoe', 3, 4, 'shut the door']
>>> changeList[2] = "the sky is blue"      # 修改索引位置为 2 的数据项
>>> changeList
[1, 2, 'the sky is blue', 3, 4, 'shut the door']
>>>
>>> name = "Monte"
>>> name[2] = "x"                # 尝试修改字符串中的字符
Traceback (most recent call last):
```

```
    File "<pyshell#10>", line 1, in <module>
        name[2] = "x"
TypeError: 'str' object does not support item assignment
```

重复运算符 (*) 的使用也受引用集合这一思想的影响。使用 * 运算符的结果是重复引用序列中的数据对象。我们可以通过会话 4-4 可以观察到该结果。

会话 4-4　更改使用重复运算构建的列表

```
>>> myList = [1, 2, 3, 4]
>>> myList
[1, 2, 3, 4]
>>> listOfMyList = [myList]*3      # [myList] 是包含 myList 的列表
>>> listOfMyList
[[1, 2, 3, 4], [1, 2, 3, 4], [1, 2, 3, 4]]
>>> myList[2] = 45                 # 修改 myList 的一个数据项
>>> listOfMyList
[[1, 2, 45, 4], [1, 2, 45, 4], [1, 2, 45, 4]]
```

符号 [myList] 表示一个只包含一个数据项的列表，其值是对列表 myList 的引用。因此，它是一个包含列表的列表。变量 listOfMyList 是一个对原始列表 myList 中的三个引用的集合。注意，对 myList 其中一个元素的更改显示在 listOfMyList 中的所有三个实例中。其原因在于，重复运算的结果列表是对同一列表中的三个引用，如图 4-4 所示。

创建列表的一个有用函数是内置函数 list，它将其他序列转换为列表。前文已经讨论了两种类型的序列：字符串 string 和范围 range。回想一下，range 函数返回一个表示整数序列的对象。会话 4-5 演示如何使用 list 从字符串和范围创建一些简单的列表。

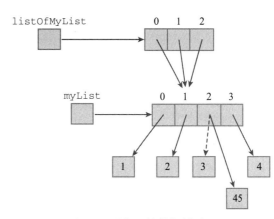

图 4-4　重复运算符复制引用

会话 4-5　使用 list 函数

```
>>> range(10)                   # range 是一个序列
range(0, 10)
>>> list(range(10))             # 根据 range 序列值创建一个列表
[0, 1, 2, 3, 4, 5, 6, 7, 8, 9]
>>> list(range(10, 2, -2))
[10, 8, 6, 4]
>>> list("the quick fox")       # 根据一个字符串创建一个列表
['t', 'h', 'e', ' ', 'q', 'u', 'i', 'c', 'k', ' ', 'f', 'o', 'x']
```

列表支持许多其他实用的方法，如表 4-3 所示。其使用示例参见会话 4-6。

表 4-3　Python 列表提供的方法

方法名称	使用方式	说明
list	list(sequence)	使用序列 sequence 中的元素创建一个列表
append	aList.append(item)	添加一个新的数据项 item 到列表的末尾
insert	aList.insert(i, item)	把一个数据项 item 插入到列表的第 i 个位置

（续）

方法名称	使用方式	说明
pop	aList.pop()	移除并返回列表中的最后一个数据项。如果列表为空，则引发 IndexError
pop	aList.pop(i)	移除并返回列表中的第 i 个数据项。如果列表不存在第 i 个数据项，则引发 IndexError
sort	aList.sort()	更改列表为排序状态
reverse	aList.reverse()	反转列表中各数据项的顺序
index	aList.index(item)	返回数据项 item 在列表中第一次出现的索引位置。如果 item 不存在，则引发 ValueError
count	aList.count(item)	返回数据项 item 在列表中出现的次数
remove	aList.remove(item)	移除列表中第一次出现的数据项 item。如果 item 不存在，则引发 ValueError
clear	aList.clear()	清除列表中的所有元素

会话 4-6   list 方法示例

```
>>> myList = list((1024, 3, True, 6.5))
>>> myList
[1024, 3, True, 6.5]
>>> myList.append(False)          # 把 False 添加到列表的末尾
>>> myList
[1024, 3, True, 6.5, False]
>>> myList.insert(2, 4.5)         # 在索引位置 2 处插入 4.5
>>> myList
[1024, 3, 4.5, True, 6.5, False]
>>> myList.pop()                  # 移除并返回最后一个数据项
False
>>> myList
[1024, 3, 4.5, True, 6.5]
>>> myList.pop(3)                 # 移除并返回索引位置 3 处的数据项
True
>>> myList
[1024, 3, 4.5, 6.5]
>>> myList.sort()                 # 对列表进行排序
>>> myList
[3, 4.5, 6.5, 1024]
>>> myList.reverse()              # 反转列表中各数据项的顺序
>>> myList
[1024, 6.5, 4.5, 3]
>>> myList.count(6.5)             # 统计 6.5 出现的次数
1
>>> myList.index(4.5)             # 返回 4.5 的索引位置
2
>>> myList.remove(6.5)            # 删除 6.5
>>> myList
[1024, 4.5, 3]
>>> myList.clear()                # 删除所有的数据项
>>> myList
[]
```

我们可以观察到，一些方法（例如 pop）返回一个值并修改列表。其他的方法（例如 reverse 和 sort）只修改列表而不返回值。尽管 pop 默认移除并返回列表末尾的数据项，但也可以在特定索引位置移除并返回数据项。还要注意我们所熟悉的“点”符号，它在要求调用对象的方法时使用。我们可以将 myList.append(False) 读作：“要求对象 myList

使用值 False 作为参数执行其 append 方法。"所有的数据对象都以这种方式调用方法。

　　在结束本节之前，我们将描述字符串的另一个方法 split，如表 4-4 所示。split 方法接受一个字符串作为参数，用于指示拆分字符串所使用的分隔符；结果返回拆分后的子字符串列表。默认情况下，如果没有传递给 split 任何参数，则使用一个或者多个空格或制表位（符）作为分隔符来拆分字符串。在 Python 中，空格和制表位被视为**空白符**。split 方法丢弃分隔符。会话 4-7 演示了 split 方法的使用方法。

表 4-4　字符串提供的 split 方法

方法名称	说明
split()	返回通过使用空格作为分隔符的子字符串列表。空格不包含在列表中
split(delim)	返回通过使用 delim 作为分隔符的子字符串列表。分隔符 delim 不包含在列表中

会话 4-7　使用 split 方法

```
>>> team = "Minnesota Vikings"
>>> team.split()              # split 使用空格或者制表位作为分隔符
['Minnesota', 'Vikings']
>>> team.split('i')           # split 使用字符 i 作为分隔符
['M', 'nnesota V', 'k', 'ngs']
>>> team.split('nn')          # split 使用 nn 作为分隔符
['Mi', 'esota Vikings']
```

动手实践

4.1　创建一个列表，包含以下五个项：7、9、'a'、'cat'、False。把该列表赋值给变量 myList。

4.2　编写 Python 语句，执行以下操作：

(a) 把 3.14 和 7 添加到列表末尾。

(b) 在索引位置 3 处插入值 'dog'。

(c) 获取 'cat' 的索引位置。

(d) 统计列表中 7 出现的次数。

(e) 从列表中移除第一次出现的 7。

(f) 使用 pop 和 index，从列表中移除 'dog'。

4.3　把字符串 "the quick brown fox" 拆分为单词列表。

4.4　使用 'i' 作为分隔点，把字符串 "mississippi" 拆分为单词列表。

4.5　编写一个函数，使用一个英文句子作为参数，返回句子中的单词个数。

4.6　尽管 Python 为我们提供了许多列表方法，但是思考如何实现这些方法是一种很好的编程实践，而且非常有指导意义。实现一个 Python 函数，提供如下类似的功能：

(a) count。

(b) in：如果数据项在列表中存在，则返回 True。

(c) reverse。

(d) index：如果数据项在列表中不存在，则返回 -1。

(e) insert。

4.7　编写一个函数 shuffle，使用一个列表作为参数，返回一个元素混排为随机顺序的新列表。

4.8 编写一个函数 shuffle，使用一个列表作为参数，直接在参数列表上混排修改其内容。

4.9 绘制对象引用关系图，描述前两道题的区别。

4.10 假设我们初始化以下列表为 myList = [[]]*3。请对该表达式求值。

4.11 请对表达式 myList[1].append(2) 求值，并解释其结果。

4.12 绘制对象引用关系图，描述前两道题的操作原理。

4.13 编写一个代码片段，初始化 myList，要求其各子列表相互独立，即改变其中一个子列表，不会影响其他子列表。

4.4 计算数据的统计量

在接下来的几节中，我们假设数据存储在列表结构中，然后使用简单的统计学方法来分析数据集。例如，假设我们需要分析全球地震的统计数据。在七天的时间里，周一有 37 次地震，周二有 32 次地震，周三有 46 次地震，周四有 28 次地震，周五有 37 次地震，周六有 41 次地震，周日有 31 次地震。这些数据可以存储在一个简单的列表中：[37, 32, 46, 28, 37, 41, 31]。

Python 的 statistics（统计学）模块可以帮助我们分析数据。表 4-5 显示了 statistics 模块中的一些常用函数。为了使用这些函数，我们需要先导入 statistics 模块。此外，还可以使用一些内置函数进行数据的统计分析，如表 4-6 所示。所有这些函数都在列表上操作。

> **注意事项** 在使用 statistics 模块中的函数之前，请先导入 statistics 模块。

表 4-5　**statistics** 模块中常用的函数

函数	说明
mean(data)	返回数据集的平均值
median(data)	返回有序数值数据的中值（中间位置的值）。如果数据项的个数为偶数，则返回中间位置两个值的平均值
mode(data)	返回出现次数最多的值（众数）。如果存在多个出现次数一样最多的值，则返回列表中的第一个众数
multimode(data)	返回所有众数的列表
stdev(data)	返回标准差
stdev(data, mean)	返回标准差，给出平均值

表 4-6　内置函数 **min**、**max** 和 **sum**

函数	说明
min(sequence)	返回序列中的最小数据项
max(sequence)	返回序列中的最大数据项
sum(sequence)	返回数值序列中各数据项的累加和

4.4.1　简单离散度度量

本节将讨论**离散度**（dispersion）这个简单概念。离散度是衡量数据值分散程度的指标。查看数据离散度的最简单方法是计算值的范围，即计算数据集中最大值和最小值之间的差异。在 Python 中，使用表 4-6 所示的内置函数 max 和 min 很容易实现该计算，表中函数处理任何序列，并分别返回集合中的最大值和最小值。

如会话 4-8 所示，我们可以通过从最大值减去最小值来计算整数列表的范围。请注意，这些函数可以处理字符串和列表，因为它们都是序列数据类型。字符按照编码值进行"排序"。

会话 4-8　使用 max 函数和 min 函数

```
>>> earthquakes = [37, 32, 46, 28, 37, 41, 31]
>>> max(earthquakes)
46
>>> min(earthquakes)
28
>>> max(earthquakes) - min(earthquakes)
18
>>> max("house")              # max/min 同样可以处理字符串中的字符
'u'
>>> min("house")
'e'
```

为了构造一个函数来返回数据集的范围，我们假设数据值存放在一个列表中。然后，函数将列表作为参数，并返回值的范围。程序清单 4-1 演示了该函数的实现，会话 4-9 演示了其使用方法。

程序清单 4-1　返回一个列表的值范围的函数

```
1  def getRange(aList):
2      return max(aList) - min(aList)
```

会话 4-9　使用 getRange 函数

```
>>> getRange([2, 5])
3
>>> earthquakes = [37, 32, 46, 28, 37, 41, 31]
>>> getRange(earthquakes)
18
```

假设没有用于返回列表中最大值的函数，那么我们该如何处理呢？在这种情况下，可以通过遍历列表中的数据项并跟踪所看到的最大值来构造自定义的 getMax 函数。该函数的实现如程序清单 4-2 所示，假设列表至少包含一个数据项（否则，"最大值"的概念毫无意义）。使用变量 maxSoFar 来完成大部分的处理任务。首先把 maxSoFar 赋值为列表中的第一个数据项（aList[0]）。然后，当"访问"其他数据项时，检查它们是否大于 maxSoFar。如果是，那么将 maxSoFar 变量重新赋值为新的最大数据项。在检查完剩余的数据项后，maxSoFar 将存储所有数据项中的最大值。

程序清单 4-2　构建一个函数，返回列表中的最大值

```
1  def getMax(aList):
2      maxSoFar = aList[0]
3      for pos in range(1, len(aList)):
4          if aList[pos] > maxSoFar:
5              maxSoFar = aList[pos]
6
7      return maxSoFar
```

程序清单 4-3 显示了 getMax 函数的另一种实现。在该实现中，迭代是"按数据项"而不是"按索引"执行的。在这两种情况下，列表中的每个元素最终都会被处理，并与到目前为止处理的最大数据项进行比较。我们可以使用类似的方法来实现 getMin 函数，即只需跟踪到目前为止处理的最小值。

程序清单 4-3　返回列表中最大值的另一个函数

```
def getMax(aList):
    maxSoFar = aList[0]
    for item in aList[1:]:
        if item > maxSoFar:
            maxSoFar = item

    return maxSoFar
```

动手实践

4.14　使用"按索引"迭代的方法实现 getMin 函数。

4.15　使用"按数据项"迭代的方法实现 getMin 函数。

4.16　重新编写 getRange 函数，使用 getMin 函数和 getMax 函数。

4.5　中心趋势度量

数据集中最常用的度量之一被称为**中心趋势**（central tendency）——一种估计集合中"典型值"所在位置的度量。中心趋势度量的三种常用方法是：均值、中值和众数。

4.5.1　均值

度量中心趋势的最常用方法是**均值**（mean），通常称为平均值（average）。均值就是数据集中所有值的总和除以长度（即数据个数）。如程序清单 4-4 所示，为了计算均值，我们将集合中的所有值相加然后除以数据项的个数。具体来说，给定一个值列表，我们可以使用表 4-6 所示的内置 sum 函数来计算累加和，使用 len 函数来统计值的个数。会话 4-10 演示自定义的 mean 函数以及来自 statistics 模块的 mean 函数的使用方法。

程序清单 4-4　计算一个列表的均值

```
def mean(aList):
    mean = sum(aList) / len(aList)
    return mean
```

会话 4-10　计算均值

```
>>> earthquakes = [37, 32, 46, 28, 37, 41, 31]
>>> mean(earthquakes)              # 调用自定义的 mean 函数
36.0

>>> import statistics
>>> statistics.mean(earthquakes)   # 调用 statistics 模块中的 mean 函数
36
```

> **注意事项**　自定义的 mean 函数和 statistics 模块中的 mean 函数同名。为了调用统计模块中的 mean 函数，需要使用带有模块名称的点运算符。

动手实践

4.17 创建一个列表，包含各个班级的学生人数。使用 mean 函数，计算各班级的平均学生人数。

4.18 使用一个迭代循环计算列表 aList 中所有值的累加和以替代对 sum 函数的调用。

4.5.2 中值

中心趋势的第二个度量称为**中值**（median）；它是位于按数值排序的集合正中间位置的数据项。换而言之，中值所处的位置，一半值位于其上、一半值位于其下。

计算中值的一种方法是将数据项按顺序排列，从最低到最高，然后找到中间位置的值。如果数据项个数为奇数，则中值将是唯一的值。但是，如果数据项个数为偶数，则中间值将是两个中间值的平均值。图 4-5 显示了这两种情况。

将值按顺序排列的过程通常称为**排序**（sorting）。排序是计算机科学中一个非常重要的研究主题，许多算法都可以用来将值按顺序排列在数据列表中。如前所述，列表对象有一个 sort 方法，允许对列表进行排序（见表 4-3）。尽管本书没有详细阐述排序技术，但毫无疑问，我们会在算法和数据结构课程中学习排序技术。

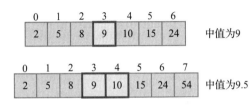

图 4-5　获取列表中数据的中值

会话 4-11 中的 Python 语句显示了查找中值所需的一些计算方法。对于奇数个数据项，整数除以 2 将为列表提供正确的索引。相反，对于偶数个数据项，除以 2 可以得到中间两个值中最右边数据项的索引。

会话 4-11　查找中值数据项的计算过程

```
>>> aList = [24, 5, 8, 2, 9, 15, 10]  # 数据项个数为奇数
>>> aList.sort()
>>> aList
[2, 5, 8, 9, 10, 15, 24]              # 列表处于有序状态
>>> len(aList)
7
>>> len(aList) // 2                   # 查找中间数据项的索引位置
3
>>> aList[3]                          # 中值为 9
9
>>> bList = [2, 5, 8, 9, 10, 15, 24, 54] # 包含偶数个有序的数据项
>>> len(bList)
8
>>> len(bList) // 2                   # 两个中间项的右边数据项的索引位置
4
>>> bList[4]                          # 两个中间项的较大值
10
>>> bList[3]                          # 两个中间项的较小值
9
>>> mean([bList[4], bList[3]])        # 中值是两个中间项的平均值
9.5
```

程序清单 4-5 显示了计算并返回列表中数据中值的 Python 函数。如前所述，列表数据

项必须按顺序排序。为此,只需要使用列表对象的 sort 方法。因为 sort 方法会修改列表,所以我们必须先复制原始列表并对副本进行排序,以保留原始列表的顺序供其他后续处理需要。为了复制列表,我们使用切片运算符(第 2 行),开始索引为列表的起始位置,结束索引为列表最后一个位置之后(包括最后一个数据项)。

程序清单 4-5   计算列表中数据的中值

```
 1    def median(aList):
 2        copyList = aList[:]   # 使用切片运算符复制列表
 3        copyList.sort()       # 对复制的列表进行排序
 4        if len(copyList) % 2 == 0: # 偶数长度
 5            rightMid = len(copyList) // 2
 6            leftMid = rightMid - 1
 7            median = (copyList[leftMid] + copyList[rightMid]) / 2
 8        else:     # 奇数长度
 9            mid = len(copyList) // 2
10            median = copyList[mid]
11        return median
```

解决方案的另一个重要部分是判断列表具有偶数个数据项还是奇数个数据项。为了做出判断,我们可以利用模运算符(%)并检查列表长度除以 2 的结果。如果余数为 0,则列表具有偶数个数据项。程序清单 4-5 中的第 4 行显示了一个简单的选择语句,用于检查余数是否为 0。

> **注意事项**　若要确定某个值是偶数还是奇数,可以使用模运算符(%)将该值除以 2,然后检查余数是否为 0。如果余数为 0,则该值为偶数。如果余数为 1,则该值为奇数。

会话 4-12 演示我们自定义的 median 函数的实际应用。因为我们有 7 天的数据,所以地震数据集的中位数是 37。如果有额外一天的数据,例如那天的地震次数为 29,中值将是 34.5(32 和 37 的平均值)。我们还使用 statistics 模块中的 median 函数来检查结果的正确性。

会话 4-12   使用 median 函数

```
>>> earthquakes7 = [37, 32, 46, 28, 37, 41, 31]        # 7 个数据项
>>> median(earthquakes7)
37
>>> earthquakes8 = [37, 32, 46, 28, 37, 41, 31, 29]    # 8 个数据项
>>> median(earthquakes8)
34.5
>>> import statistics
>>> statistics.median(earthquakes7)
37
>>> statistics.median(earthquakes8)
34.5
```

动手实践

4.19　绘制一个引用关系图,说明排序前复制列表的重要性。

4.20　获取你周围十个人的平均年龄。

4.21　获取你周围十个人再加上你老师(39 岁)的平均年龄。

4.22 获取你周围十个人年龄的中值。

4.23 获取你周围十个人再加上你年轻的老师的年龄中值。

4.5.3 众数

数据集的**众数**（mode）是出现次数最多的值。某些数据集可能包含多个众数。例如，在以下列表中众数是 1，因为 1 出现的次数比其他值多：

```
[1, 5, 2, 1, 1, 6, 3, 1, 5]
```

而在以下列表中众数是 1 和 5，因为 1 和 5 都出现了 4 次：

```
[1, 5, 2, 1, 1, 5, 5, 6, 3, 1, 5]
```

为了计算众数，需要处理列表中的每个数据项，并记录到目前为止该数据项出现的次数。不幸的是，这并不像听起来那么容易。由于我们不知道集合中包含多少个不同的值，因此不可能创建单个变量来保存每个计数。相反，我们需要创建一个计数变量集合，并尝试使它们与正确的数据值相关联。

1. Python 字典和元组

为了解决众数问题，需要将出现次数与每个数据值关联起来。这可以通过名为**字典**（dictionary）的关联集合来实现。Python 字典是关联的数据项对的集合，其中每对数据项由**键**（key）和**值**（value）组成。图 4-6 显示了 Python 字典、列表和字符串之间的关系。

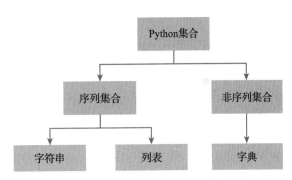

图 4-6　Python 的序列集合和非序列集合

在字典表示法中，键 - 值对使用 `key:value` 表示。字典表示为包含在大括号中以逗号分隔的 `key:value` 对。空字典表示为 {}。

> **摘要总结**　字典由 `key:value` 对组成。字典被定义为包含在大括号中以逗号分隔的 `key:value` 对。我们可以使用键作为索引运算符来访问值。

在会话 4-13 中，我们首先创建一个包含两个数据项的字典，每个数据项都是键（在本例中是字符串类型的名称）和值（在本例中是整数类型的年龄）之间的关联。为了将新的键 - 值对添加到现有字典中，可以使用索引运算符，新键位于赋值语句的左侧，新值位于赋值语句的右侧。在会话 4-13 中，我们在年龄字典中增加了三对新学生的信息。

会话 4-13　添加和修改字典的示例

```
>>> ages = {'David':45, 'Brenda':46}     # 创建包含两个键 - 值对的字典
>>> ages
{'David': 45, 'Brenda': 46}
>>> ages['David']                        # 使用给定键，访问对应的值
45
>>> ages['Kelsey'] = 19                  # 添加一个新的键 - 值对
>>> ages
```

```
{'David': 45, 'Brenda': 46, 'Kelsey': 19}
>>> ages['Hannah'] = 16                    # 添加两个新的键 - 值对
>>> ages['Rylea'] = 7
>>> ages
{'David': 45, 'Brenda': 46, 'Kelsey': 19, 'Hannah': 16, 'Rylea': 7}
>>> len(ages)                              # len 函数返回键 - 值对的数量
5
>>> ages['David'] = ages['David'] + 1      # 使用键修改对应的值
>>> ages['David']
46
>>> ages['Rylea'] = 8                      # 直接修改值
>>> ages
{'David': 46, 'Brenda': 46, 'Kelsey': 19, 'Hannah': 16, 'Rylea': 8}
```

我们可以采用多种方法操作字典。通过字典值的键可以访问对应的值，这与序列的索引操作类似，区别在于字典不局限于数字索引。为了访问值，我们可以使用索引运算符，方括号内为字典的键。

请注意，字典按添加顺序显示键 - 值对。在会话 4-13 中，我们还演示了 len 函数的使用，其功能与以前讨论的其他集合的应用相同：在本例中，它统计键 - 值对的数量。

字典的一个优点在于提供根据键快速访问数据值的功能。字典的另一个特点是其可变性，即其内容可以被修改。这与列表的行为类似。回想一下，字符串是不可变对象，不能被更改。例如，如果 David 过生日，那么他的年龄需要增加 1。为此，可以使用累加器模式：

```
ages['David'] = ages['David'] + 1
```

还可以通过简单地为键分配一个新值来更改一个值，使用的语法与将值添加到字典时使用的语法相同：

```
ages['Rylea'] = 8
```

与列表和字符串一样，字典对象也有一组常用的处理方法。表 4-7 描述了这些方法，会话 4-14 演示其实际应用。注意，get 方法有两种变体，如表 4-7 所示。如果给定键在字典中不存在，则 get 方法将返回 None。None 也称为空对象，表示没有值的对象。get 方法的第二个可选参数可以在键不存在的情况下指定返回值。Python 3.8 中提供了一个新方法：reversed 方法，它允许以相反的顺序遍历字典键、数据项或值。

> **注意事项**　None 是 Python 中的一个特殊值，表示空对象，即没有值的对象。

表 4-7　Python 中字典对象提供的方法

方法名称	使用方法	说明
keys	aDict.keys()	返回字典中的 dict_keys 对象（键）
values	aDict.values()	返回字典中的 dict_values 对象（值）
items	aDict.items()	返回字典中的 dict_items 对象（键 - 值元组）
reversed	reversed(aDict.keys()) reversed(aDist.values()) reversed(aDict.items())	以逆序返回一个包含字典的键、值或者数据项（键 - 值元组）的迭代器，可以用于 for 循环
get	aDict.get(k)	返回与键 k 相关联的值。如果键 k 在字典中不存在，则返回 None
get	aDict.get(k, alt)	返回与键 k 相关联的值。如果键 k 在字典中不存在，则返回 alt

（续）

方法名称	使用方法	说明
in	key in aDict	如果键 key 在字典中存在, 则返回 True, 否则返回 False
not in	key not in aDict	如果键 key 在字典中不存在, 则返回 True, 否则返回 False
index	aDict[key]	返回与键 key 相关联的值
del	del aDict[key]	从字典中删除一个数据项
clear	aDict.clear()	清除字典中的所有数据项

会话 4-14   使用字典对象的方法

```
>>> ages = {'David': 45, 'Brenda': 46, 'Kelsey': 19,
            'Hannah': 16, 'Rylea': 7}
>>> ages
{'David': 45, 'Brenda': 46, 'Kelsey': 19, 'Hannah': 16, 'Rylea': 7}
>>> ages.keys()                        # 返回所有的键
dict_keys(['David', 'Brenda', 'Kelsey', 'Hannah', 'Rylea'])
>>> list(ages.keys())                  # 转换为键的列表
['David', 'Brenda', 'Kelsey', 'Hannah', 'Rylea']
>>> ages.values()                      # 返回所有的值
dict_values([45, 46, 19, 16, 7])
>>> list(ages.values())                # 转换为值的列表
[45, 46, 19, 16, 7]
>>> ages.items()                       # 返回所有的数据项
dict_items([('David', 45), ('Brenda', 46), ('Kelsey', 19), ('Hannah', 16),
('Rylea', 7)])
>>> list(ages.items())                 # 返回元组的列表
[('David', 45), ('Brenda', 46), ('Kelsey', 19), ('Hannah', 16), ('Rylea', 7)]
>>> ages.get('Lena', 'No age listed')  # 获取值, 如果不存在则返回默认值
'No age listed'                        # 键不存在, 则返回默认值
>>> 'Rylea' in ages                    # 判断键是否在字典中存在?
True
>>> del ages['David']                  # 删除指定键所对应的数据项
>>> ages
{'Brenda': 46, 'Kelsey': 19, 'Hannah': 16, 'Rylea': 7}
>>> for name in ages.keys():           # 通过键迭代所有的数据项
        print(name)

Brenda
Kelsey
Hannah
Rylea
>>> for name in ages:                  # 同样, 通过键迭代所有的数据项
        print(name)

Brenda
Kelsey
Hannah
Rylea
>>> for age in ages.values():          # 迭代所有的值
        print(age)

46
19
16
7
>>> for item in reversed(ages.items()): # 逆序迭代所有的数据项
        print(item)
('Rylea', 7)
('Hannah', 16)
```

```
('Kelsey', 19)
('Brenda', 46)

>>> ages.clear()                          # 清除所有的数据项
>>> ages
{}
```

方法 keys 返回一个 dict_keys 对象。为了查看 dict_keys 对象的内容，可以使用 list 函数将其转换为列表。或者，可以使用 for 循环遍历 dict_keys 对象，而不必先将其转换为列表。方法 values 和 items 与此类似。

方法 items 返回 dict_items 对象。使用 list 函数可以将 dict_items 对象转换为键-值对并存储为元组（tuple）的列表。元组类似于列表，二者都是异构的数据序列，但元组是不可变对象。换而言之，像字符串一样，元组的元素不能更改。元组表示为包含在圆括号中以逗号分隔的值。作为序列，元组可以使用前文所述的列表和字符串描述的所有操作。

> **摘要总结** 元组是异构类型的值的不可变序列。元组表示为包含在圆括号中以逗号分隔的值。

➕➖ 动手实践

4.24 给定以下学生的姓名和考试成绩：

```
names = ['joe', 'tom', 'barb', 'sue', 'sally']
scores = [10, 23, 13, 18, 12]
```

编写一个函数 makeDictionary，接收两个列表参数，返回一个字典（姓名作为键、考试成绩作为值）。把 makeDictionary 返回的对象赋值给变量 scoreDict，以供后续练习题使用。

4.25 使用 scoreDict，查找 'barb' 的成绩。

4.26 为学生 'john' 添加考试成绩 19。

4.27 创建 scoreDict 中的所有考试成绩的有序列表。

4.28 计算 scoreDict 中的所有考试成绩的平均值。

4.29 更新 'sally' 的考试成绩为 13。

4.30 学生 'tom' 退课了。从 scoreDict 中删除 'tom' 和他的考试成绩。

4.31 按字母顺序打印学生姓名及其考试成绩表。

4.32 编写一个名为 getScore 的函数，该函数接收一个姓名和一个字典作为参数，如果该姓名在字典中，则返回该姓名的考试成绩。如果该姓名不在字典中，则打印错误消息并返回 -1。

2. 计算众数

接下来，我们继续讨论计算数据集的众数问题。使用一个计数字典，每个数据项一个，可以跟踪查找众数所需的信息。假设 mode 函数接收一个数据值列表为参数，返回一个众数的列表，因为可能存在多个众数。程序清单 4-6 显示了 mode 函数的初始实现。

程序清单 4-6 mode 函数的初始实现

```
1      def mode(aList):
```

```
2        countDict = {}
3
4        for item in aList:
5            if item in countDict:
6                countDict[item] = countDict[item] + 1
7            else:
8                countDict[item] = 1
9    # 未完待续
```

为了统计每个数据项的出现次数，我们使用一个字典，其中键是数据项本身，关联的值是出现次数。为了处理每一个数据项，首先检查字典中是否已存在该键的数据项。如果是，那么只需要增加关联的计数值。如果该数据项不在字典中，则这是该数据项的第一次出现，因此我们在字典中创建一个初始计数为 1 的新数据项。

实现这个选择结构（if 语句）的另一种方法是使用 get 方法的第二种形式，如前所述。在这种方式下，如果指定的键存在，则返回其关联的值。如果指定的键不存在，该方法允许指定要返回的默认值。在我们的例子中，如果指定的键不存在，则返回一个 0，因为它没有出现。两种情况下，当结果加 1 时，计数都是正确的。注意，这是累加器模式的另一个变体，不同之处在于 get 方法允许我们在数据项的初始化中包含累加器变量的初始化：

```
countDict[item] = countDict.get(item, 0) + 1
```

为了完成众数的计算，我们需要查看字典，依次迭代所有的键以查找最大的计数。可以将一个或者多个与该计数相关联的键追加到众数列表中，并在函数结束时返回该列表。幸运的是，我们可以再次借助 Python 的集合来提供能够完成大部分任务的方法。回想一下 values() 方法返回的 dict_values 对象，其行为非常类似于字典中的值列表。通过使用 max 函数，我们可以查找最大计数。为了查找具有最大值的所有键，只需遍历字典的所有键，同时查找具有与最大计数想匹配的值所对应的键。当找到这样的键时，将该键存放在需要返回的 modeList 列表中。

程序清单 4-7 显示了完整的实现函数。注意，modeList 一开始是空的。我们可以通过使用 for 循环遍历字典键，然后根据需要将键附加到 modeList 中。

程序清单 4-7　计算一个列表的众数

```
1    def mode(aList):
2        countDict = {}
3
4        for item in aList:
5            if item in countDict:
6                countDict[item] = countDict[item] + 1
7            else:
8                countDict[item] = 1
9
10        countList = countDict.values()
11        maxCount = max(countList)
12
13        modeList = []
14        for item in countDict:
15            if countDict[item] == maxCount:
16                modeList.append(item)
17
18        return modeList
```

会话 4-15 显示了 mode 函数的使用方法。会话中的第三个示例使用了本章开头的地震数据 [37, 32, 46, 28, 37, 41, 31]。37 出现了两次，其他值只出现了一次；因此，37 是唯一的众数。

会话 4-15　使用 mode 函数

```
>>> mode([1, 1, 4, 5, 6, 2, 4, 7, 1, 4, 6, 1])
[1]
>>> mode([1, 1, 1, 2, 2, 2, 3, 3, 3, 4, 4, 4, 4, 5, 5, 5, 5, 6, 6])
[4, 5]
>>> earthquakes = [37, 32, 46, 28, 37, 41, 31]
>>> mode(earthquakes)
[37]
>>>
>>> import statistics        #使用 statistics 模块的 multimode 方法
>>> statistics.multimode([1, 1, 4, 5, 6, 2, 4, 7, 1, 4, 6, 1])
[1]
>>> statistics.multimode([1,1,1,2,2,2,3,3,3,4,4,4,4,5,5,5,5,6,6])
[4, 5]
```

在会话 4-15 的末尾，我们导入了 statistics 模块并调用其 multimode 方法，返回的结果与 mode 函数的调用结果相同。

动手实践

4.33 如果不使用字典，仍然可以通过创建一个整数列表来计算众数。存储众数的列表的索引值是原始列表的键。列表大小是原始列表中最大值加 1。这种方法只适用于原始列表包含正整数的情况。注意，当原始列表的数据值稀疏时，该算法的内存利用率非常低效。使用上述方法实现 mode 函数。

4.6　频率分布

计算数据集的众数所需的步骤实际上解决了计算**频率分布**（frequency distribution）的基本统计问题。频率分布表示每个值在数据集中出现的次数。

4.6.1　使用字典计算频率分布表

显示频率分布的一种方法是显示两列表。第一列给出数据项，第二列给出相关联的计数。这与计数字典非常相似。实际上，唯一的区别在于频率分布表需要按顺序显示数据项。回想一下，字典按照插入数据项的顺序来保存数据项。因此，我们面临的挑战是按键的顺序对数据进行排序。

为了编写这个函数，我们可以基于程序清单 4-7 中的 mode 函数。但是，我们不提取计数并寻找最大值，而是提取键，并将 dict_keys 对象转换为列表，然后使用内置的 sort 方法进行排序。然后，我们可以遍历已排序的键列表，并从计数字典中打印一个包含键和相关计数的表信息。程序清单 4-8 显示了完整的函数实现。

程序清单 4-8　使用字典计算频率分布

```
1  def frequencyTable(aList):
2      countDict = {}
```

```
 3
 4          for item in aList:
 5              if item in countDict:
 6                  countDict[item] = countDict[item] + 1
 7              else:
 8                  countDict[item] = 1
 9
10          itemList = list(countDict.keys())
11          itemList.sort()
12
13          print("ITEM", "FREQUENCY")                    # 表的标题
14
15          for item in itemList:
16              print(item, "        ", countDict[item])
```

请注意，我们没有对字典进行排序。实际上，我们使用 keys 方法和 list 函数创建了一个键列表，然后对该列表进行排序。一旦列表排好序，就可以通过字典查找相关的计数。会话 4-16 演示了 frequencyTable 函数的实际应用。

会话 4-16   演示 frequencyTable 函数的实际应用

```
>>> frequencyTable([3,1,1,5,3,1,2,2,3,5,3,5,4,4,6,7,6,7,5,7,8,
                    3,8,2,3,4,1,5,6,7])
ITEM FREQUENCY
1        4
2        3
3        5
4        3
5        5
6        3
7        4
8        2
```

4.6.2   不使用字典计算频率分布表

不使用字典也可以实现频率分布表函数，但这需要在列表处理方面有点独创性。在本节中，我们将研究这种替代方法，并介绍一种用于处理顺序列表的实用模式。

我们计划基于一个有序列表。由于列表已排序，因此列表中出现的所有相同的值都是连续的（彼此相邻）。当遍历计数时，将寻找不同值的组之间的转换。难点在于如何判断不同值的组之间的转换点。

图 4-7 显示了跟踪列表中相同计数值的组之间转换位置的方法。为此，我们使用两个变量：current 和 previous。两个变量都将保持引用连续的计数值对。当前计数值 current 将与前一个计数值 previous 进行比较，如果二者相等，则仍在处理相同计数值所在的组。但是，当前计数值 current 与前一个计数值 previous 不相等时（或者当列表中没有多余的数据项时），则找到了该值所在组的结尾。在这种情况下，打印前一个值和该值的计数。

程序清单 4-9 显示了完整的函数实现。首先，需要初始化变量 previous，以便将列表中的第一个计数值视为一组新的相等计数值的开始。为此，我们可以直接将 previous 设置为列表中的第一个数据项。此外，还需要将累加器变量 groupCount 初始化为 0，因为尚未处理任何值，无计数值。

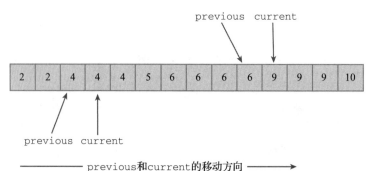

图 4-7　使用 previous 和 current 来定位不同值的组之间的转换

程序清单 4-9　计算频率表的另一种方法

```
 1  def frequencyTableAlt(aList):
 2      print("ITEM", "FREQUENCY")           # 打印表头
 3      sortedList = aList[:]                 # 复制列表 aList
 4      sortedList.sort()
 5
 6      countList = []
 7
 8      previous = sortedList[0]
 9      groupCount = 0
10      for current in sortedList:
11          if current == previous:          # 相同的值属于同一组
12              groupCount = groupCount + 1
13              previous = current
14          else:                            # 检测到新的组
15              print(previous, "   ", groupCount)
16              previous = current
17              groupCount = 1
18
19      print(current, "   ", groupCount)   # 打印最后一个组的数据
```

我们现在可以处理列表中的每个计数值。思考一下，存在两种可能性。一方面，如果 current 与 previous 相匹配，那么我们仍然在一个具有相同计数值的组中。在这种情况下，应该递增 groupCount 并将 previous 向前移动。另一方面，如果 current 与 previous 不匹配，则表示位于过渡位置。此时，可以打印表的一行信息，其内容为 previous 和 groupCount 的值。我们还需要向前移动 previous，并将 groupCount 初始化为 1，以便对下一个组进行正确计数。

当处理完列表中所有的计数值后，最后一个组对应的最后一行将不会被打印出来，所以可以直接打印 current 和 groupCount 的值。可以尝试使用与会话 4-16 中相同的列表来运行此新函数，以验证是否会生成相同的结果。

动手实践

4.34 修改函数 frequencyTableAlt，要求返回一个"键 – 计数"元组的列表。

4.35 假设给定一个"键 – 成绩"元组的列表，如下所示：

[('maria',10), ('bob',8), ('maria',17), ('bob',5),...]

编写一个函数，接受以上格式的列表作为参数，打印每个学生的平均成绩表。

4.6.3　可视化频率分布

可视化频率分布的最佳方法是利用**直方图**或者**条形图**进行图形化展示。为了创建直方图，我们可以使用 Turtle 类为每个键绘制一条垂直线。垂直线的高度表示该键在数据集中出现的频率。通过可视化比较垂直线的高度，就可以看到各频率之间的关系。

我们将使用上一节中实现的 frequencyTable 函数作为起点。同样，我们会构造频率字典。但是不打印频率分布表，而是绘制直方图。例如，请考虑以下数据列表：

[3, 3, 5, 7, 1, 2, 5, 2, 3, 4, 6, 3, 4, 6, 3, 4, 5, 6, 6]

图 4-8 显示了希望生成的直方图。请注意，每一条垂直线表示计数（前一节中频率分布表中的第二列）。

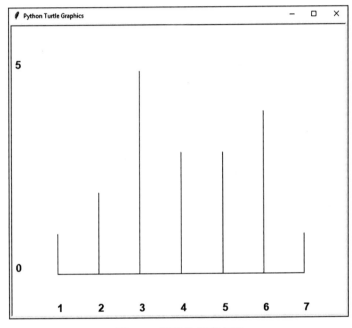

图 4-8　频率分布直方图

程序清单 4-10 显示了用于创建图 4-8 的完整 Python 函数实现。第 4 ～ 10 行代码应该很熟悉：如前所述，其目的是创建计数字典。函数的其余部分完成绘制直方图的工作。

程序清单 4-10　创建直方图

```
1   import turtle
2   def frequencyChart(aList):
3
4       countDict = {}                       # 生成计数字典
5
6       for item in aList:
7           if item in countDict:
8               countDict[item] = countDict[item] + 1
9           else:
10              countDict[item] = 1
11
12      itemList = list(countDict.keys())   # 获取键的列表
13      minItem = 0
```

```
14          maxItem = len(itemList)  - 1
15          itemList.sort()
16
17          countList = countDict.values()      # 获取计数的列表
18          maxCount = max(countList)
19
20          wn = turtle.Screen()
21          chartT = turtle.Turtle()
22          wn.setworldcoordinates(-1, -1, maxItem + 1, maxCount + 1)
23          chartT.hideturtle()                  # 不显示 turtle
24
25          chartT.up()                          # 绘制基准线
26          chartT.goto(0, 0)
27          chartT.down()
28          chartT.goto(maxItem, 0)
29          chartT.up()
30
31          chartT.goto(-1, 0)                   # 显示最小值和最大值
32          chartT.write("0", font=("Helvetica", 16, "bold"))
33          chartT.goto(-1, maxCount)
34          chartT.write(str(maxCount), font=("Helvetica", 16, "bold"))
35
36          for index in range(len(itemList)):
37              chartT.goto(index, -1)           # 设置数据值标签
38              chartT.write(str(itemList[index]),font=("Helvetica",16,"bold"))
39
40              chartT.goto(index, 0)            # 绘制高度为计数值的垂直线
41              chartT.down()
42              chartT.goto(index, countDict[itemList[index]])
43              chartT.up()
44          wn.exitonclick()
```

为了创建直方图,首先需要使用 setworldcoordinates 方法来缩放绘图窗口。这一步是必要的,因为数据值的范围存在多种可能性。通过缩放窗口,直方图将很好地适应窗口。

回想一下,setworldcoordinates 方法允许设置绘图窗口左下角和右上角的坐标。为了确定最合适的坐标位置,应该查看我们的数据。第 12 行代码从字典中提取键列表。这为我们提供了单个数据项的数量,这些数据项将直接转换为直方图中的行数。第 17 ~ 18 行代码执行类似的功能,但考虑的是频率计数的范围。同样,结果提供了可以用来缩放垂直线高度的信息。

第 20 ~ 22 行代码用于创建 turtle 对象,并重新缩放窗口。请注意,我们没有使用 $(0, 0)$ 作为左下角,而是选择在 x 和 y 方向上移动一个单位,从而留下绘制标签的空间。同样,我们将右上角坐标设置为略大于最大值和计数值的值,从而在右侧留下边距。

在绘制实际的直方图之前,可以提供某种比例。我们可以通过绘制 x 轴和 y 轴的简单表示来实现。在这里,我们画一条水平线来表示直方图的底部(第 25 ~ 29 行代码),并在 y 轴上绘制最小值和最大值标签(第 31 ~ 34 行代码)。

第 36 ~ 43 行代码用于绘制各个垂直线。对于 itemList 中的每个键,我们在第 38 行代码中绘制一个标签,然后从直方图的底部到表示该键计数的高度绘制一条垂直线。当我们在直方图周围移动 turtle 时,需要抬起 "turtle 的尾巴",从而不会留下多余的线条。

尝试使用以下语句调用 frequencyChart 函数,并验证直方图是否与图 4-8 匹配:

```
frequencyChart([3, 3, 5, 7, 1, 2, 5, 2, 3, 4, 6, 3, 4, 6, 3, 4,
5, 6, 6])
```

动手实践

4.36 修改 frequencyChart 函数，要求绘制条形图，而不是垂直线。

4.37 修改 frequencyChart 函数，要求 *x* 轴的坐标范围不依赖于列表中数据项的个数，而是使用指定的最小值和最大值。

4.38 另一种计算频率分布表的方法是使用 items 方法获得键 – 值对的列表。这个元组列表可以在不返回原始字典的情况下进行排序和打印。使用上述设计思想重新编写频率分布表函数。

4.39 一个最佳编程实践是重新审阅代码并将可重用代码分解成单独的函数。这适用于 frequencyTable 函数。请修改 frequencyTable 函数，使其返回所创建的频率统计字典。

4.40 接下来，编写一个单独的打印函数，使用前一道题 frequencyTable 函数创建的字典打印频率分布表。

4.41 修改程序清单中的 frequencyChart 函数，要求使用新建的 frequencyTable 函数。

4.7　离散度：标准差

本节讨论**标准差**（standard deviation），这是另一种离散度的统计度量，用于显示一个集合的各个数据项与平均值之间的差异。数据在平均值周围的分布越大，标准差就越大。标准差较小的数据紧密地聚集在平均值周围，标准差较大的数据则更分散。

在数学中，通常用 *s* 表示样本数据的标准差，其计算公式如下：

$$s = \sqrt{\frac{\sum_{i=1}^{n}(x_i - \bar{x})^2}{n-1}}$$

其中 $\bar{x}$ 是数据集的平均值。如果用文字表示算法，则该公式应该执行以下步骤：

1）计算数据集的平均值。

2）对于集合中的每个数据值：

（a）计算数据值与平均值的差值。

（b）计算差值的平方。

（c）把结果累加到一个累计值。

3）将累计值除以 *n*–1，其中 *n* 是数据值的个数。

4）计算步骤 3 中结果商的平方根，得到标准差。

为了实现一个计算标准差的函数，我们需要一个值列表。因为需要使用的是平方根函数，所以需要导入 math 库。最后，通过调用在本章前面构建的 mean 函数，可以很容易地实现步骤 1。

接下来，我们可以遍历数据列表中的每个值，并执行减法和平方运算。我们使用累加器模式来跟踪这些平方的动态求和（有时称为"平方和"）。程序清单 4-11 显示了返回计算标准差的完整函数的实现。

程序清单 4-11　计算标准差

```
1   import math
2   def standardDev(aList):
3       theMean = mean(aList)
4
5       total = 0
6       for item in aList:
7           difference = item - theMean      # 减去平均值
8           diffSq = difference ** 2          # 计算差值的平方
9           total = total + diffSq            # 累加到动态求和中
10
11      sDev = math.sqrt(total / (len(aList) - 1))
12      return sDev
```

会话 4-17 演示了计算标准差的两个示例。注意，两个数据列表的平均值相同，都是 12.0。然而，二者的标准差不同，因为第一个列表中的值比第二个列表中的值更接近平均值。最后一个示例显示了地震计数数据的标准差。我们还将使用 statistics 模块的标准差方法计算地震数据的标准差：分别调用 stdev 的第一个版本（包含数据列表）和 stdev 的第二个版本（包含数据列表和平均值）。结果表明，我们的 standardDev 函数和 stdev 函数返回相同的值。

会话 4-17　使用 standardDev 函数

```
>>> dataList = [7, 11, 9, 18, 15, 12]
>>> mean(dataList)
12.0
>>> standardDev(dataList)
4.0
>>> dataList2 = [2, 10, 6, 24, 18, 12]
>>> mean(dataList2)
12.0
>>> standardDev(dataList2)
8.0
>>> earthquakes = [37, 32, 46, 28, 37, 41, 31]
>>> standardDev(earthquakes)
6.2182527020592095
>>>
>>> import statistics
>>> statistics.stdev(earthquakes)
6.2182527020592095
>>> statistics.stdev(earthquakes, statistics.mean(earthquakes))
6.2182527020592095
```

动手实践

4.42　修改 frequencyChart 函数，要求绘制包含表示平均值的垂直线。

4.43　修改 frequencyChart 函数，要求绘制表示平均值加 1 个标准差和平均值减 1 个标准差的垂直线。

4.44　使用 random.uniform 函数生成 1000 个 0 ~ 50 范围内的随机数。绘制其频率分布，包括平均值和标准差。

4.45　使用 random.gauss 函数生成 1000 个 0 ~ 50 范围内的随机数。绘制其频率分布，包括平均值和标准差。

4.8　本章小结

本章介绍了三种类型的 Python 集合：列表、元组和字典。与字符串一起，这四种数据类型为我们提供了一套强大的解决问题的工具。为了研究这些集合的使用方法，我们开发了一组用于执行基本统计分析的算法。特别地，我们实现了计算以下内容的函数：

- 离散度（简单范围和标准差）。
- 中心趋势（均值、中值和众数）。
- 频率分布。

我们还介绍了 `statistics` 模块中的方法，它们也执行这些操作。最后，我们使用 `Turtle` 类创建频率统计直方图的可视化图形表示。

关键术语

bar chart（条形图）	mean（均值）
central tendency（中心趋势）	median（中值）
collection（集合）	mode（众数）
concatenation（拼接）	mutable（可变的）
data（数据）	`null object`（空对象）
dictionary（字典）	range（范围）
dispersion（离散度）	reference（引用）
empty list（空列表）	repetition（重复）
frequency distribution（频率分布）	sequential collection（序列集合）
histogram（直方图）	slicing（切片）
immutable（不可变的）	sorting（排序）
indexing（索引）	standard deviation（标准差）
key（键）	statistics（统计学）
length（长度）	tuple（元组）
list（列表）	whitespace（空白符）

Python 关键字、函数和方法

`append`	`max`
`clear`	`min`
`count`	`None`
`del`	`pop`
`dict`	`remove`
`get`	`reverse`
`index`	`reversed`
`insert`	`sort`
`items`	`split`
`keys`	`str`
`len`	`sum`
`list`	`values`

编程练习题

4.1 matplotlib 是一个强大的 Python 绘图包，可以绘制直方图、条形图、散点图和许多其他类型的图形。matplotlib 特别适用于科学方面的课程，可以用于绘制和分析数据。我们可以在 https://matplotlib.org 上查看并下载 matplotlib。请阅读文档以了解如何使用此模块绘制本章所示数据的直方图。

4.2 给定以下格式的数据点列表：$[(x_1, y_1), (x_2, y_2), ..., (x_n, y_n)]$。编写一个函数 plotRegression，接收该列表为参数，使用 turtle 对象绘制这些数据点，并根据以下公式绘制一条最佳拟合线：

$$y = \overline{y} + m(x - \overline{x})$$
$$m = \frac{\sum x_i y_i - n \overline{x}\, \overline{y}}{\sum x_i^2 - n \overline{x}^2}$$

其中 $\overline{x}$ 是 x 值的平均值，$\overline{y}$ 是 y 值的平均值，n 是数据点的数量。希腊字母 $\sum$ 表示求和运算。例如，$\sum x_i$ 表示所有 x 值的累加和。

要求程序分析这些点，并使用 setworldcoordinates 函数适当地缩放窗口，以便可以绘制每个数据点。然后，要求使用不同的颜色绘制数据点的最佳拟合线。

4.3 你有没有尝试像海盗一样说话？编写一个函数 toPirate，接收一个字符串形式的英文句子作为参数。要求 toPirate 函数返回一个字符串，包含英文句子的海盗语言版翻译。使用下表构造翻译词典。读者也可以在网上查询更多的海盗语言短语。

	英语	海盗语言版翻译
招呼语	Hello	avast
	excuse	arrr
称呼	sir, boy, man	matey
	madam	proud beauty
	officer	foul blaggart
冠词	the	th'
	my	me
	your	yer
	is	be
	are	be
地名	kitchen	galley
	hotel	fleabag inn

4.4 现在尝试一个更具挑战性的练习：将两个单词的短语翻译成对应的海盗短语。例如，两个单词的短语 "excuse me" 将被翻译成简单的 "arrrr"。

大数据：文件输入和输出

本章介绍 while 循环、字符串格式、读取在线的 CSV 和 JSON 格式的文件。

5.1 本章目标

- 使用文本文件存储大数据集。
- 介绍 while 循环结构。
- 介绍字符串格式化。
- 访问在线的 CSV 和 JSON 格式的文件。

5.2 使用文件处理大数据集

在第 4 章中，所有示例都使用小数据集，因此我们可以集中精力开发分析数据所需的统计方法。我们假设数据项存储在列表中，并构造相应的函数来处理这些列表。在讨论了数据分析方法的基础上，本章将重点讨论使用统计工具来描述更大的数据集。

如前文所述，Python 提供了一些可以用于存储和操作数据的强大集合。但是，随着数据量的增加，将数据存储在集合中以供后续处理变得十分困难。当然，让用户交互地输入数据是可能的，但这需耗费大量的人力。相反，大数据集通常存储在预先准备的数据文件中。然后，我们可以从文件中读取这些数据并填充到集合中，以供后续处理。

5.2.1 文本文件

一种流行的文件格式是**文本文件**，即包含字符的文件。例如，我们编写的 Python 程序就存储为文本文件。我们可以使用多种方法创建文本文件。例如，可以使用文本编辑器键入并保存数据。还可以从网站下载数据，然后将其保存到文件中。不管文件是如何创建的，为了读取文件，必须知道文件的格式，即数据是如何存储在文件中的。例如，可以将数据项组织为每行一个数据项，或者以空格分隔的一系列数据项，再或者以某种其他格式存储。一旦知道了文件的格式，就可以使用 Python 方法来读取和操作文件中的数据。

在 Python 中，我们必须先**打开文件**，然后才能使用文件，最后还需要**关闭文件**。正如所料，一旦文件被打开，就会返回一个 Python 对象，和所有其他数据一样。表 5-1 显示了打开文件和关闭文件的方法。

表 5-1 在 Python 中打开文件和关闭文件

方法名称	使用方法	说明
open	open(filename, mode)	内置函数。打开名为 filename 的文件，返回一个文件对象的引用。如果文件不存在，则引发 OSError 异常。参数 mode 取值如下： • 'r'：以读取方式打开文件 • 'w'：以写入方式打开文件。如果文件存在，则覆盖文件。 • 'a'：以附加写入方式打开文件。如果文件存在，则新数据将附加到文件的末尾
close	fileVariable.close()	指示文件使用已完成，并释放与文件相关联的内存或者其他资源

例如，假设存在一个名为 rainfall.txt 的文本文件，包含如图 5-1 所示的数据，该文件包含爱荷华州（Iowa）25 个城镇的年总降雨量（以英寸为单位）。每行的第一个数据项是降雨量的测量位置，通常是城镇名称；第二个数据项是降雨量。这两个值用空格隔开。

```
Akron 25.81
Albia 37.65
Algona 30.69
Allison 33.64
Alton 27.43
AmesW 34.07
AmesSE 33.95
Anamosa 35.33
Ankeny 33.38
Atlantic 34.77
Audubon 33.41
Beaconsfield 35.27
Bedford 36.35
BellePlaine 35.81
Bellevue 34.35
Blockton 36.28
Bloomfield 38.02
Boone 36.30
Brighton 33.59
Britt 31.54
Buckeye 33.66
BurlingtonKBUR 37.94
Burlington 36.94
Carroll 33.33
Cascade 33.48
```

图 5-1   文件 rainfall.txt 的内容

尽管每次使用这些年总降雨量时都可以通过手动输入这些数据，但可以想象这样的任务将非常耗时且容易出错。此外，可能还有更多城镇的数据。

为了打开这个文件，我们可以调用 open 函数。然后，使用变量 fileRef 保存对 open 返回的文件对象的引用。一旦处理完文件后，就可以使用 close 方法将其关闭。关闭文件后，任何进一步尝试使用 fileRef 的操作，都将导致错误。这两个操作在会话 5-1 中显示为"方法 1"。

会话 5-1   打开和关闭文件

```
>>> # 方法 1：先打开，然后关闭文件
>>> fileRef = open("rainfall.txt", "r")
>>>        # 处理文件中的数据
>>> fileRef.close()

>>> # 方法 2：使用 with/as 语句块
>>> with open("rainfall.txt", "r") as fileRef:
        # 处理文件

>>> # 当 with/as 语句块结束时，文件会自动关闭
```

如果在处理完数据后不关闭文件，Python 最终会关闭它。正式关闭文件的好处是，我们可以立即释放分配给文件的资源，例如内存。

打开文件的另一个方法是使用以下语法调用 open 方法，该语法在会话 5-1 中显示为"方法 2"：

```
with open(filename, mode) as fileRef:
```

open 方法返回的文件对象 fileRef 成为对文件的引用。与方法 1 相比，此语法有两个显著的不同：数据处理在块中执行，文件在 with/as 块完成时自动关闭。此方法是打开文件的首选方法。因此，在读取和写入文件时我们可以使用此方法。

摘要总结 打开和关闭文件的首选方法是使用语法 with/as：

```
with open(filename, mode) as fileRef:
```

5.2.2 迭代文件中的文本行

在程序中，我们可以使用文件作为输入，并进行一些数据处理。在程序中，我们将读取并打印文件的每一行内容。因为文本文件由文本行序列组成，所以可以使用 for 循环遍历文件中的每一行内容。

文件中的每一行内容被定义为一个字符序列，最多包含一个称为换行符的特殊字符。如果我们对包含换行符的字符串求值，将会发现换行符表示为字符 "\n"。如果打印包含换行符的字符串时，结果不会显示字符 "\n"，而是会看到其换行效果。当键入一个 Python 程序并按键盘上的 enter 或者 return 键时，编辑器会向文本中插入换行符。

注意事项 换行符用于结束文件中的一行文本内容。换行符在字符串中表示为字符 "\n"。

当使用 for 循环遍历文件的每一行内容时，循环变量将以字符串形式包含文件的当前行。处理文本文件每一行内容的一般模式如下：

```
for line in inFile:
    statement1
    statement2
    ...
```

为了处理降雨量数据，我们将使用 for 循环迭代文件的每一行内容。由于文本行中城市和降雨量由一个空格分隔，所以我们可以使用 split 方法将每个文本行拆分成一个包含城市代码和降雨量的列表。然后，我们可以获取这些值并构造一个简单的陈述句子，如会话 5-2 所示。

会话 5-2 从文件中读取降雨量数据的简单程序

```
>>> with open("rainfall.txt", "r") as rainFile:
        for aLine in rainFile:
                values = aLine.split()
                print(values[0], "had", values[1], "inches of rain.")

Akron had 25.81 inches of rain.
Albia had 37.65 inches of rain.
Algona had 30.69 inches of rain.
Allison had 33.64 inches of rain.
Alton had 27.43 inches of rain.
AmesW had 34.07 inches of rain.
AmesSE had 33.95 inches of rain.
Anamosa had 35.33 inches of rain.
Ankeny had 33.38 inches of rain.
Atlantic had 34.77 inches of rain.
```

```
Audubon had 33.41 inches of rain.
Beaconsfield had 35.27 inches of rain.
Bedford had 36.35 inches of rain.
BellePlaine had 35.81 inches of rain.
Bellevue had 34.35 inches of rain.
Blockton had 36.28 inches of rain.
Bloomfield had 38.02 inches of rain.
Boone had 36.30 inches of rain.
Brighton had 33.59 inches of rain.
Britt had 31.54 inches of rain.
Buckeye had 33.66 inches of rain.
BurlingtonKBUR had 37.94 inches of rain.
Burlington had 36.94 inches of rain.
Carroll had 33.33 inches of rain.
Cascade had 33.48 inches of rain.
```

5.2.3 写入文件

本节讨论文件处理的另一个例子：将文件中以英寸为单位的降雨量数据转换为以厘米为单位的降雨量数据。为此，我们同样先读取文件内容，但不打印消息，而是进行一些计算，然后将结果写入另一个文件。需要先打开新文件进行写入。为了向文件写入文本行，我们使用 write 方法，如表 5-2 所示。

表 5-2　write 方法

函数名称	使用方法	说明
write	fileVar.write(string)	使用 open 函数以写入模式打开文件返回的文件对象，将字符串写入文件。返回写入的字符数

程序清单 5-1 显示了实现英寸到厘米转换的 Python 程序。新文件名为 rainfallInCM. txt。for 循环用于遍历输入文件。先拆分文件的每个文本行，然后将以英寸为单位的降雨量值转换为相应的以厘米为单位的值（第 7 ～ 8 行代码）。

程序清单 5-1　写入数据到一个新文件

```
1    with open("rainfall.txt", "r") as rainFile:
2        with open("rainfallInCM.txt", "w") as outFile:
3
4            for aLine in rainFile:
5                values = aLine.split()
6
7                inches = float(values[1])
8                cm = 2.54 * inches
9
10               nChars = outFile.write(values[0]+ " "
11                               + str(cm) + "\n")
```

第 10 ～ 11 行代码中的 write 语句用于在输出文件中创建新的一行。请注意，每次使用 write 语句时，只能向文件中添加一个字符串。因此，需要使用字符串拼接方法把各部分拼接在一起以构建一行文本内容。第一部分内容 values[0] 是城市代码；然后拼接一个空白字符，将城市代码与降雨量分开；接下来使用 str 函数将名为 cm 的浮点值转换为字符串。最后，通过添加换行符完成整行内容的拼接。write 方法返回在该行中写入的字符数，但由于无须处理该数字，因此我们只将返回值赋给变量 nChars，然后忽略该变量。图 5-2

显示了新创建文件的内容。

```
Akron 65.5574
Albia 95.631
Algona 77.9526
Allison 85.4456
Alton 69.6722
AmesW 86.5378
AmesSE 86.233
Anamosa 89.73819999999999
Ankeny 84.7852
Atlantic 88.31580000000001
Audubon 84.86139999999999
Beaconsfield 89.5858
Bedford 92.32900000000001
BellePlaine 90.9574
Bellevue 87.24900000000001
Blockton 92.1512
Bloomfield 96.5708
Boone 92.202
Brighton 85.3186
Britt 80.1116
Buckeye 85.4964
BurlingtonKBUR 96.3676
Burlington 93.82759999999999
Carroll 84.6582
Cascade 85.0392
```

图 5-2　新文本文件 `rainfallInCM.txt` 的内容

5.2.4　字符串格式化

如程序清单 5-1 的第 10 ～ 11 行代码所示，将值转换为字符串并将这些字符串拼接在一起可能是一个冗长的过程。幸运的是，Python 为我们提供了一个更好的解决方案：**格式化字符串**（formatted string）。在格式化字符串模板中，将保持固定不变的内容或者空格与需要插入到字符串中的变量占位符组合在一起。例如，以下语句：

```
print(values[0], "had", values[1], "inches of rain.")
```

每次都会输出固定内容 `"had"` 和 `"inches of rain."`，但是每一行打印的城市名和降水量各不相同。

使用格式化字符串，我们可以把前一条语句改写为：

```
print("{0} had {1:2.2f} inches of rain.".format(city, rain))
```

格式化字符串使用字符串的 `format` 方法，如表 5-3 所示。花括号（`{}`）表示要插入到字符串中的值的占位符。花括号中的字符指定要替换占位符的值和相关格式。`format` 方法的参数指定要替换的实际值。

表 5-3　字符串的 `format` 方法

方法的语法	说明
`format(replacementField, …)`	使用占位符中指定的格式替换字符串中占位符的替换字段

请注意，字符串中的占位符数与作为参数的替换字段数相对应。默认情况下，替换字段参数按照 `format` 方法中指定的顺序替换占位符。为了避免混淆，建议在每个占位符中插入

替换字段的编号，如前一个示例中的 {0} 和 {1} 所示。替换字段可以指定为元组或者字典。如果使用了字典，那么字典名称前面应该加上 **，并且键将用于标识要替换的值。

在替换字段编号（如果有）之后，占位符可以包含冒号和转换规范。转换规范由对齐方式、宽度和类型组成。表 5-4 总结了一些常见的类型规范。在上例的第一个占位符中，没有给出转换规范，因为字符串采用默认类型。第二个占位符 {1:2.2f} 指定第二个参数的格式应该是一个保留两位小数的浮点数。

表 5-4　常用类型规范

替换字段的类型	转换字符类型	输出格式
字符串	s	字符串。这是默认格式
整型	c	字符。把整数转换为对应的 Unicode 编码
	d	十进制整数。这是整数的默认格式
	n	数值。与十进制整数相同
浮点数	e 或 E	科学计数法，默认精度为 6 位。例如 m.ddddde+/-xx 或者 m.dddddE+/-xx
	f 或 F	定点数，精度为 6 位。例如 m.dddddd
	g	通用格式。根据数值的大小，自动使用科学计数法或者定点数格式
	n	与 g 相同
	%	百分比。把数值乘以 100，然后显示为 f 格式并显示一个百分比符号 %

对于这些格式字符，我们可以添加其他修饰符来指定数字精度、输出宽度和对齐方式。表 5-5 列出了常用的修饰符。

表 5-5　常用格式修饰符

修饰符类型	修饰符字符	输出格式
对齐	<	在宽度范围左对齐值。这是字符串的默认对齐方式
	>	在宽度范围右对齐值。这是数值的默认对齐方式
	^	在宽度范围居中对齐值
宽度	w	值将占用 w 个字符宽度。默认为显示值的最小宽度
精度	.n	显示小数点后 n 个数字

会话 5-3 演示了格式化字符串的使用方法示例。

会话 5-3　演示格式化字符串的使用方法

```
>>> fruitPrice = 75
>>> fruit = 'apple'
>>> print("The {0} costs {1:d} cents".format(fruit, fruitPrice))
The apple costs 75 cents
>>>
>>>                      # 格式化 itemPrice，显示两位小数
>>> item = 'a dozen eggs'
>>> itemPrice = 2.4
>>> print("The price of {0} is ${1:.2f}".format(item, itemPrice))
The price of a dozen eggs is $2.40
>>>
>>>                      # 使用键格式化字典值，注意符号 **
>>> myDict = {'name':'candy bar', 'price':95}
>>> print("The {name} costs {price} cents.".format(**myDict))
The candy bar costs 95 cents.
>>>
```

```
>>>                             # 居中对齐、右对齐、左对齐
>>> print("This text is {0:^25s}".format("centered"))
This text is         centered
>>> print("This text is {0:>25s}".format("right justified"))
This text is          right justified
>>> print("This text is {0:<25s}".format("left justified"))
This text is left justified
>>>
>>>                             # 格式化百分比
>>> quizGrade = 7.5
>>> totalPoints = 12
>>> print("{0:.1f} is {1:.2%} of {2:d} total points".format(
            quizGrade, quizGrade / totalPoints, totalPoints))
7.5 is 62.50% of 12 total points
```

> **注意事项** 格式化字符串时，占位符的格式为：
>
> {position:alignmentWidthPrecisionType}

动手实践

5.1 编写一个程序，读取 rainfall.txt 文件中的内容，然后写入到一个名为 rainfallFmt.txt 的新文件中。新文件应该格式化每一行文本，要求城市名占用 25 个字符宽的字段，右对齐；降雨量数据应占用 5 个字符宽的字段，保留 1 位小数。

5.2 编写一个生成温度转换表 tempConv.txt 的函数。要求该表包括 −300 至 212 华氏温度及其对应的摄氏温度，每行占两列，并包含适当的标题。要求每列占 10 个字符宽，每一个温度保留 3 位小数。

5.2.5 其他文件读取方法

除了 for 循环之外，Python 还提供了三种从输入文件读取数据的方法。readline 方法从文件中读取指定数量的字符或者最多一行文本，并将其作为字符串返回。readline 返回的字符串包含末尾的换行符。此方法在到达文件结尾时返回空字符串。

readlines 方法将整个文件的内容作为字符串列表返回，其中列表中的每个数据项表示文件的一行文本；列表中每个数据项的末尾包含换行符。

我们还可以通过 read 方法将整个文件读入并存放在单个字符串中。表 5-6 总结了这些方法的语法，会话 5-4 演示了其实际应用。

表 5-6 Python 中读取文件的方法

方法名称	使用方法	说明
read(n)	fileVar.read()	读取并返回包含 n 个字符的字符串，如果没有指定参数 n，则读取整个文件到一个字符串中
readline(n)	fileVar.readline()	返回文件的下一个文本行，所有文本包括换行符。如果指定参数 n，并且如果文本行的长度大于 n，则只返回 n 个字符。到达文件结尾时返回空字符串
readlines(n)	fileVar.readlines()	返回包含 n 个字符串的列表，每个字符串表示文件的一个文本行。如果没有指定参数 n，则返回文件中的所有文本行

会话 5-4   使用其他读取文件的方法

```
>>> with open("rainfall.txt", "r") as inFile:
        aLine = inFile.readline()          #读取一个文本行

>>> aLine
'Akron 25.81\n'
>>>
>>> with open("rainfall.txt", "r") as inFile:
        lineList = inFile.readlines()      #读取所有的文本行作为一个列表

>>> lineList
['Akron 25.81\n', 'Albia 37.65\n', 'Algona 30.69\n', 'Allison 33.64\n',
'Alton 27.43\n', 'AmesW 34.07\n', 'AmesSE 33.95\n', 'Anamosa 35.33\n', 'Ankeny
33.38\n', 'Atlantic 34.77\n', 'Audubon 33.41\n', 'Beaconsfield 35.27\n',
'Bedford 36.35\n', 'BellePlaine 35.81\n', 'Bellevue 34.35\n', 'Blockton
36.28\n', 'Bloomfield 38.02\n', 'Boone 36.30\n', 'Brighton 33.59\n', 'Britt
31.54\n', 'Buckeye 33.66\n', 'BurlingtonKBUR 37.94\n', 'Burlington 36.94\n',
'Carroll 33.33\n', 'Cascade 33.48\n']
>>>
>>> with open("rainfall.txt", "r") as inFile:
        fileString = inFile.read()      #读取整个文件作为一个字符串

>>> fileString
'Akron 25.81\nAlbia 37.65\nAlgona 30.69\nAllison 33.64\nAlton 27.43\nAmesW
34.07\nAmesSE 33.95\nAnamosa 35.33\nAnkeny 33.38\nAtlantic 34.77\nAudubon
33.41\nBeaconsfield 35.27\nBedford 36.35\nBellePlaine 35.81\nBellevue 34.35\
nBlockton 36.28\nBloomfield 38.02\nBoone 36.30\nBrighton 33.59\nBritt 31.54\
nBuckeye 33.66\nBurlingtonKBUR 37.94\nBurlington 36.94\nCarroll 33.33\nCascade
33.48\n'
```

请注意，在每次读取之前需要重新打开文件，以便从文件的开头开始读取。每个文件都有一个标记，表示文件中当前的读取位置。每当调用其中一个读取方法时，此标记将立即移动到所返回的最后一个字符后面的字符。对于 readline 的情况，标记移动到文件中下一行的第一个字符处。对于 read 或者 readlines 的情况，标记移动到文件的末尾或者所读取数据的末尾。

> **注意事项**   readline 方法返回的字符串包含行末的换行符（\n）。readlines 方法返回的每个列表项也包括行末的换行符。read 方法返回的字符串中也嵌入了换行符。

动手实践

5.3   在 Python 解释器会话中打开一个文件。调用该文件对象的 readline 方法两次，然后调用 readlines 方法。请问 readlines 方法返回的列表中包含哪些行的内容？

5.4   再次直接调用 readline 方法重新打开动手实践 5.3 中的文件。比较本题和动手实践 5.3 返回的结果。

5.5   编写一个程序，读取一个文件的内容，然后将读取的内容转换为大写字符并写入到一个新文件中。

5.6   编写一个程序，读取一个文件，然后打印出文件中的行数、字数和字符数。

5.7   编写一个程序，创建一个索引文件，该索引显示每个单词出现在文件的哪一行。如果一个单词出现在多行上，则索引将显示包含该单词的所有行。提示：使用由每个单词键入的字典来解决此问题。

5.3 从互联网上读取数据

在第 4 章中，我们使用了美国地质勘探局（U.S. Geological Survey，USGS）官网（usgs.gov）上的一周地震数据统计功能。使用较小的一组值的优点在于，我们可以很容易地演示均值、中值、众数和标准差的概念。特别地，我们使用汇总数据作为数据集：一周内每天的地震次数。然而，统计和其他分析方法的真正强大之处在于可以处理更大的原始（而非汇总）数据集。

互联网网站通常提供大量数据，可以加以下载并进行分析。这些数据集通常采用以下格式：CSV（Comma-Separated Value，逗号分隔值）格式的文本文件或者 JSON（JavaScript Object Notation，JavaScript 对象表示法）格式的文本文件。JSON 是一种标准化的数据传输格式，具有自我识别标记。

美国地质勘探局的官网上提供了世界各地发生的地震原始数据。也可以对数据过滤，使其仅包括指定震级以上的地震或者仅包括在特定时间段内发生的地震。每次地震的数据包括日期和时间、地点、震级、地震深度和其他识别数据。

5.3.1 使用 CSV 文件

美国地质勘探局提供的可供下载的地震数据的一种格式是 CSV。这种格式是将数据导入电子表格的理想格式，同时也适用于通过程序设计访问数据。

USGS 提供的地震数据的 CSV 格式文件的第一行包含**元数据**（metadata），元数据是关于数据的描述性信息。对于 CSV 文件，元数据指定每个数据的名称和相对位置。USGS 文件中的其余行提供地震的数据，每行一个地震数据。正如 CSV 这个名字所暗示的那样，数据字段是用逗号分隔的。第一行的名称位置对应于其他各行数据的位置。数据字段也可以用引号括起来（可选），但本身包含空格或者逗号的数据必须用引号括起来。

例如，图 5-3 显示了所下载的 CSV 文件的前几行内容，其中包含 2018 年下半年某个月份 4.5 级及以上地震的原始数据。可以从美国地质勘探局网站的实时信息页面上下载类似信息。这个文件包含 501 次地震的信息。第一行在图中用蓝色标识，它提供了后续行中数据的名称和相对位置。每一行都记录了一次地震的信息。在图 5-3 中，我们显示了文件中前两次地震的元数据行和数据。如元数据所示，每次地震的第一个值是日期和时间，后跟逗号；然后是纬度，后跟逗号；最后是经度，后跟逗号，依此类推。尽管在图 5-3 中，这些行在数据中的不同位置断开，但文件实际上只有在标题行的末尾和每次地震的数据之后会换新行。

```
time,latitude,longitude,depth,mag,magType,nst,gap,dmin,rms,net,id,
updated,place,type,horizontalError,depthError,magError,magNst,status,
locationSource,magSource
2018-10-10T16:18:27.120Z,
-10.9133,162.3903,35,5.1,mb,,63,2.816,0.83,us,us1000ha2w,
2018-10-10T16:37:38.040Z,"72km SE of Kirakira,
Solomon Islands",earthquake,9.2,2,0.048,139,reviewed,us,us
2018-10-10T11:11:03.170Z,-22.0519,
-179.1596,579.92,4.6,mb,,47,5.023,0.91,us,us1000h9x5,
2018-10-10T11:32:05.040Z,"162km SSW of Ndoi Island,
Fiji",earthquake,10.8,8.1,0.045,146,reviewed,us,us
. . .
```

图 5-3   earthquakes.csv 文件的前三行信息

幸运的是，Python 的 csv 模块使得读取和处理 CSV 文件变得非常容易。该模块提供一个 reader 方法，如表 5-7 所示，可以用于解析 CSV 文件的每一行。我们还可以定义文件的字段分隔符、行结束符和其他格式元素。但是，对于地震 CSV 格式文件，无须指定这些选项。因为默认情况下，reader 方法假定文件是 Excel 格式的。reader 方法返回一个**迭代器**（iterator）。迭代器是一个对象，可以一次从一组数据中返回一个数据。在本例中，迭代器将一次从文件中返回一行作为值列表。

表 5-7　reader 模块的 csv 方法

方法名称	说明
reader(file)	返回一个迭代器对象，用于在文件中的行之间移动。每一行作为包含其字段的列表返回

会话 5-5 演示了使用 csv 模块和 reader 方法读取文件的使用方法。在本例中，我们使用的是只包含三行的精简文件版本。首先打开文件，然后将文件传递给 reader 方法。然后，可以在 for 循环中使用 csvReader 对象。csvReader 对象将每一行内容从 CSV 格式转换为字符串列表。

会话 5-5　使用 csv 方法

```
>>> import csv
>>> with open("earthquakes3.csv", "r") as inFile:
        csvReader = csv.reader(inFile)       # 将文件对象传递给 csv reader
        for line in csvReader:               # 读取各解析行
            print(line)


['time', 'latitude', 'longitude', 'depth', 'mag', 'magType', 'nst',
'gap', 'dmin', 'rms', 'net', 'id', 'updated', 'place', 'type',
'horizontalError', 'depthError', 'magError', 'magNst', 'status',
'locationSource', 'magSource']
['2018-10-10T16:18:27.120Z', '-10.9133', '162.3903', '35', '5.1',
'mb', '', '63', '2.816', '0.83', 'us', 'us1000ha2w', '2018-
10-10T16:37:38.040Z', '72km SE of Kirakira, Solomon Islands',
'earthquake', '9.2', '2', '0.048', '139', 'reviewed', 'us', 'us']
['2018-10-10T11:11:03.170Z', '-22.0519', '-179.1596', '579.92', '4.6',
'mb', '', '47', '5.023', '0.91', 'us', 'us1000h9x5', '2018-10-
10T11:32:05.040Z', '162km SSW of Ndoi Island, Fiji', 'earthquake',
'10.8', '8.1', '0.045', '146', 'reviewed', 'us', 'us']
```

如果不使用 csv 模块，那么还可以使用 readline 方法读取每一行的内容，删除末尾的换行符，并使用逗号拆分每一行的内容。这种方法存在风险，因为有些数据项可能有一个嵌入的逗号。事实上，文件中的 'place'（位置）数据确实包含一个嵌入的逗号。在这种情况下，使用逗号拆分将导致错误的结果。因此，建议最好使用 csv 模块。

5.3.2　使用 while 循环处理数据

在本节的示例中，我们将关注每一次地震的严重程度。地震学家用震级单位来衡量地震的严重程度。震级越大，地震的严重程度就越大。

分析这个真实数据源的第一个任务是通过从文件中提取相关数据并将其存储在适当的集合中来处理数据文件。基于分析目标，这意味着我们需要读取文件并创建一个震级列表，以便可以使用统计学进行数据分析。

让我们思考一下，如何创建一个地震震级列表。首先，应该找到包含震级数据的列。我们可以通过搜索元数据行，统计名称的个数，直到找到字符串 'mag' 为止。找到需要查找的字符串后，不需要继续检查剩余的数据名称。一个称为 while 循环的通用循环机制非常适用于这种类型的处理。

while 循环适用于预先不知道需要处理多少数据的情况。一种方法是先处理少量数据，然后提出询问以确定是否需要处理更多的数据以及需要处理的数据数量。这种方法需要一种更通用的方式来遍历文件中的字符或者行。

while 循环的结构如下：

```
启动语句
while < 循环条件 >:
    语句 1
    语句 2
    ...
    更新 < 循环条件 > 的语句
```

正如所料，从上述模板可以观察到，只要 < 循环条件 > 保持为 True，while 循环将继续执行循环主体中的语句。一旦 < 循环条件 > 求值结果为 False，while 循环将停止执行主体中的语句。< 循环条件 > 可以是任意 Python 布尔表达式。回想一下，布尔表达式的求值结果为 True 或者 False。

请注意，循环条件是在循环的开始处求值的。通常，对于 while 循环，需要设置一个启动语句，当循环开始时，该语句的求值结果为 True 或者 False。如果在循环开始时循环条件即为 False，则循环体永远不会执行。

在 while 循环的主体中，要求最后执行的语句是一条循环更新语句，这可能会导致（但也可能不会导致）循环条件变为 False。

例如，如果使用 while 循环来读取文件，那么循环结束条件是 readline 返回一个空字符串，这意味着没有更多的行可供读取。在循环开始之前，我们需要读取一行作为循环条件的启动操作。如果读取一行内容成功，那么在循环体内部，我们将处理该行内容。作为 while 循环体的最后一条语句，我们将读取下一行内容，这将更新下一次迭代的循环条件。如果没有读取下一行内容，那么将导致一个**无限循环**（infinite loop），程序将一次又一次地反复处理同一行语句内容。无限循环绝大多数情况下属于一个很糟糕的现象，我们需要确保 while 循环的主体语句中有一些变化发生，从而使循环条件最终为假。以下是使用 while 循环读取文件的过程：

```
读取一行内容（启动语句）
while 读取的行内容不为空
    处理所读取的行内容
    读取下一行内容（更新循环条件）
```

对于地震分析，我们将使用 while 循环查找包含地震震级的列。会话 5-6 演示了如何使用 while 循环来定位包含震级的列。我们知道震级的名称是 'mag'。在该会话中，我们只需要读取包含标题的第一行，为此，可以使用内置函数 next。函数 next 从迭代器返回下一个数据项，如表 5-8 所示。本例中的迭代器是 csvReader。

表 5-8　内置函数 next

函数名称	说明
next(iterator)	返回迭代器中的下一个数据项

会话 5-6   查找某个列名

```
>>> import csv
>>> with open("earthquakes.csv", "r") as inFile:
        csvReader = csv.reader(inFile)     # 把文件对象作为参数传递给 csv 的 reader 方法
        titles = next(csvReader)           # 读取包含标题的第一行内容
        colNum = 0                         # 启动条件
        while titles[colNum] != "mag":
            colNum = colNum + 1            # 更新条件

        print("The magnitude is found in column", colNum)

The magnitude is found in column 4
```

在本例中，我们首先导入 csv 模块。然后打开文件，并将文件对象传递给 reader 方法。我们使用 next 函数读取文件中包含列名的第一行。该行内容作为一个列表返回，因此我们可以使用索引搜索列。从列号（colNum）0 开始，我们使用 while 循环条件来检查列名是否为 "mag"。循环体中包括一条递增列索引的语句，这也是更新循环条件的语句。假设没有递增列索引，则程序将继续检查第 0 列，从而导致无限死循环。

> **注意事项**　一定要记住在循环体中更新 while 循环条件，以避免无限死循环。

当我们找到名为 "mag" 的列时，循环条件变为 False，结束 while 循环。colNum 的当前值包含每次地震的震级信息。使用 while 循环的好处是，一旦找到所需的值，我们就可以停止循环。这样可以避免对其余列名的不必要处理。

至此，我们了解到了如何正确地查找列名，接下来可以从两方面改进循环。首先，可以让用户将数据名作为参数传递，这将使函数可以用于查找任何地震数值数据；其次，如果找不到所请求的数据名，可以把结果反馈给用户。如果在不退出循环的情况下到达列表的末尾，则表明没有找到数据名。所以在循环中，我们需要检查两个条件：1）没有找到数据名；2）没有到达列表的末尾。如果任一条件为 False，则退出循环。假设要查找的数据名是 dataName，则循环条件判断方法如下所示：

```
while colNum < len(titles) and titles[colNum] != dataName:
```

注意，检查这两个循环条件的顺序十分重要。回想一下，对于由 and 连接的两个条件，Python 首先检查第一个条件。如果该条件为 False，则对第二个条件不进行计算求值。这正符合要求，因为如果 colNum 等于 titles 列表的长度，则不需要计算第二个条件，因为 colNum 作为索引无效，第二个条件将生成错误："IndexError: list index out of range"。如果颠倒了循环条件的顺序，那么每当到达 titles 列表的末尾时，就会产生这个错误。

> **注意事项**　当 while 循环通过判断到达列表结尾或者匹配搜索条件而结束时，请首先检查是否到达列表结尾以避免索引器错误（IndexError）。

改进后的代码如程序清单 5-2 所示。在第 1 行，我们添加了一个参数来指定需要查找的数据名。在第 5 ～ 6 行，我们将文件传递给 csv.reader 并读取标题行。第 8 行代码通过将 colNum 设置为 0 来启动 while 循环。第 9 行代码包含新的 while 循环条件，第 10 行代码是 while 循环主体。

程序清单 5-2　构建一个地震数据列表

```
 1    def makeDataList(dataName):
 2        with open("earthquakes.csv", 'r') as inFile:
 3            dataList = []
 4
 5            csvReader = csv.reader(inFile)        # 获取迭代器
 6            titles = next(csvReader)              # 读取第 1 行内容
 7
 8            colNum = 0                            # 查找列名称
 9            while colNum < len(titles) and titles[colNum] != dataName:
10                colNum = colNum + 1
11
12            if colNum == len(titles):      # 是否位于 titles 列表末尾?
13                print("Error:", dataName, "not found.")
14            else:                                 # 查找到 dataName
15                for line in csvReader:
16                    dataList.append(float(line[colNum]))
17        return dataList
```

当其中一个循环条件变为 False 时，循环将终止。循环结束后，我们需要确定循环是因为找到了列而终止，还是因为到达了标题列表的末尾并且没有找到列而结束。如果到达列表的末尾，colNum 将等于列表的长度。我们在第 12 行测试这个条件，如果满足条件，则打印一条错误消息。

如果找到该列，我们将处理文件中的数据行，并将每次地震的 colNum 索引位置的值追加到 dataList 列表（见第 15 ～ 16 行代码）。因为所有数据都作为字符串返回，所以我们使用 float 函数将字符串转换为数值。

5.3.3　列表解析

在 makeDataList 函数中，还有一个地方可以进一步改进。注意，对于文件中的每一行，我们读取该行并将适当的列追加到 dataList（见程序清单 5-2 的第 15 ～ 16 行代码）。我们可以使用一个名为**列表解析**（list comprehension）的 Python 功能来组合实现这两种操作。

在具体改进这段代码之前，让我们先讨论列表解析的一般形式及其使用的一些简单示例。列表解析的一般形式如下所示：

```
[<expression> for <item1> in <sequence1>
             for <item2> in <sequence2>
             ...
             if <condition> ]
```

<expression> 中可以使用与 for 循环中的循环变量相对应的任何数据项 <item1>，<item2>，…。列表解析至少需要一个 for 循环，if 是可选的。

列表解析允许我们根据某些处理或者选择条件，从一个或者多个列表中轻松地构建另一个列表。例如，假设我们需要创建前 10 个数字的立方的列表。传统的一种实现方法如会话 5-7 所示。

会话 5-7　创建一个立方数列表

```
>>> cubes = []
>>> for x in range(1, 11):
        cubes.append(x * x * x)

>>> cubes
[1, 8, 27, 64, 125, 216, 343, 512, 729, 1000]
```

而借助列表解析，使用一条语句就可以实现一个立方数列表的创建，如会话 5-8 所示。

会话 5-8   使用列表解析构建立方数列表

```
>>> cubes = [x * x * x for x in range(1, 11)]
>>> cubes
[1, 8, 27, 64, 125, 216, 343, 512, 729, 1000]
```

变量 x 的取值范围是 1 到 10，正如所料，列表解析中包含 for x in range(1, 11) 子句。每次迭代循环时，计算表达式 x * x * x，并将其添加到正在构造的列表中。

列表解析还可以与 if 语句一起使用，通过只保留较长列表中的满足某些条件的值来构建较短的列表。此操作通常称为**筛选**（filtering）。例如，假设我们想要创建一个所有偶数的立方的列表，可以基于前面创建的立方数列表，使用列表解析构建。会话 5-9 显示了此代码。

会话 5-9   在列表解析中使用 if 语句

```
>>> evenCubes = [x for x in cubes if x % 2 == 0]
>>> evenCubes
[8, 64, 216, 512, 1000]
```

在充分理解列表解析的基础上，我们现在可以返回并改进 makeDataList 函数。我们可以使用列表解析，将读取文件和追加到 dataList 列表的操作组合到一条语句中。新的 makeDataList 函数如程序清单 5-3 所示。

第 15 行代码替换了程序清单 5-2 中的第 15 ~ 16 行代码，创建了一个由文件各行中所标识的列组成的列表，然后将该列表赋值给 dataList。

程序清单 5-3   基于列表解析的 makeDataList 函数

```
 1    def makeDataList(dataName):
 2        with open("earthquakes.csv", "r") as inFile:
 3            dataList = []
 4
 5            csvReader = csv.reader(inFile)          # 获取迭代器
 6            titles = next(csvReader)                # 读取第 1 行内容
 7
 8            colNum = 0                              # 查找列名称
 9            while colNum < len(titles) and titles[colNum] != dataName:
10                colNum = colNum + 1
11
12            if colNum == len(titles):               # 是否位于 titles 列表末尾?
13                print("Error:", dataName, "not found.")
14            else:                                   # 查找到列
15                dataList = [(float(line[colNum])) for line in csvReader]
16
17        return dataList
```

会话 5-10 演示了最终的 makeDataList 函数的若干使用方法。首先，我们创建一个包含 501 个数据项的震级列表。我们只打印了前 10 项。然后对震源深度数据进行了相同的处理。最后，我们为不存在的列调用 makeDataList 函数以查看出错信息。

会话 5-10   调用 makeDataList 函数

```
>>> magList = makeDataList("mag")
>>> len(magList)
501
>>> for i in range(10):
```

```
        print(magList[i], end = " ")

5.1 4.6 5.1 4.5 4.7 5.0 5.3 4.9 4.5 4.6
>>> depthList = makeDataList("depth")
>>> len(depthList)
501
>>> for i in range(10):
        print(depthList[i], end = " ")

35.0 579.92 10.0 10.0 35.98 41.7 110.67 41.39 37.56 10.0
>>> makeDataList("notATitle")
Error: notATitle not found.
[]
```

接下来，我们可以使用基本的统计函数分析这段时间发生的地震。会话 5-11 使用
`makeDataList` 函数创建震级列表，然后使用统计函数计算最小值、最大值、均值、众数、
中值和标准差。结果表明，地震震级的范围是 3.0 个单位，从最大的 7.5 级到最小的 4.5 级。
中心趋势的三个衡量标准似乎有些不一致。均值和中值大致相同，均为 4.8。然而，众数 4.5
也是最小值。

会话 5-11　地震数据的统计分析

```
>>> import statistics
>>> magList = makeDataList("mag")

>>> max(magList)
7.5
>>> min(magList)
4.5
>>> statistics.mean(magList)
4.879041916167664
>>> statistics.median(magList)
4.8
>>> statistics.multimode(magList)
[4.5]
>>> statistics.stdev(magList)
0.387994690993989
```

如果查看频率分布表（见会话 5-12），那么均值和众数之间的差异就显而易见了。在
会话 5-12 中，我们稍微改进了第 4 章中的 `frequencyTable` 函数，使用了字符串格式。尽
管报告所述期间的大多数地震是报告记录中的最小地震，但发生了一些震级为 6 级及以上的
特大地震。因此，在这一时期，这些罕见但强烈的事件使平均值上移。

会话 5-12　地震震级数据的频率分布表

```
>>> def frequencyTable(aList):
    countDict = {}
    for item in aList:
        if item in countDict:
            countDict[item] = countDict[item] + 1
        else:
            countDict[item] = 1
    itemList = list(countDict.keys())
    itemList.sort()

    print("ITEM", "FREQUENCY")
    for item in itemList:
        print("{0:4.1f} {1:6d}".format(item, countDict[item]))
```

```
>>> frequencyTable(magList)

ITEM  FREQUENCY
4.5      101
4.6       81
4.7       55
4.8       43
4.9       52
5.0       34
5.1       40
5.2       18
5.3       18
5.4       21
5.5        7
5.6        7
5.7        7
5.8        5
5.9        4
6.0        3
6.1        1
6.3        1
6.5        1
6.6        1
7.5        1
```

动手实践

5.8 频率分布表通常是通过在一个范围内放置数据项来创建的。实现将地震数据按以下标准分组的频率分布表函数：轻度（4.5～4.9）、中度（5～5.9）、重度（6～6.9）和强度（7～7.9）。

5.9 编写一个函数来处理地震数据文件并创建地震震级列表，每个日期对应一个列表数据项。要求函数返回一个列表的列表，该列表内容格式如下所示：

```
[[date1, magnitude1, magnitude2, magnitude3,...],
[date2, magnitude1, magnitude2 ],
 ...]
```

5.10 修改上一题中的函数，要求返回键-值对字典，其中键是日期，值是该日期发生地震的震级列表。

5.11 编写一个 while 循环语句，要求实现与以下 for 循环相同的逻辑：

```
for i in range(10):
        print("Hello", i)
```

5.12 编写一个 while 循环语句，要求实现与以下 for 循环相同的逻辑：

```
for i in range(10,-1,-1):
        print("Hello", i)
```

5.13 假设存在一个包含以下数据的 CSV 文件，编写一个函数来创建字典列表，每行一个数据。

```
product,color,price
suit,black,250
suit,gray,275
shoes,brown,75
shoes,blue,68
shoes,tan,65
```

例如，第一个数据行对应的字典数据项为：

{'product': 'suit', 'color': 'black', 'price': '250'}

5.3.4　从互联网上读取 JSON 数据

如前所述，另一种互联网上数据的流行格式是 JSON。与 CSV 文件一样，JSON 包含标识字段和数据。CSV 文件在文件顶部提供数据名，而 JSON 则使用类似字典的语法为每一个数据提供数据名。

为了演示 JSON 格式数据的使用，我们将使用来自 USGS 的相同地震数据。USGS 以 GeoJSON 格式提供地震数据，该格式旨在传递地理信息。GeoJSON 使用标准的 JSON 格式。在 USGS 网站（https://earthquake.usgs.gov/earthquakes/）上提供了 JSON 数据的实时反馈。

我们将处理与下载的 CSV 文件中相同的地震数据：在相同的 30 天内的地震数据，所有地震的震级至少为 4.5 级。图 5-4 显示了 JSON 格式的主要描述信息和前三次地震的元数据（metadata）和具体数据。最后一行的省略号表示剩余地震的信息，图中没有显示。每次地震的数据都是以名称 – 值对的形式提供的，以逗号分隔，类似于字典。元数据中的最后一个字段是 "count"，其值为 501，即提供数据的地震次数。

```
{"type":"FeatureCollection","metadata":{"generated":1539189540000,"url
":"https://earthquake.usgs.gov/earthquakes/feed/v1.0/summary/4.5_month
.geojson","title":"USGS Magnitude 4.5+ Earthquakes, Past
Month","status":200,"api":"1.5.8","count":501},
"features":[
{"type":"Feature","properties":{"mag":5.1,"place":"72km SE of Kira-
kira, Solomon
Islands","time":1539188307120,"updated":1539189458040,"tz":660,"url":"
https://earthquake.usgs.gov/earthquakes/eventpage/us1000ha2w","detail"
:"https://earthquake.usgs.gov/earthquakes/feed/v1.0/detail/us1000ha2w.
geojson","felt":null,"cdi":null,"mmi":null,"alert":null,"status":"revi
ewed","tsunami":0,"sig":400,"net":"us","code":"1000ha2w","ids":",us100
0ha2w,","sources":",us,","types":",geoserve,origin,phase-data,","nst":
null,"dmin":2.816,"rms":0.83,"gap":63,"magType":"mb","type":"earthquak
e","title":"M 5.1 - 72km SE of Kirakira, Solomon
Islands"},"geometry":{"type":"Point","coordinates":[162.3903,-10.9133,
35]},"id":"us1000ha2w"},
{"type":"Feature","properties":{"mag":4.6,"place":"162km SSW of Ndoi
Island, Fiji","time":1539169863170,"updated":1539171125040,"tz":-
720,"url":"https://earthquake.usgs.gov/earthquakes/eventpage/us1000h9x
5","detail":"https://earthquake.usgs.gov/earthquakes/feed/v1.0/detail/
us1000h9x5.geojson","felt":null,"cdi":null,"mmi":null,"alert":null,"st
atus":"reviewed","tsunami":0,"sig":326,"net":"us","code":"1000h9x5","i
ds":",us1000h9x5,","sources":",us,","types":",geoserve,origin,phase-
data,","nst":null,"dmin":5.023,"rms":0.91,"gap":47,"magType":"mb","typ
e":"earthquake","title":"M 4.6 - 162km SSW of Ndoi Island,
Fiji"},"geometry":{"type":"Point","coordinates":[-179.1596,-
22.0519,579.92]},"id":"us1000h9x5"},
{"type":"Feature","properties":{"mag":5.1,"place":"44km ENE of Prome,
Burma","time":1539167284630,"updated":1539168487040,"tz":390,"url":"ht
tps://earthquake.usgs.gov/earthquakes/eventpage/us1000h9ws","detail":"
https://earthquake.usgs.gov/earthquakes/feed/v1.0/detail/us1000h9ws.ge
ojson","felt":null,"cdi":null,"mmi":null,"alert":null,"status":"review
ed","tsunami":0,"sig":400,"net":"us","code":"1000h9ws","ids":",us1000h
9ws,","sources":",us,","types":",geoserve,origin,phase-data,","nst":nu
ll,"dmin":2.217,"rms":1.02,"gap":63,"magType":"mb","type":"earthquake"
,"title":"M 5.1 - 44km ENE of Prome,
Burma"},"geometry":{"type":"Point","coordinates":[95.5838,19.0119,10]}
,"id":"us1000h9ws"},
…],"bbox":[-179.9494,-64.7117,4.29,179.9881,69.5136,652.72]}
```

图 5-4　JSON 格式的地震数据

观察图 5-4 中的数据，对于每一次地震，键 "type" 对应的值是 "Feature"；键 "properties" 对应的是一个字典（属性字典）。在属性字典中，键 "mag" 表示地震的震级。正如图 5-4 中所示，501 次地震中前三次的震级分别是 5.1 级、4.6 级和 5.1 级。

为了下载这个 JSON 数据文件，我们可以使用数据的**统一资源定位符**（Uniform Resource Locator, URL）。当从 USGS 站点选择所需的地震数据时间段和震级信息时，此 URL 将显示在浏览器的地址栏中。对于我们的数据，对应的 URL 如下所示（在图 5-4 的第二行也包括该 URL）：

```
https://earthquake.usgs.gov/earthquakes/feed/v1.0/summary/
4.5_month.geojson
```

请注意，美国地质勘探局网站允许我们选择某个相对时间段的数据，如前 30 天或者上一周。因此，使用此链接下载的地震数据将是最新的信息。然而，数据的处理方法与本节相同。

幸运的是，使用 Python 的 urllib.request 模块，可以很容易获取在线数据。通过这个模块，我们可以像从文件中读取数据一样，轻松地从网页中读取数据。区别在于，不是调用打开文件的 open 函数，而是调用 urllib.request.urlopen 函数。urlopen 函数（如表 5-9 所示）隐藏了与网站通信所需的网络通信细节，并返回一个类似于文件句柄的对象。为了调用 urlopen，需要导入 urllib.request 模块。

表 5-9　urllib.request 模块中的 urlopen 函数

函数名称	说明
urlopen(url)	打开一个网址并返回一个文件句柄。如果不成功，则引发 URLError

一旦读取了 JSON 数据后，我们可以将 JSON 对象转换为 Python 对象。json 模块中的一个重要函数 loads 用于执行此转换。该函数如表 5-10 所示。当然，我们需要先导入 json 模块。

> **摘要总结**　我们可以很容易地将 JSON 数据转换成 Python 列表、字典和数据类型。

表 5-10　json 模块中的 loads 函数

函数名称	说明
loads(jsonData)	将 JSON 对象转换为 Python 对象。JSON 对象被转换成 Python 字典；JSON 数组被转换成 Python 列表；JSON 数据类型被转换成 Python 数据类型

会话 5-13 显示了下载 JSON 数据并将其转换为 Python 对象的基本步骤。结果表明，转换后的数据 eData 是一个 Python 字典，对于键 features，该值是一个包含 501 个元素的列表，每个数据项对应一次地震数据。

会话 5-13　加载 JSON 数据

```
>>> import json
>>> import urllib.request
>>> handle = urllib.request.urlopen("https://earthquake.usgs.gov/earthquakes/
feed/v1.0/summary/4.5_month.geojson")
>>> data = handle.read()          # 读取所有 JSON 数据
>>> eData = json.loads(data)       # 转换为 Python 对象
>>> eData.keys()                   # eData 是一个字典数据类型
```

```
dict_keys(['type', 'metadata', 'features', 'bbox'])
>>> earthquakeList = eData.get('features')
>>> len(earthquakeList)              # 地震列表
501
```

接下来，可以构建地震震级列表。为此，我们需要遍历字典结构以找到键 mag。程序清单 5-4 显示了执行此操作的代码。第 3 行代码返回键 'features' 所对应的值，结果是一个列表。列表中的每个数据项都对应一次地震的数据，因此可以使用 for 循环遍历列表中的每个数据项。在 for 循环中，第 5 行代码获取列表中的下一个地震数据，然后查找这个地震的键 'properties' 的值。回想一下，键 'properties' 的值本身就是一个字典；从该字典中，我们检索键 'mag' 的值，即地震的震级。

程序清单 5-4　构建 JSON 地震数据的列表

```
1   def makeMagList(earthquakeData):
2       magList = []
3       earthquakes = earthquakeData.get('features')
4       for i in range(len(earthquakes)):
5               earthquake = earthquakes[i]
6               properties = earthquake.get('properties')
7               mag = properties.get('mag')
8               magList.append(mag)
9
10      return magList
```

接下来，我们可以创建地震震级列表，并进行与 CSV 格式文件中的数据相同的统计分析。会话 5-14 演示了这些计算的结果。正如所料，这些结果与 CSV 格式的数据的结果相同。

会话 5-14　基于地震震级数据的统计分析

```
>>> magList = makeMagList(eData)
>>> import statistics
>>> len(magList)
501
>>> min(magList)
4.5
>>> max(magList)
7.5
>>> statistics.mean(magList)
4.879241516966068
>>> statistics.median(magList)
4.8
>>> statistics.multimode(magList)
[4.5]
>>> statistics.stdev(magList)
0.3878249908823492
```

动手实践

5.14 使用 JSON 数据，构建一个地震深度（depth）的列表。

5.15 编写一个函数，构建地震数据的任意属性（"properties"）的列表。要求函数接受属性名作为参数。

5.16 在 JSON 格式的地震数据中，经度（longitude）、纬度（latitude）和深度（depth）按顺序存储在一个列表中，该列表是键 "geometry" 下的键 "coordinates" 的值（见图 5-4）。编写一个函数，从这些数据中创建一个经度列表。

5.17 属性 "felt"（震感）衡量有多少人报告感觉到了地震。但对于许多地震来说，"felt" 值是 None，这意味着没有对这种属性的测量。创建一个列表，其中只包含那些 "felt" 取值不是 None 的值。

5.4 数据相关性

相关性用于度量两个变量之间关系的大小和方向。换句话说，相关性度量两个变量同时增加或者减少的趋势。这种度量通常被称为相关系数。回到地震数据，我们可以提出以下疑问："地震的震级与其深度相关吗？"

虽然存在多种用于计算样本数据的相关系数的算法，但我们将使用**皮尔逊相关系数**（Pearson correlation coefficient）。皮尔逊相关系数的计算公式如下：

$$r = \frac{\sum_{i=1}^{n}(x_i - \bar{x})(y_i - \bar{y})}{(n-1)S_x S_y}$$

其中，$\bar{x}$ 和 $\bar{y}$ 是两个变量 x 和 y 的均值，S_x 和 S_y 是两个变量 x 和 y 的标准差。

图 5-5 描述了两个变量之间可能的一些相关值。一个变量的值用作 x 坐标，另一个变量的值用作 y 坐标。四个示例都包含 1000 对 x、y 变量的值。当变量高度相关时，它们几乎形成一条线，如图 5-5b 和图 5-5c 所示。当它们不相关时，这些点会形成一个云或者一个宽频带，如图 5-5a 和图 5-5d 所示。值为 1.0 表示两个变量正相关，即变量的值朝同一方向移动。值为 -1.0 表示两个变量是负相关的，即变量的值朝相反的方向移动。值为 0.0 表示这两个值之间没有相关性。

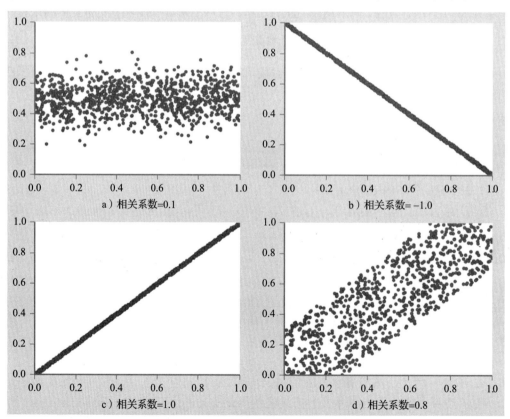

图 5-5　点以及它们之间相关性的示例

程序清单 5-5 实现了皮尔逊相关系数计算公式。参数 xList 和 yList 表示想要计算相关性的两个变量的值。这两个列表具有相同的长度，并且相互对应，即列表中特定位置的 x 值和相同位置的 y 值表示单个 (x, y) 数据点。例如，对于地震数据，xList 和 yList 中特定索引处的值表示特定地震的震级和另一个度量。

程序清单 5-5 皮尔逊相关系数函数

```
1   def correlation(xList, yList):
2       import statistics
3       xBar = statistics.mean(xList)
4       yBar = statistics.mean(yList)
5       xStd = statistics.stdev(xList)
6       yStd = statistics.stdev(yList)
7       num = 0.0
8       for i in range(len(xList)):
9         num = num + (xList[i] - xBar) * (yList[i] - yBar)
10      corr = num / ((len(xList) - 1) * xStd * yStd)
11      return corr
```

在会话 5-15 中演示了使用 correlation 函数计算地震震级和地震深度之间的相关系数，数据从 CSV 文件中提取。结果是 0.03，这意味着这两个值不相关。

会话 5-15 计算地震震级和地震深度的相关系数

```
>>> magList = makeDataList("mag")

>>> depthList = makeDataList("depth")

>>> correlation(magList, depthList)

0.028414472374925413
```

动手实践

5.18 创建一个列表，记录读者本学期到本周为止的每周平均成绩；同时创建另一个列表，记录读者在该课程上所花费的学习时间。运行 correlation 函数，判断这两个数据项是否相关。

5.5 本章小结

本章使用外部数据源作为 Python 程序的输入。其中一些数据源称为文本文件，可以是保存在本地计算机上的文件，也可以通过 Internet 获得。我们讨论了如何使用格式字符串创建格式化输出，即允许结构化输出以及格式化数值、指定列宽度和对齐方式。我们使用列表解析来过滤外部数据。我们还可以访问互联网上的 CSV 和 JSON 格式的真实地震数据，并使用统计函数分析数据。最后，我们开发了另一个统计函数，称为 correlation（相关系数）。

关键术语

Comma-Separated Value（逗号分隔值，CSV）

formatted string（格式化字符串）

filtering（筛选，过滤）

infinite loop（无限死循环）

iterator（迭代器）

JSON（JavaScript 对象表示法）

list comprehension（列表解析）

metadata（元数据）

Pearson correlation coefficient（皮尔逊
相关系数）

text file（文本文件）

Uniform Resource Locator（统一资源定
位符，URL）

Python 关键字和函数

as

close

format

loads

open

read

readline

readlines

urllib.request

urlopen

while

with

write

编程练习题

5.1 编写一个程序，计算国内生产总值（Gross Domestic Product，GDP）和个人收入（特别
是工资和薪水）的相关系数。GDP 是美国经济中所有商品和服务的价值。经济分析局公
开了这些数据。

如果要使用最新数据，请访问经济分析局的官网，找到 " Interactive Data Application"
（交互式数据应用程序）页面（https://apps.bea.gov/itable/）。点击 National Data（国家数
据）下的 " GDP and Personal Income"（国内生产总值和个人收入），然后点击 " Begin
using this data"（开始使用此数据）。在 " Section 1"（第一部分）中，选择 " Gross
Domestic Product"（国内生产总值）表格，并下载此表格的 CSV 格式文件。在 "Section
2"（第二部分）中，选择 " Personal Income and its disposition"（个人收入及其处置）表
格，并下载此表格的 CSV 格式文件。编写函数将 GDP 和工资数据提取到两个列表中，
然后运行本章的 correlation 函数，判断 GDP 与工资是否相关。

图像处理

本章介绍嵌套循环、函数对象作为参数、名称空间、列表的列表。

6.1 本章目标

- 理解基于像素的图像处理。
- 使用嵌套循环。
- 实现一系列图像处理算法。
- 理解作为参数传递的函数对象。
- 理解参数传递的机制。

6.2 什么是数字图像处理

数码摄影是一种流行的摄影方式。事实上，几乎每个人都拥有一部包含摄像头的手机或者数码相机，或者两者都拥有，还拥有可以管理和处理照片的软件。在本章，我们将讨论数字图像，以及修改和增强数字图像的诸多技术。

数字图像处理（digital image processing）是指利用算法对数字图像进行编辑和处理的过程。**数字图像**是称为**像素**（pixel）的小而离散的图像元素的集合。这些像素包含在二维网格中，表示可以被引用的最小数量的图片信息。如果仔细观察一幅图像，我们可能会注意到像素有时会以小"点"的形式出现。图像中像素越多，则图像具有更多的细节或者更高的分辨率。

数码相机通常根据其分辨率进行评级。通常，分辨率的单位为百万像素。一百万像素表示所拍的照片是由一百万个像素组成的。一台 2000 万像素的相机能够拍摄一张由多达 2000 万个像素组成的照片。

6.2.1 RGB 颜色模型

数字图像中的每个像素都有一种颜色。其具体颜色取决于一个公式，该公式混合了不同数量的红色、绿色和蓝色值。将颜色定义为红色、绿色和蓝色的组合通常称为 **RGB 颜色模型**（RGB color model）。

像素中每个颜色分量的大小称为其强度（intensity）。强度范围从最小值 0 到最大值 255。例如，具有 255 红色强度、0 绿色强度和 255 蓝色强度的颜色将是紫色（或称为洋红色）。黑色的红绿蓝颜色分量的强度都为 0，而白色的红绿蓝颜色分量的强度都为 255。表 6-1 列举了一些常见的 RGB 颜色组合。

表 6-1　一些常用颜色的红、绿、蓝强度

颜色	Red（红色）	Green（绿色）	Blue（蓝色）
Red（红色）	255	0	0
Green（绿色）	0	255	0
Blue（蓝色）	0	0	255

（续）

颜色	Red（红色）	Green（绿色）	Blue（蓝色）
Magenta（洋红色）	255	0	255
Yellow（黄色）	255	255	0
Cyan（青色）	0	255	255
White（白色）	255	255	255
Black（黑色）	0	0	0

一个有趣的问题是，RGB 颜色模型可以表示多少种颜色。三种颜色分量都有 256 个强度级别，因此总共有 $256^3 = 16\ 777\ 216$ 种不同的红、绿、蓝强度组合。

6.2.2 cImage 模块

为了处理图像，我们将使用 cImage 模块中提供的一组对象。（有关下载和安装 cImage. py 的说明，请参阅附录 A。）此模块包含允许我们构造和处理像素的对象。可以从一个文件中构造一个图像对象，或者创建一个空白图像对象然后进行填充。此外，还可以创建显示图像对象的窗口。

> **注意事项** 本章所有的代码都需要事先导入 cImage 模块：
>
> ```
> from cImage import *
> ```

1. Pixel 对象

图像是像素的集合。为了表示像素，我们需要一种收集像素颜色的红色、绿色和蓝色分量的方法。Pixel 对象提供了一个构造函数和方法，允许我们创建和操作像素的颜色分量。表 6-2 显示了 Pixel 对象提供的构造方法和其他方法，会话 6-1 演示了其实际应用。构造方法需要三个颜色分量；并返回一个对 Pixel 对象的引用，该对象可以被访问或者修改。我们可以使用 getRed、getGreen 和 getBlue 方法提取颜色分量的强度。类似地，也可以使用 setRed、setGreen 和 setBlue 方法修改像素的各颜色分量值。

表 6-2　Pixel 对象

方法名称	使用示例	说明
Pixel(r, g, b)	p = Pixel(25,200,143)	使用颜色分量（红色强度 25、绿色强度 200、蓝色强度 143）创建一个像素对象
getRed()	r = p.getRed()	返回红色分量强度
getGreen()	g = p.getGreen()	返回绿色分量强度
getBlue()	b = p.getBlue()	返回蓝色分量强度
setRed(r)	p.setRed(100)	设置红色分量强度为 100
setGreen(g)	p.setGreen(45)	设置绿色分量强度为 45
setBlue(b)	p.setBlue(87)	设置蓝色分量强度为 87

会话 6-1　创建和使用像素对象

```
>>> from cImage import *
>>> p = Pixel(200, 100, 150)      # 创建一个 Pixel 对象
>>> p
(200, 100, 150)
```

```
>>> p.getRed()                      # 获取红色分量值
200
>>> p.setBlue(20)                   # 设置蓝色分量值为 20
>>> p
(200, 100, 20)
```

> **摘要总结**　像素对象由不同的红色、绿色和蓝色强度值表示。

2. ImageWin 对象

在创建图像之前，需要创建一个可用于显示图像的窗口。**ImageWin** 对象提供了一个构造方法，它生成一个具有标题、宽度和高度的窗口。当一个窗口被构建时，它会立即显示出来。以下代码生成一个 600 像素宽 400 像素高的空白窗口：

```
>>> from cImage import *
>>> myWin = ImageWin("Image Processing", 600, 400)
```

表 6-3 列举了 ImageWin 对象的其他方法。请注意，getMouse 方法返回窗口中鼠标的坐标位置，与窗口中显示的任何特定图像无关。

表 6-3　**ImageWin** 对象

方法名称	使用示例	说明
ImageWin(title, width, height)	myWin = ImageWin ("Pictures",800, 600)	创建一个用于显示 800 像素宽、600 像素高的图像的窗口，标题为 "Pictures"
exitOnClick()	myWin.exitOnClick()	单击鼠标时，关闭图像窗口并退出
getMouse()	pos = myWin.getMouse()	等待鼠标单击，然后返回一个 (x, y) 元组，表示窗口中鼠标单击位置的 (行，列) 坐标值

创建了一个窗口对象后，需要创建要显示的图像。cImage 模块提供两种图像对象：FileImage 和 EmptyImage。这些对象允许我们创建和处理图像，并允许我们直接访问图像中的像素。表 6-4 显示了用于创建图像的两个构造方法，以及这两个对象提供的其他方法。

表 6-4　**FileImage** 和 **EmptyImage** 对象

方法名称	使用示例	说明
FileImage(filename)	im = FileImage ("pic.gif")	使用一个名为 pic.gif 的文件，创建一个图形对象
EmptyImage(width, height)	im = EmptyImage(300, 200)	创建一个 300 像素宽 200 像素高的空图像
getWidth()	w = im.getWidth()	返回图像的宽度，单位为像素
getHeight()	h = im.getHeight()	返回图像的高度，单位为像素
getPixel(col, row)	p = im.getPixel(150, 100)	返回第 100 行第 150 列处的像素
setPixel(col, row, Pixel)	im.setPixel(150, 100, Pixel(255, 255, 255))	设置第 100 行第 150 列处的像素颜色为白色
setPosition(col,row)	im.setPosition(20, 30)	把图像的左上角位置移动到窗口的第 30 行第 20 列
draw(ImageWin)	im.draw(myWin)	在窗口 myWin 中绘制图像 im。默认绘制位置为左上角
save(fileName)	im.save(fileName)	把图像保存到文件中

3. FileImage 对象

FileImage 对象是一幅图像，可以通过诸如数码相机创建的图像文件或者 Web 页面上的图像创建该对象。在本章中，我们将使用一幅名为 butterfly.png 的图像。会话 6-2 表明，FileImage 构造方法只需要图像文件的名称作为参数，它将存储在该文件中的图像转换为图像对象。在本例中，butterfly 是对该对象的引用。

会话 6-2　创建并显示一个图像文件

```
>>> from cImage import *
>>> myWin = ImageWin("Butterfly", 300, 224)
>>> butterfly = FileImage("butterfly.png")
>>> butterfly.draw(myWin)
```

我们可以使用 draw 方法请求图像对象在图像窗口中显示自身。默认位置是将图像放置在窗口的左上角。结果如图 6-1 所示。

如前所述，图像是像素值的二维网格。图 6-2 中的每一个小正方形表示一个像素，是 RGB 颜色模型数百万种颜色中的任何一种颜色。我们可以使用 getWidth 和 getHeight 方法访问有关特定图像的信息（见会话 6-3）。图 6-1 中的图像是 300 像素宽（从左到右），224 像素高（从上到下）。行的编号从 0 到图像的高度减 1；列的编号从 0 到图像的宽度减 1。

图 6-1　在窗口中绘制一幅图像

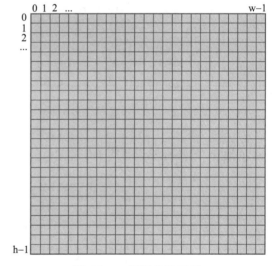

图 6-2　一幅图像的细节

会话 6-3　访问图像的信息

```
>>> butterfly.getWidth()
300
>>> butterfly.getHeight()
224
>>> butterfly.getPixel(124, 165)
(86, 38, 25)
```

我们可以使用 getPixel 方法访问特定的像素。为了使用 getPixel，必须提供要访问的像素的位置。位置将是一对值，一个值用于指定列，一个值用于指定行。每个唯一的列 – 行对用于指定对单个像素的访问。

在本例中，我们访问了位于第 124 列、第 165 行的像素。换而言之，这个像素位于从左边向右的第 125 个位置和从上边向下的第 166 个位置的交叉处，请注意计数从 0 开始。示例中返回的值显示图像中位于该位置处的像素的红色、绿色和蓝色分量值。

注意事项　图像中的像素由列和行指定，列和行都从 0 开始。

4. EmptyImage 对象

我们有时希望从"空白"图像开始，以逐像素的方式构建新图像。使用 EmptyImage 构造方法，可以创建指定宽度和高度但所有的像素都没有颜色的图像。换而言之，每个像素对象的值均为（0，0，0）或者"black"。会话 6-4 中的语句创建了一个包含所有像素均为黑色的空图像。

会话 6-4　创建和显示一个空图像

```
>>> myImWin = ImageWin("Empty Image", 300, 300)
>>> emptyIm = EmptyImage(300, 300)
>>> emptyIm.draw(myImWin)
```

作为演示图像方法基本用途的示例，我们首先构造一个空图像，然后在特定位置填充白色像素。会话 6-5 首先创建了一个窗口和一个大小与窗口大小相吻合的空图像。为了创建一行白色像素，我们可以使用循环变量 i 并在图像的高度范围（从 0 到 299）上迭代。我们可以调用 setPixel 方法，使用 i 的值作为列和行的参数，使用一个名为 whitePixel 的像素作为像素参数，该像素的红、绿和蓝分量值都设置为 255。在窗口中绘制的图像如图 6-3 所示。最后，我们可以使用 save 方法将图像保存到一个文件中。

会话 6-5　使用 EmptyImage

```
>>> from cImage import *
>>> myImWin = ImageWin("Line Image", 300, 300)
>>> lineImage = EmptyImage(300, 300)
>>> whitePixel = Pixel(255, 255, 255)
>>> for i in range(lineImage.getHeight()):
        lineImage.setPixel(i, i, whitePixel)

>>> lineImage.draw(myImWin)
>>> lineImage.save("lineImage.gif")
```

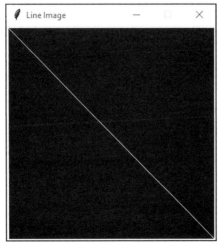

图 6-3　创建一条白色的对角线

▣ 动手实践

6.1 修改会话 6-5，创建一条像素颜色随机的线。

6.2 编写一个函数，创建一个矩形图像。首先创建一个 `EmptyImage`。挑战：创建一个填充矩形图像。

6.3 编写一个函数，创建一个圆形图像。

6.4 从互联网上下载一幅图像，或者使用个人收藏的图像，在窗口中显示图像。

6.5 修改前一题中所显示图像的某些像素，并保存该图像。

6.6 为什么颜色强度的值限制在 0 ～ 255 之间？请调查研究并找到这个问题的答案。

6.3　基本图像处理

至此，我们讨论了实现简单图像处理所需的必要工具。接下来讨论的第一个示例将处理图像的颜色。换而言之，我们希望获取现有像素并以某种方式修改这些像素，以更改原始图像的外观。基本思想是逐一系统地处理每个像素，并执行以下操作：

1）提取原始像素的颜色分量。

2）创建一个新像素。

3）将新像素放置在新图像中与原始图像相同的位置。

一旦确定了通用的模式，则图像处理的方法没有任何限制。请注意，本节中所有新构建的图像将具有与原始图像相同的尺寸。

6.3.1　图像负片

当图像放在胶片上然后冲洗时，就会产生**图像负片**（negative）。负片图像也称为彩色反转图像。在负片图像中，红色变成青色，而青色是绿色和蓝色的混合色。同样，黄色变成蓝色，蓝色变成黄色。白色变成黑色，黑色变成白色。亮色变成暗色，暗色变成亮色。对于所有可能的颜色组合，颜色都将被反转。

在像素级别，负片操作只是"反转"该像素中的红色、绿色和蓝色分量。因此，为了创建负像素，只需从 255 中分别减去红色、绿色和蓝色的强度值。由于颜色强度的范围从 0 到255，一个像素有大量的特定颜色，比如说，红色会有少量的负颜色。在最大值处，红色强度为 255 的像素在负片中的红色强度为 0。最后，可以将颜色反转的结果放置到新像素中。

程序清单 6-1 显示了一个函数，该函数接收一个像素（Pixel）作为参数，并使用上述描述的过程返回负像素。注意，该函数需要接收一个完整的像素；然后分解其颜色分量，分别执行减法运算，最后生成并返回一个新像素。我们可以很容易地测试这个函数，如会话 6-6 所示。

程序清单 6-1　构造一个负像素

```
1  def negativePixel(oldPixel):
2      newRed = 255 - oldPixel.getRed()
3      newGreen = 255 - oldPixel.getGreen()
4      newBlue = 255 - oldPixel.getBlue()
5      newPixel = Pixel(newRed, newGreen, newBlue)
6      return newPixel
```

会话 6-6   测试 `negativePixel` 函数

```
>>> aPixel = Pixel(155, 23, 255)
>>> negativePixel(aPixel)
(100, 232, 0)
```

为了创建负片图像，需要对每个像素调用 `negativePixel` 函数。因此我们设计一个模式以便可以处理每个像素。为了达到此目的，可以将图像视为具有与图像高度相等的特定行数。每一行的列数等于图像的宽度。基于这个思想，我们可以构建一个循环：系统地遍历所有行，并且在每行中遍历所有列。这就产生了**嵌套循环**（nested iteration）的概念：在一个循环中嵌入了另一个循环。换而言之，对于"外部"循环的每次迭代，"内部"循环将执行完整的迭代。对于外部循环的每次迭代，内部循环都将从头到尾执行一次。

> **摘要总结**　在嵌套循环中，对于外部循环的每次迭代，内部循环都将从头到尾执行一次。

例如，考虑会话 6-7 中使用 `for` 语句的代码片段。外部循环在 `range(3)` 生成的列表 `[0,1,2]` 上进行迭代。对于该列表中的每个数据项，内部循环对字符 `'c'`、`'a'`、`'t'` 进行迭代。因此，对于列表 `[0,1,2]` 中的每个数字，对字符串 `'cat'` 中的每个字符都会调用 `print` 函数。

会话 6-7   使用列表和字符串演示嵌套循环

```
>>> for num in range(3):
        for ch in "cat":
            print(num, ch)


0 c
0 a
0 t
1 c
1 a
1 t
2 c
2 a
2 t
```

输出结果显示为 9 行。每组 3 行代表外循环的一次迭代。在每个组中，`num` 的值保持不变。对于 `num` 的每个值，整个内部循环完成一次，因此将依次输出字符串中的 3 个字符。

接下来，我们可以将上述嵌套循环的思想应用到函数的构造中，以计算图像中每个像素的负像素（见程序清单 6-2）。该函数接收一个参数，该参数指定包含图像的文件的名称。该函数不会返回任何内容，但会并排显示原始图像和负片图像。

程序清单 6-2   构造一个图像负片

```
1  def makeNegative(imageFile):
2      oldImage = FileImage(imageFile)
3      width = oldImage.getWidth()
4      height = oldImage.getHeight()
5
6      myImageWindow = ImageWin("Negative Image", width * 2, height)
7      oldImage.draw(myImageWindow)
8      newIm = EmptyImage(width, height)
```

```
9
10          for row in range(height):
11              for col in range(width):
12                  oldPixel = oldImage.getPixel(col, row)
13                  newPixel = negativePixel(oldPixel)
14                  newIm.setPixel(col, row, newPixel)
15
16          newIm.setPosition(width + 1, 0)
17          newIm.draw(myImageWindow)
18          myImageWindow.exitOnClick()
```

第一步（第 2 ～ 8 行代码）是获取原始图像的宽度和高度，并创建一个高度相同但宽度是原始图像两倍的窗口，以便负片图像可以显示在原始图像旁边。然后在窗口中绘制原始图像，并创建一个与原始图像具有相同宽度和高度的空图像。

使用嵌套循环（第 10 ～ 14 行代码）的思想，首先对行进行迭代，从第 0 行开始，向下扩展到 height-1。对于每一行，我们将处理从 0 到 width-1 的所有列。

```
for row in range(height):
    for col in range(width):
```

通过行（row）和列（col）可以访问每个像素。可以使用 getPixel 方法（第 12 行代码）在该位置获取原始颜色元组。一旦读取了原始像素，就可以使用 negativePixel 函数将其转换为负像素。最后，使用相同的行（row）和列（col），可以使用 setPixel 方法在新图像（第 14 行代码）中放置新的负像素。当所有像素的迭代完成后，在窗口中绘制新图像。注意，我们使用 setPosition 方法将新图像放在原始图像旁边。图 6-4 显示了生成的图像。

图 6-4　原始图像和负片图像

6.3.2　灰度图像

另一种常见的图像处理是将图像转换为**灰度图像**（grayscale），其中每个像素都是灰度，从非常暗（黑色）到非常亮（白色）。对于灰度图像，每个像素的红色、绿色和蓝色分量值相同。换而言之，存在 256 个不同的灰度值，从最暗 (0, 0, 0) 到最亮 (255, 255, 255)。被称为"灰色"的标准颜色通常被编码为 (128, 128, 128)。

我们的任务是把每一个彩色像素转换成一个灰色像素。最简单的方法是考虑每个红、绿和蓝分量的强度在灰度图像的强度中的作用。如果所有的颜色强度都接近于 0，则生成的颜色将非常暗，因此将显示为灰色的暗色调。相反，如果所有的颜色强度都接近 255，则生成的颜色将非常亮，因此生成的灰色也应该很亮。

上述分析导致一个简单但相对准确的计算公式，可以用于将彩色图像转换为灰度图像，也即只需计算红色、绿色和蓝色分量的平均强度值。然后，我们可以将新像素中的所有三个颜色分量都设置为这个平均值，从而生成灰色像素。程序清单 6-3 显示了一个函数，类似于前面描述的 negativePixel 函数，该函数接收一个像素对象（Pixel）作为参数，并返回等效的灰度值。会话 6-8 演示了该函数的使用方法。

程序清单 6-3　构建一个灰度像素

```
1  def grayPixel(oldPixel):
2      intensitySum = oldPixel.getRed() + oldPixel.getGreen() \
3                   + oldPixel.getBlue()
4      aveRGB = intensitySum // 3
5      newPixel = Pixel(aveRGB, aveRGB, aveRGB)
6      return newPixel
```

会话 6-8　测试 grayPixel 函数

```
>>> grayPixel(Pixel(34, 128, 74))
(78, 78, 78)
>>> grayPixel(Pixel(200, 234, 165))
(199, 199, 199)
>>> grayPixel(Pixel(23, 56, 77))
(52, 52, 52)
```

接下来，我们可以参照创建负片图像所述的方式，创建灰度图像（见程序清单 6-4）。打开并显示原始图像后，创建一个新的空图像。使用嵌套循环处理每个像素，这次将像素转换为相应的灰度值（第 13 行代码）。最终图像如图 6-5 所示。

程序清单 6-4　构建一个灰度图像

```
1   def makeGrayScale(imageFile):
2       oldImage = FileImage(imageFile)
3       width = oldImage.getWidth()
4       height = oldImage.getHeight()
5
6       myImageWindow = ImageWin("Grayscale", width * 2, height)
7       oldImage.draw(myImageWindow)
8       newIm = EmptyImage(width, height)
9
10      for row in range(height):
11          for col in range(width):
12              oldPixel = oldImage.getPixel(col, row)
13              newPixel = grayPixel(oldPixel)
14              newIm.setPixel(col, row, newPixel)
15
16      newIm.setPosition(width + 1, 0)
17      newIm.draw(myImageWindow)
18      myImageWindow.exitOnClick()
```

我们通过不断地建立和扩展一个简单思想的框架来开发前面的示例程序。我们从像素开始，然后创建一个函数来转换像素的颜色分量，最后将该函数应用到图像中的所有像素上。这种逐步求精的方法是编写计算机程序时广泛采用的方法。基于可运作的基本功能以创建更复杂的功能，这些功能可以再次被用作其他更加复杂功能的基本功能，从而大大增加程序员的编程效率。在下一节中，我们将进一步讨论该方法。

图 6-5   原始图像和灰度图像

> **最佳编程实践**   为了开发复杂的功能，请在已经付诸实践的基本功能的基础上进行构建。再次强调，这种程序设计方法称为逐步求精。

动手实践

6.7   编写一个函数，移除一个像素的红色分量。

6.8   编写一个函数，增强一个像素的红色分量强度。

6.9   编写一个函数，减少一个像素的蓝色分量强度。

6.10   编写一个函数，使用自定义策略，处理一个像素的所有三个颜色分量强度。

6.11   编写一个函数，接收一个彩色像素，返回一个白色或者黑色像素。提示：可以先把像素转换为灰度像素。任何小于某个阈值的灰度值的像素转换为黑色；其他像素则转换为白色。

6.3.3   一个通用的解决方案：像素映射器

如果比较 makeGrayScale 函数和 makeNegative 函数的 Python 程序清单，我们会注意到二者存在许多相同之处。事实上，二者遵循相同的步骤。其中只有一个例外，即调用函数将每个原始像素映射到一个新像素。这种相似性诱使我们将相同的代码分解出来，并创建一个更加通用的 Python 函数。这正是使用抽象来解决问题的另一个示例。

> **最佳编程实践**   将相同的代码分解出来以创建更通用的解决方案。

图 6-6 显示了如何构造这样一个函数。我们将创建一个名为 pixelMapper 的函数，该函数将接收两个参数：一个原始图像和一个 RGB 函数。pixelMapper 函数将使用 RGB 函数将原始图像转换为新图像。对每个像素应用 RGB 函数后，将返回转换后的图像。通过这种方式，可以创建一个单一的函数，该函数能够使用任何给定的转换函数来转换图像，转换函数处理单个像素的颜色强度。

图 6-6   一个通用的像素转换函数

为了实现这个通用的像素映射器，我们需要能够将函数作为参数传递。到目前为止，所有的参数都是数据对象，例如整数、浮点数、列表、元组和图像对象。此处我们必须考虑的问题是函数和典型数据对象之间是否存在区别。

这个问题的答案非常简单：没有区别。为了理解其原因，我们首先将讨论一个简单的例子。函数 squareIt 接收一个数字作为参数，并返回数字的平方。

```
def squareIt(n):
    return n * n
```

我们可以使用常用的语法调用 squareIt 函数（见会话 6-9），将实际值作为参数。但是，如果在不调用函数名的情况下对函数名（不使用括号指定参数）进行求值，则会发现结果是一个函数定义。Python 函数的名称是对数据对象的引用，特别是函数定义（见图 6-7）。注意，看起来奇怪的数字 0x0000022740D68E18 实际上是函数存储在内存中的地址。

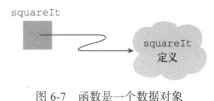

图 6-7　函数是一个数据对象

会话 6-9　对 squareIt 函数求值

```
>>> squareIt(3)
9
>>> squareIt(squareIt(3))
81
>>> squareIt                # 对函数名称进行求值，不带参数
<function squareIt at 0x0000022740D68E18>
>>> z = squareIt            # 把 squareIt 赋值给另一个名称
>>> z(3)
9
>>> z
<function squareIt at 0x0000022740D68E18>
```

由于函数只是另一种数据类型，我们可能想知道可以对函数应用哪种运算符。实际上，函数只能使用两种运算符。括号实际上是函数调用运算符，指示 Python 将函数应用于提供的参数。此外，由于函数是一个对象，因此可以使用赋值运算符为函数指定另一个名称，如会话 6-9 所示。注意，现在变量 z 是对与 squareIt 相同的数据对象（函数）的引用，因此可以与括号（函数调用）运算符一起使用。

摘要总结　函数是另一种数据类型。函数支持两种运算符：括号（函数调用）运算符和赋值运算符。

任何 Python 对象都可以作为参数传递，因此函数定义对象肯定也可以作为参数传递。值得注意的是，在传递函数之前不要调用它。为了说明这一点（见会话 6-10），我们创建了一个名为 test 的简单函数，它接收两个参数：函数对象和数值。函数 test 的函数体将使用数值作为参数调用函数对象，并返回结果。

会话 6-10　作为参数传递的函数的使用示例

```
>>> def test(functionParam, n):
        return functionParam(n)
>>>
>>> test(squareIt, 3)        # 传递函数的名称，不带括号
9
```

```
>>> test(squareIt, 5)
25
>>> test(squareIt(3), 5)        # 实际上传递的参数为 (9, 5)
Traceback (most recent call last):
  File "<pyshell#23>", line 1, in <module>
    test(squareIt(3), 5)
  File "<pyshell#20>", line 2, in test
    return functionParam(n)
TypeError: 'int' object is not callable
```

> **注意事项** 将函数名作为参数传递时，不要包含括号。括号是函数调用运算符，因此将调用函数并传递返回值而不是函数对象。

然后，我们可以通过传递 squareIt 函数定义来使用 test 函数。此外，我们将传递整数 3。记住，当传递函数定义对象时，不能包括括号对。图 6-8 显示了在调用 test 并接收到参数后的引用关系图。functionParam 接收到对实际参数 squareIt 的引用的副本，n 包含对对象 3 的引用。

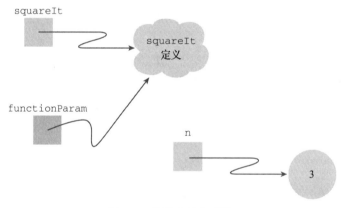

图 6-8   传递方法和整数

语句 return functionParam(n) 将使用参数值 n 调用 functionParam 所引用的函数。在这种情况下，由于 functionParam 是对 squareIt 的引用，因此使用参数 3 调用 squareIt 函数。下一个示例显示传递参数是 5 的结果。请注意，当我们调用 squareIt 函数而不是传递定义时，在会话结束时将打印错误消息。

基于上述原理，接下来我们可以实现一个通用 pixelMapper 函数（见程序清单 6-5）。回想一下，这个函数有两个参数：一个 FileImage 对象和一个 RGB 函数对象。第 3 ～ 5 行代码构造一个与原始图像大小相同的新的空图像。第 10 行代码在嵌套循环中执行了大部分工作。将 rgbFunction 参数（RGB 函数）应用于原始图像中的每个像素，结果像素放置在新图像中。一旦嵌套循环完成后，即返回新图像。

程序清单 6-5   一个通用的像素映射函数

```
1    def pixelMapper(fileImage, rgbFunction):
2
3        width = fileImage.getWidth()
4        height = fileImage.getHeight()
5        newIm = EmptyImage(width, height)
```

```
 6
 7          for row in range(height):
 8              for col in range(width):
 9                  oldPixel = fileImage.getPixel(col, row)
10                  newPixel = rgbFunction(oldPixel)
11                  newIm.setPixel(col, row, newPixel)
12
13          return newIm
```

我们可以通过调用 pixelMapper 函数来结束我们的示例，该函数使用前面几节中的 RGB
函数。程序清单 6-6 显示了设置图像窗口并加载原始图像的主要函数 generalTransform。
第 9 行代码使用 grayPixel 函数调用 pixelMapper。结果与图 6-5 所示相同。

程序清单 6-6　调用通用的像素映射函数

```
 1   def generalTransform(imageFile):
 2       oldImage = FileImage(imageFile)
 3       width = oldImage.getWidth()
 4       height = oldImage.getHeight()
 5
 6       myImageWindow = ImageWin("Grayscale", width * 2, height)
 7       oldImage.draw(myImageWindow)
 8
 9       newImage = pixelMapper(oldImage, grayPixel)
10
11       newImage.setPosition(oldImage.getWidth() + 1, 0)
12       newImage.draw(myImageWindow)
13       myImageWindow.exitOnClick()
```

动手实践

6.12 解释会话 6-10 中出现错误信息的原因。

6.13 利用前几节开发的 negativePixel 函数，使用 generalTransform 和 pixelMapper
函数创建负片图像。

6.14 编写一个 RGB 函数，移除一个像素的红色分量。使用 pixelMapper 测试所编写的函数。

6.15 编写一个 RGB 函数，把一个像素转换为黑色或者白色。使用 pixelMapper 测试所
编写的函数。

6.16 编写一个自定义的 RGB 函数。使用 pixelMapper 测试所编写的函数。

6.17 棕褐色色调（Sepia tone）是一种褐色的色调，常用于旧照片风格。创建棕褐色色调的
公式如下：

```
newR = (R × 0.393 + G × 0.769 + B × 0.189)
newG = (R × 0.349 + G × 0.686 + B × 0.168)
newB = (R × 0.272 + G × 0.534 + B × 0.131)
```

编写一个 RGB 函数，把一个像素转换为棕褐色色调。提示：注意 RGB 值必须是位于
0 到 255 范围的整数值。

6.4　参数、参数传递和作用范围

在前面的章节中，我们使用函数来实现抽象。我们将问题分解成更小的、更易于管理的
部分，并实现了可以反复调用的函数。在上一节中，我们将函数作为参数传递给其他函数，

从而进一步推进了上述设计思想。在本节中，我们将更加详细地探讨函数和参数传递的基本机制。

考虑程序清单6-7所示的函数，该函数计算直角三角形的斜边边长。使用**毕达哥拉斯定理**（Pythagorean theorem）$a^2+b^2=c^2$，此函数接收两个参数（两个直角边的边长，称为a和b）；计算并返回斜边的长度，称为 c。在函数定义中，参数 a 和 b 称为**形式参数**（formal parameter）。会话6-11显示了该函数的使用方法。

程序清单6-7　一个计算直角三角形斜边边长的简单函数

```
1   import math
2   def hypotenuse(a, b):
3       c = math.sqrt(a**2 + b**2)
4       return c
```

会话6-11　函数的简单调用

```
>>> hypotenuse(3, 4)              # a 接收 3；b 接收 4
5.0
>>>
>>> side1 = 3
>>> side2 = 4
>>> hypotenuse(side1, side2)      # a 接收 3；b 接收 4
5.0
>>>
>>> hypotenuse(side1 * 2, side2 * 2)  # a 接收 6；b 接收 8
10.0
>>>
>>> hypotenuse                    # 对函数本身进行求值
<function hypotenuse at x0000022740D75730>
```

在第一个示例中，对象3和4的引用被传递给函数。这些参数称为**实际参数**（actual parameter），因为它们表示函数将接收的"实际"数据。如前所述，参数列表（a，b）按从左到右的顺序接收这些对象引用。因此，a 接收一个对对象3的引用，b 接收一个对对象4的引用。

在会话6-11的第二个示例中，实际参数不是字面量数值，而是引用对象3和4的名称。在调用函数之前，Python 通过对这两个名称 side1 和 side2 进行求值来查找对象。同样，a 接收一个对对象3的引用，b 接收一个对对象4的引用。

6.4.1　通过赋值调用的参数传递

一般而言，函数的形式参数接收实际参数值的过程称为**参数传递**（parameter passing）。传递参数的方法有很多种，不同的程序设计语言选择使用不同的方法。在 Python 中，所有参数都是使用一种称为**通过赋值调用**（call by assignment）的参数传递机制进行传递的。

在调用函数时，通过赋值调用的参数传递使用一个简单的两步过程来传递数据。这个过程称为**调用**（invocation）。首先对实际参数进行求值，求值的结果是对参数值的对象引用。在会话6-11的第一个示例中，对一个字面量数值进行求值，结果会返回以数值对象本身的引用。在第二个示例中，对变量名进行求值，结果将返回以该变量命名的对象引用。

一旦完成了对所有实际参数的求值，对象引用就被传递到函数中的形式参数并由其接收。形式参数将成为传递的引用的新名称。从某种意义上说，等价于执行了如下赋值语句：

```
formal parameter = actual parameter
```

作为最后一个例子，请考虑会话 6-11 中显示的第三次调用。在这种情况下，实际参数是将原始边长的长度加倍的表达式。通过赋值调用的参数传递首先对这些表达式求值，然后将对结果对象的引用赋值给形式参数 a 和 b。hypotenuse 函数并不知道引用来自何处，也不知道原始表达式的复杂度。它所接收到的引用只是求值的结果而已。

通过赋值调用的参数传递还有一些重要的结论，这些结论可能不是很明显。根据实际参数是可变的还是不可变的，对形式参数的更改可能会导致对实际参数的更改，也可能不会对实际参数进行修改。如果实际参数是不可变的，那么对形式参数的更改在函数之外将没有任何影响。如果实际参数是可变的，那么对形式参数引用的对象的更改将在函数外部可见。

例如，如果实际参数是对整数 3 的引用，则将对整数 5 的引用赋值给形式参数，结果在函数外部将不可见。但是，如果实际参数是对列表的引用，则对列表内容的任何更改（包括添加或者删除），都将在函数外部可见。但是，如果将形式参数分配给不同的列表，则其行为与对整数的行为一致。

> **摘要总结**　如果实际参数是不可变的（例如，字符串或者元组），则对函数中的形式参数所做的更改不会更改原始值。如果实际参数是可变的（例如，列表），则对函数中的形式参数所做的更改将直接影响实际参数。

6.4.2　名称空间

在 Python 中，程序中定义的所有名称（无论是数据还是函数的名称）都被组织到**名称空间**（namespace）中，名称空间是在 Python 程序执行期间的某个特定时间点可以访问的所有名称的集合。启动 Python 时，将创建两个名称空间。第一个名为**内置名称空间**（builtins namespace）（见图 6-9），其中包括在 Python 中经常使用的系统定义的所有函数和数据类型的名称，诸如内置函数 range、str 和 float 之类的名称均包含在此名称空间中。第二个名称空间称为**主名称空间**（main namespace），最初为空。Python 将这两个名称空间称为 __builtins__ 和 __main__。

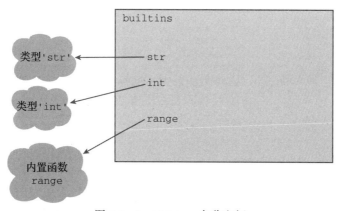

图 6-9　builtins 名称空间

当我们开始在 Python 会话中创建自定义名称时，它们被添加到 main 名称空间中。在会话 6-11 的示例中，变量名 side1 和 side2 被添加到 main 名称空间中。同样，函数名

hypotenuse 也被添加到 main 名称空间中。请注意，这些名称是作为赋值语句或函数定义的结果添加的。名称所指的对象也会显示出来。图 6-10 显示了名称的位置及其引用的对象。请注意，对象存在于名称空间之外。

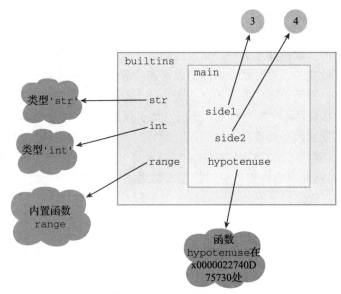

图 6-10　main 名称空间

此时，交互式的会话有助于研究名称空间的思想。Python 提供了内置函数 dir，它允许我们查看指定名称空间中的名称列表。会话 6-12 显示了在定义 hypotenuse 函数并将值赋给 side1 和 side2 变量之后，调用 dir 函数时发生的情况。

会话 6-12　探索 main 名称空间

```
>>> import math

>>> def hypotenuse(a, b):
        c = math.sqrt(a**2 + b**2)
        return c

>>> side1 = 3
>>> side2 = 4

>>> dir()
['__annotations__', '__builtins__', '__doc__', '__loader__',
'__name__', '__package__', '__spec__', 'hypotenuse', 'math', 'side1', 'side2']

>>> __name__      # 当前名称空间
'__main__'

>>> math
<module 'math' (built-in)>

>>> dir(math)
['__doc__', '__loader__', '__name__', '__package__', '__spec__', 'acos',
'acosh', 'asin', 'asinh', 'atan', 'atan2', 'atanh', 'ceil', 'copysign',
'cos', 'cosh', 'degrees', 'dist', 'e', 'erf', 'erfc', 'exp', 'expm1', 'fabs',
'factorial', 'floor', 'fmod', 'frexp', 'fsum', 'gamma', 'gcd', 'hypot', 'inf',
'isclose', 'isfinite', 'isinf', 'isnan', 'ldexp', 'lgamma', 'log', 'log10',
'log1p', 'log2', 'modf', 'nan', 'pi', 'pow', 'prod','radians', 'remainder',
```

```
'sin', 'sinh', 'sqrt', 'tan', 'tanh', 'tau', 'trunc']

>>> math.__doc__
'This module is always available.  It provides access to the\n
mathematical functions defined by the C standard.'
```

除了刚才创建的三个名称之外，在我们的名称空间中还定义了另外四个名称。`__builtins__` 表示前面提到的内置名称空间，其中包括内置函数以及 Python 的预定义错误。为了查找内置名称空间中的对象名称，可以调用函数 dir(`__builtins__`)。名称 `__doc__` 始终存在，用于存储对描述名称空间的字符串的引用。名称空间 `__main__` 没有文档描述，但其他名称空间（例如 math）可能包含文档描述。变量 `__name__` 存储当前名称空间的名称。在会话 6-12 中，对 `__name__` 求值的结果表明，我们当前位于的名称空间为 `__name__`。

在调用 dir 的结果列表中，还有一个尚未讨论的名称 math。之所以出现了该名称是因为我们在会话的第一行导入了 math 模块。正如所见，名称 math 指向一个模块对象。模块定义自己的名称空间。与 builtins 名称空间一样，我们可以通过对 dir(math) 求值，来查看 math 名称空间中的名称。请注意，math 名称空间也有自己的 `__name__` 和 `__doc__` 项。

至此，我们已经拥有了理解语句 import math 和 from math import * 之间区别所需的工具。会话 6-13 显示了在使用 from math import * 语句导入 math 模块后，调用 dir 函数的结果。注意，math 模块中的所有名称将显示为 main 名称空间的一部分。这允许我们直接调用 sqrt 之类的函数，而不必在函数名前面加上模块名。

会话 6-13   导入 math 模块的名称到 main 名称空间

```
>>> from math import *

>>> dir()

['__annotations__', '__builtins__', '__doc__', '__loader__',
'__name__', '__package__', '__spec__', 'acos', 'acosh', 'asin', 'asinh',
'atan', 'atan2', 'atanh', 'ceil', 'copysign', 'cos', 'cosh', 'degrees', 'dist',
'e', 'erf', 'erfc', 'exp', 'expm1', 'fabs', 'factorial', 'floor', 'fmod',
'frexp', 'fsum', 'gamma', 'gcd', 'hypot', 'inf', 'isclose', 'isfinite',
'isinf', 'isnan', 'ldexp', 'lgamma', 'log', 'log10', 'log1p', 'log2', 'modf',
'nan', 'pi', 'pow', 'prod','radians', 'remainder', 'sin', 'sinh', 'sqrt',
'tan', 'tanh', 'tau', 'trunc']
>>> sqrt(9)
3.0
```

动手实践

6.18   尝试调用 dir，显示内置名称空间（`__builtins__`）中的对象名称。

6.19   导入 turtle 模块，探索其中定义的名称。

6.20   查看 turtle 模块的 `__doc__` 字符串。

6.21   如果将字符串放在一个 Python 源文件的开头，则该字符串将成为该模块的 `__doc__` 字符串。尝试在一个 Python 源文件的开头添加一个字符串。请尝试导入该文件并查看所添加的字符串。help 函数还将此字符串作为模块文档的一部分返回。

6.4.3 调用函数和查找名称

当调用一个函数时，会创建一个称为**局部名称空间**（local namespace）的新名称空间，该名称空间与函数本身相对应。该名称空间包括在函数内部创建的那些名称（形式参数）以及通过函数体中的赋值语句所创建的名称。这些名称被称为**局部变量**（local variable），因为它们是在函数中创建的，并且是局部名称空间的一部分。当函数运行结束（无论是执行 return 语句返回，还是因为执行完最后的代码语句）时，局部名称空间都将被销毁。结果，所有局部定义的名称都不再可用。

这些名称空间彼此之间的位置是一个关键考虑因素。main 名称空间位于 builtins 内置名称空间中。同样，局部名称空间位于定义它的模块的名称空间中。对于我们所编写的程序，函数的名称空间将放在 main 名称空间中。我们所导入的模块中的函数的名称空间将放在所导入模块的名称空间中。

图 6-11 显示了调用 hypotenuse 函数时该函数的局部名称空间的位置；图中仅显示了 builtins 名称空间中名称的一部分。此图还提供了通过赋值调用的参数传递机制的说明。注意，形式参数 a 和 b 分别与实际参数 side1 和 side2 引用相同的对象。

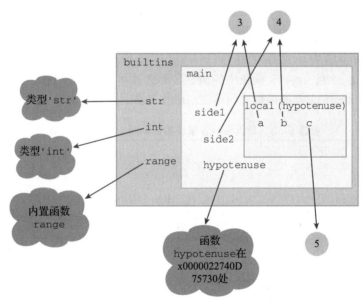

图 6-11 局部名称空间

在语句中使用一个名称时，Python 需要一种方法，在到目前为止引入的所有名称中定位该名称。为了查找名称，Python 使用以下简单规则：

1）无论何时使用名称，除了赋值语句的左端之外，Python 都会按以下顺序搜索名称空间：

(a) 当前局部名称空间（如果存在）。

(b) main 名称空间或者模块名称空间。

(c) builtins 名称空间。

当 Python 找到名称的第一个匹配项时，搜索结束。再次查看图 6-11，我们可能会发现将此过程看作是从"内部"进行搜索将有助于理解。如果找不到名称，则会报告 NameError。

2）在赋值语句的左端使用名称时，Python只搜索当前名称空间。

（a）如果找不到该名称，则在当前名称空间中创建新名称。

（b）如果找到该名称，则旧引用将替换为赋值语句右侧的对象。

为了演示这些规则的使用方法，请考虑会话6-14中显示的代码。在这里，函数test1定义了一个名为a的形式参数，它把a加上5并打印结果。因为a是一个形式参数，所以它成为函数test1的局部名称空间的一部分。

会话6-14 演示名称查找的实际过程

```
>>> def test1(a):
        a = a + 5        # 引用局部名称空间中的名称a
        print(a)

>>> a = 6
>>> test1(a)
11
>>> a                    # 引用main名称空间中的a
6

>>> def test2(b):
        print(b)         # b位于局部名称空间中
        print(a)         # 引用main名称空间中的名称a

>>> test2(14)
14
6
>>> a
6
>>> b                    # test2的局部名称空间已经被销毁
Traceback (most recent call last):
  File "<pyshell#22>", line 1, in <module>
    b
NameError: name 'b' is not defined
```

接下来，赋值语句创建一个名为a的变量，并将其设置为引用对象6。名称a的出现被添加到main名称空间中。当我们使用a作为实际参数调用test1时，通过赋值调用的参数传递将首先对a进行求值。结果是一个对对象6的引用，该对象传递给局部名称空间中的形式参数a。当在函数test1中执行赋值语句时，Python必须搜索名称a。搜索的结果是来自局部名称空间的a，并在语句a = a+5中使用。main名称空间中的a不受影响，仍然引用对象6。

在会话6-14的第二个示例中，使用名为b的形式参数定义test2。此函数打印b，然后打印a。但是，名称a在test2的局部名称空间中未定义。执行print语句时，我们将使用前面的规则来定位名称。搜索的结果是在局部名称空间中找到b，但在main名称空间中找到a。

在本例中，对象14的引用被赋值给test2中的形式参数b，因此第一个print语句打印值14。第二个print语句尝试查找名为a的变量。由于在局部范围中找不到该变量，因此搜索将继续进行到main名称空间，在main名称空间中找到值为6的a。因此，打印值6。

注意，在对test2的调用完成之后，a仍然具有值6，因为它是main名称空间的一部分。一旦函数test2完成，它的名称空间就会被销毁，因此b会不复存在。由于b在

main 名称空间中不存在，因此会报告一个错误，因为 b 未定义。

6.4.4　模块和名称空间

前面定义的 hypotenuse 函数使用 math 模块中的 sqrt 函数。为了访问该函数，需要导入 math 模块。在 Python 中，import math 语句在当前名称空间中创建一个名称，该名称引用模块本身的新名称空间。在本例中，名称 math 被添加到 main 名称空间中。math 模块的新名称空间放在 builtins 名称空间中，如图 6-12 所示。math 名称空间包含诸如 sqrt 等函数的名称。请注意，名称 sqrt 引用的是函数定义。

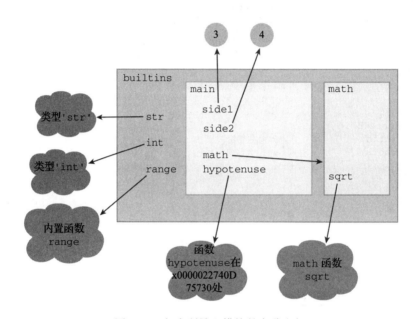

图 6-12　包含所导入模块的名称空间

请注意，math 模块的名称空间位于 builtins 名称空间中，而不在 main 名称空间中。所有导入模块的名称空间将放在 builtins 名称空间的同一级别中。唯一直接放在 main 名称空间中的是模块的名称，该名称引用对应的模块名称空间。

为了更进一步的理解，请考虑当 hypotenuse 函数调用 sqrt 函数时的情况。如前所述，hypotenuse 的名称空间已作为局部名称空间放置在 main 名称空间中。当 hypotenuse 函数调用 sqrt 函数时，将为 sqrt 创建一个新的局部名称空间。即使是从 hypotenuse 名称空间调用 sqrt，sqrt 名称空间还是放在 math 名称空间中，因为这是 math 函数的定义位置。

调用函数时创建的局部名称空间始终在定义函数的模块的名称空间中创建。在我们的示例中，无论 math 模块是如何导入的，上述结论都成立。即使我们使用 from math import * 导入了 math 模块，sqrt 的名称空间也会放在 math 模块的名称空间中。

图 6-13 显示了在我们的示例中到目前为止创建的所有名称空间。根据前面定义的名称查找规则，对 sqrt 函数中使用的名称的搜索将从局部 sqrt 名称空间开始，向外搜索到 math 名称空间，最后移动到 builtins 名称空间。

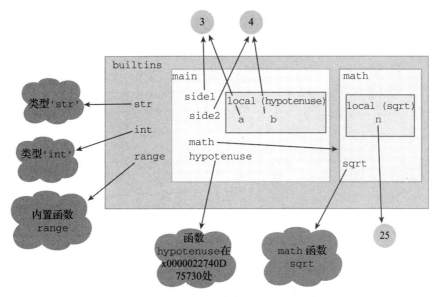

图 6-13 从 math 中调用 sqrt 函数

6.5 高级图像处理

本节将重点讨论一些高级图像处理算法，这些算法要求在原始图像或者新图像中处理多个像素。这些技术要求我们在处理图像像素的过程中寻找额外的模式。

6.5.1 图像缩放

对图像最常用的操作之一是**图像缩放**（resizing）——增大或者减小图像尺寸（宽度和高度）的过程。在本节中，我们将重点放在放大图像上。特别是，我们考虑创建一个新图像的过程，这个图像的大小是原始图像的两倍。

图 6-14 显示了基本思想。原始图像宽 3 像素、高 4 像素。当我们将图像放大 2 倍时，新图像将是 6 像素宽、8 像素高。针对图像中的单个像素，存在一个问题。

原始图像包括 12 个像素。无论如何处理，都无法在图像中创建任何新的细节。换而言之，如果将新图像中的像素数增加到 48，则 36 个像素必须使用原始图像中已经存在的信息。我们的问题是如何系统地确定在新图像的像素上"传播"原始细节。

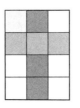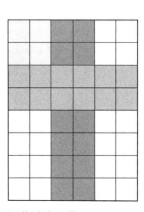

图 6-14 把一幅图像放大 2 倍

图 6-15 显示了关于这个问题一个可能的解决方案。原始图像的每个像素将映射为新图像中的 4 个像素。原始图像中每 1×1 像素块被映射到新图像中的 2×2 块。这将导致对所有原始像素执行 1 到 4 的映射。我们的任务是发现一种模式，用于将像素从原始图像映射到新图像。

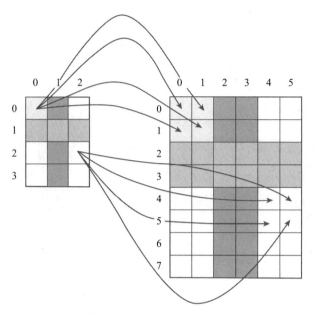

图 6-15   原始图像的每个像素将映射为新图像中的四个像素

此映射过程的示例显示像素（0，0）将映射到像素（0，0）、（1，0）、（0，1）、（1，1）。同样，像素（2，2）映射到像素（4，4）、（5，4）、（4，5）、（5，5）。将此模式扩展到具有位置（col，row）的像素的一般情况，得到四个像素（2×col，2×row）、（2×col+1，2×row）、（2×col，2×row+1）、（2×col+1，2×row+1）。图 6-16 说明了某个特定像素的映射方程。请读者通过考虑原始图像中的其他像素来验证你的理解。

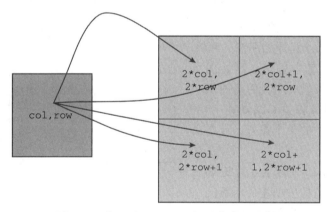

图 6-16   位置（col，row）处像素的映射

程序清单 6-8 显示了将图像大小加倍的完整函数。由于新图像的大小是旧图像的两倍，因此需要创建一个空图像，其尺寸是原始图像的两倍（见第 2～5 行代码）。

程序清单 6-8   把图像的大小增加一倍

```
1   def doubleImage(oldImage):
2       oldW = oldImage.getWidth()
3       oldH = oldImage.getHeight()
4
5       newIm = EmptyImage(oldW * 2, oldH * 2)
```

```
6
7        for row in range(oldH):
8            for col in range(oldW):
9                oldPixel = oldImage.getPixel(col, row)
10
11               newIm.setPixel(2 * col, 2 * row, oldPixel)
12               newIm.setPixel(2 * col + 1, 2 * row, oldPixel)
13               newIm.setPixel(2 * col, 2 * row + 1, oldPixel)
14               newIm.setPixel(2 * col + 1, 2 * row + 1, oldPixel)
15
16       return newIm
```

接下来，我们可以使用嵌套循环处理每个原始像素。如前所述，我们可以使用两个 `for` 循环（一个用于列，一个用于行）以系统地处理每个像素。使用每个旧像素的颜色分量，我们将它们复制到新图像中。第 11 ～ 14 行代码使用前面讨论的模式来设置新图像中的每个像素。注意，四个像素中的每一个都接收相同的颜色元组。在程序清单 6-9 中，我们调用 `doubleImage` 函数并将大小更新后的图像显示在原始图像下面。显示结果如图 6-17 所示。

程序清单 6-9   调用 doubleImage 函数

```
1    def makeDoubleImage(imageFile):
2        oldImage = FileImage(imageFile)
3        width = oldImage.getWidth()
4        height = oldImage.getHeight()
5
6        myWin = ImageWin("Double Size", width * 2, height * 3)
7        oldImage.draw(myWin)
8
9        newImage = doubleImage(oldImage)
10       newImage.setPosition(0, oldImage.getHeight() + 1)
11       newImage.draw(myWin)
12
13       myWin.exitOnClick()
```

6.5.2   图像拉伸：另一种视角

上一节开发的图像缩放算法要求我们将原始图像中的每个像素映射到新图像中的四个像素。在本节中，我们考虑另一种解决方案：通过将像素从新图像映射到原始图像来构建更大的图像。从不同的角度看待问题，往往可以提供更有价值的见解。我们的另一种解决方案利用了这个见解，并提出了一个更简单的解决方案。

> **最佳编程实践**   从不同的角度看待问题，可能会导致更简单的解决方案。

图 6-18 显示了相同的图像，但像素映射的方向相反。更具体地说，我们现在不再从原始图像的角度看问题，而是将焦点转向新图像中的像素。在处理新图像的像素时，我们需要找出原始图像中应该使用的像素。

程序清单 6-10 显示了新函数的完整代码，该函数将原始图像作为参数，并返回新的放大的图像。同样，我们需要创建一个新的空图像，其大小是原始图像的两倍。这次，我们编写循环来处理新图像中的每个像素。嵌套循环思想仍然有效，但是边界需要根据新图像定义，如第 7 ～ 8 行代码所示。

图 6-17　原始图像和放大的图像

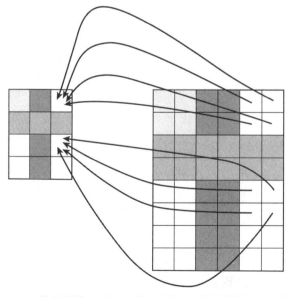

图 6-18　将新图像中的四个像素映射回原始图像的一个像素

程序清单 6-10　把图像的大小增加一倍：将新图像映射回旧图像

```
1   def doubleImage2(oldImage):
2       oldW = oldImage.getWidth()
3       oldH = oldImage.getHeight()
4
5       newIm = EmptyImage(oldW * 2, oldH * 2)
6
7       for row in range(newIm.getHeight()):
8           for col in range(newIm.getWidth()):
9
10              originalCol = col // 2
11              originalRow = row // 2
12              oldPixel = oldImage.getPixel(originalCol, originalRow)
13
14              newIm.setPixel(col, row, oldPixel)
15
16      return newIm
```

我们现在需要执行像素映射。正如在上一节中所看到的，位置（4，4）、（5，4）、（4，5）、（5，5）处的像素将全部映射回原始图像中的（2，2）处的像素。作为另一个示例（见图 6-18），像素（4，0）、（5，0）、（4，1）、（5，1）将全部映射回原始像素（2，0）。我们的任务是找到映射模式，使我们能够在一般情况下定位适当的像素。

同样可能会出现四种情况，因为新图像中的四个像素与原始图像中的一个像素相关联。然而，经过进一步审查，我们认识到情况并非如此。因为我们是从新图像的角度来考虑这个问题，所以原始图像中只对应一个像素。这表明我们可以使用一个操作将每个新像素映射回原始像素。查看示例像素，我们可以发现整数的整除法将执行我们所需要的操作（见图 6-19）。

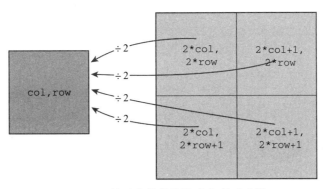

图 6-19　使用整数的整除法实现反映射

在我们的示例中，需要一个对 4 和 5 都可以执行的操作，结果是 2。另外，对 0 和 1 上的相同操作将需要产生结果 0。回想一下，4 // 2 和 5 // 2 的结果都是 2，因为 //（整除运算符）在处理整数时返回整数结果，而丢弃余数。同样，0 // 2 和 1 // 2 的结果都是 0。

我们现在可以使用这个操作来完成该函数。第 10 ～ 11 行代码通过使用整数整除运算符计算相应的列和行，从原始图像中提取正确的像素。一旦选择了像素，就可以将其设置到新图像中的位置。当然，结果与图 6-17 所示的结果相同。

如前所述，放大图像不会提供新的细节。在某些情况下，新图像可能看起来呈现"粒状"或者"块状"，因为我们将一个像素映射到新图像中的多个位置。虽然我们无法创建任何新的细节来添加到图像中，但可以相对于其周围的像素来"平滑"每个像素以消除硬边。

动手实践

6.22 编写一个函数，把图像增大至原始图像的 4 倍。

6.23 编写一个通用函数，基于比例参数放大图像：在 x 方向放大到指定的比例参数的倍数；在 y 方向放大到指定的另一个比例参数的倍数。

6.24 编写一个函数，缩小图像的大小。

6.25 编写一个函数，平滑放大图像。提示：需要将放大图像中的每个像素替换为自身及其相邻像素的平均值。

6.26 编写一个函数来去除图像中的噪声。可以使用像素自己与其邻居的中值来替换每个像素。

6.5.3 翻转图像

本节讨论通过将像素移动到新位置来物理变换图像的操作。特别是，讨论一个称为**翻转**（flipping）图像的过程。创建**翻转图像**（flip image）需要确定翻转发生的位置。我们假设翻转基于一条称为翻转轴（flip axis）的直线。基本思想是将显示在翻转轴一侧的像素放置在该轴另一侧的新位置，保持与该轴的距离不变。

例如，考虑图 6-20 中包括 16 个像素的简单图像和一条位于图像中心位置的翻转轴。因为我们基于垂直轴翻转，每行的位置相对不变。然而，各行的像素将移动到垂直翻转轴的另一侧，如图 6-20 中的箭头所示。每行的第一个像素移动到该行的最后一个位置，最后一个像素移动到该行的第一个位置。

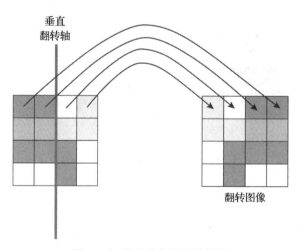

图 6-20　基于垂直轴翻转图像

这个函数的结构与迄今为止编写的其他函数的结构类似。我们构建嵌套循环，使用外部循环迭代处理行，内部循环迭代处理行中的像素。程序清单 6-11 显示了完整的函数。因为我们是翻转图像而不是调整其大小，所以新图像的高度和宽度将与原始图像相同。

程序清单 6-11　创建图像的垂直翻转图像

```
 1   def verticalFlip(oldImage):
 2       oldW = oldImage.getWidth()
 3       oldH = oldImage.getHeight()
 4
 5       newIm = EmptyImage(oldW, oldH)
 6
 7       maxP = oldW - 1
 8       for row in range(oldH):
 9           for col in range(oldW):
10
11               oldPixel = oldImage.getPixel(maxP - col, row)
12
13               newIm.setPixel(col, row, oldPixel)
14
15       return newIm
```

我们需要寻找一个模式，将每个像素从其原始位置映射到相对于翻转轴的新位置。参考图 6-20，可以发现四个像素宽的图像需要以下关联：列 0 映射到列 3，列 1 映射到列 2，列 2 映射到列 1，列 3 映射到列 0。一般情况下，小值映射到大值，大值映射到小值。

首先，可以尝试使用宽度并简单地减去原始列以获得新列。如果对列 0 尝试这个方法，结果立即出现一个问题：4-0=4，它超出了有效的列索引值的范围。出现此问题的原因在于列（以及行）从 0 开始计数。

为了解决这个问题，我们可以根据实际的最大像素位置而不是宽度实施减法操作。由于本例中的像素是用 0 列到 3 列（宽度为 4）命名的，因此可以使用 3 作为减法的基数。在这种情况下，通用的映射方程是"(width-1) - 列"。注意"width-1"是一个常量，这意味着可以在循环之外执行一次计算，就像第 7 行代码一样。

由于我们使用垂直翻转轴进行图像翻转，因此像素保持在同一行。第 11 行代码使用我们定义的算法从原始图像中提取适当的像素，第 13 行代码将其放置在新图像中的新位置。请注意，在 getPixel 和 setPixel 中都使用了参数 row。结果图像如图 6-21 显示。

图 6-21　原始图像和垂直翻转的图像

动手实践

6.27 编写一个函数 horizontalFlip，基于水平轴翻转图像。

6.28 重新改写 verticalFlip 函数，同时基于两个轴翻转图像。

6.29 镜像是一种类似于翻转的操作。生成镜像时，镜像轴一侧的像素会反射回另一侧。在镜像操作中，一半像素丢失。在垂直轴上实现镜像。

6.30 在水平轴上实现镜像。

6.31 在特定的列或者行上实现镜像。注意：此操作将更改图像大小。

6.32 编写一个函数 rotateImage90，该函数接收一个图像对象为参数，并将其旋转
        90 度。

6.33 编写一个函数 rotateImage180，该函数接收一个图像对象作为参数，并将其旋转
        180 度。

6.34 编写一个函数 rotate，该函数接收一个图像对象和图像旋转的度数作为参数。请注
        意，此旋转可能会留下一些空像素。我们还需要调整新图像的大小，以便它可以容纳
        整个旋转图像。

6.5.4 边缘检测

本章讨论的最后一个图像处理算法叫作**边缘检测**（edge detection）。这种图像处理技术试图通过在图像中找到颜色强度值发生显著变化的位置，从图像中提取特征信息。例如，假设我们有一个包含两个苹果的图像，一个是红色的，一个是绿色的，这两个苹果相邻放置。来自红苹果的红色像素块以及来自绿苹果的绿色像素块之间的边界可能构成表示两个对象之间差异的边缘。

另一个示例是图 6-22 所示的黑白图像。图 6-22a 包含三个对象：一个白色正方形、一朵云和一颗星星。图 6-22b 显示图像中存在的边缘。边缘图像中的每个黑色像素表示原始像素的强度存在明显差异的点。找到这些边缘有助于区分原始图像中可能存在的特征。

a）原始图像   b）边缘

图 6-22   一个简单的边缘检测

关于边缘检测有非常详细的研究，并且研究人员开发了许多不同的方法来寻找图像中的边缘。在本节中，我们将介绍一种经典的边缘生成算法。用于推导算法的数学知识超出了本文的范围，但我们可以轻松地开发实现算法所需的思想和技术。

为了寻找图像边缘，我们需要根据周围的像素来计算每个像素。因为目标是寻找像素一侧的颜色强度与另一侧的颜色强度存在巨大差异的地方，这将有助于简化像素值。我们发现边缘的第一步是将图像转换成灰度图像，这样就可以把像素的颜色强度看作是所有颜色分量共同的强度。

回想一下，灰度图像是由相同强度值的红、绿、蓝像素构成的，然后可以认为每个像素具有 256 个强度值中的一个。

作为寻找这些强度差异的一种方法，我们使用**核**（kernel）的概念，也称为过滤器（filter）或者**遮罩**（mask）。核可以用于加权周围像素的颜色强度。例如，考虑图 6-23 所示的 3×3 核。这些整数权重的"网格"被称为 **Sobel 算子**（Sobel operator），以科学家欧文·索贝尔（Irwin Sobel）的名字命名，他开发了用于边缘检测的 Sobel 算子。

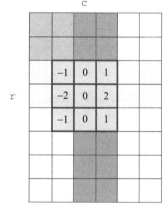

XMask　　　　　　　　　YMask

图 6-23　卷积像素的核遮罩

我们可以使用标记为 `XMask` 的左遮罩来查找图像左右方向的强度差异。我们可以观察到最左边列的值是负数，最右边列的值是正数。同样，我们可以使用 `YMask` 来查找上下方向的强度差异，这可以从正负权重的位置看出。

在**卷积**（convolution）中将使用核函数（卷积是原始图像中的像素与每个遮罩进行数学组合的过程），然后使用结果来决定该像素是否表示边缘。

卷积同时需要遮罩和特定像素。遮罩"居中覆盖"在感兴趣的像素上，如图 6-24 所示。然后，遮罩中的每个权重值与遮罩下的 9 个像素强度之一相关联。卷积过程简单地计算九个乘积之和，其中每个乘积是权重乘以相关像素的强度。因此，如果左侧有一个较大的强度，右侧有一个较小的强度（表示边），则将得到一个较大的负加权和。如果左边有一个较小的强度，右边有一个较大的强度，则会得到一个较大的正加权和。无论哪种方式，如果加权和绝对值较大，则表明这是一条边。同样，`YMask` 是适用于上下方向边缘检测的遮罩参数。

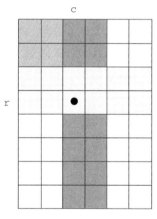

原始灰度图像　　　　　　　　将XMask放置在c行r列的像素上

图 6-24　使用 **XMask** 对位于 c 行 r 列的像素进行卷积

为了实现卷积，我们首先需要考虑一种存储核的方法。由于核看起来非常类似于图像（即它们是具有权重的行和列），因此利用这种结构是可行的。我们将使用**列表的列表**实现核。例如，前面讨论的 XMask 将实现为列表 `[ [-1,0,1],[-2,0,2], [-1,0,1] ]`。外部列表包含三个数据项，每个数据项表示核的一行。每行有三个数据项，每列一个数据项。类似地，YMask 可以表示为 `[[1,2,1],[0,0,0],[-1,-2,-1] ]`。

访问核中的特定权重需要两个索引值：一个用于外部列表，一个用于内部列表。因为我们将外部列表实现为三行列表，所以第一个索引将是行的索引值。一旦选择了一个行列表，我们就可以使用第二个索引来获取特定的列。

例如，XMask[1][2] 将访问 XMask 中索引位置为 1 的数据项，即 XMask 的中间行。索引位置 2 为列表中的最后一个数据项，对应于最后一列。即 XMask[1][2] 访问 XMask 中间行和最后一列中存储的权重。

接下来，我们可以构造 convolve 卷积函数了。如前所述，卷积处理需要三个参数：一幅图像、一个图像中的特定像素和一个核。这个函数的困难之处在于将核和底层图像对齐。一个简单的方法是考虑一个映射。核的行索引将从 0 到 2 迭代，列索引也将从 0 到 2 迭代。对于图像中具有索引 (column, row) 的像素，底层图像像素的行索引将从 row-1 到 row+1；对于列，索引将从 column-1 到 column+1。

我们将基本索引（base index）定义为底层图像像素的 3×3 网格的起始索引。列的基本索引将是 column-1，行的基本索引将是 row-1。当我们处理图像的像素时，当前图像行值与行的基本索引之间的差值将等于访问核中正确行所需的行索引。关于列，方法相同。

一旦计算出核的索引，就可以使用该索引来计算权重和像素强度的乘积。我们将首先访问像素，然后提取红色分量，这将是它的灰度强度。由于我们已经将图像转换为灰度图像，因此可以使用任何红色、绿色或者蓝色分量作为强度。最后，可以将该乘积累加到所有底层像素的乘积的动态求和中。

完整的 convolve 卷积函数如程序清单 6-12 所示。注意，最后一步是返回累加和的值。

程序清单 6-12　计算某个特定像素的卷积

```
 1    def convolve(anImage, pixelRow, pixelCol, kernel):
 2        kernelColumnBase = pixelCol - 1
 3        kernelRowBase = pixelRow - 1
 4
 5        sum = 0
 6        for row in range(kernelRowBase, kernelRowBase + 3):
 7            for col in range(kernelColumnBase, kernelColumnBase + 3):
 8                kColIndex = col - kernelColumnBase
 9                kRowIndex = row - kernelRowBase
10
11                aPixel = anImage.getPixel(col, row)
12                intensity = aPixel.getRed()
13
14                sum = sum + intensity * kernel[kRowIndex][kColIndex]
15
16        return sum
```

接下来，只要使用一个核对特定像素进行卷积运算，就可以完成边缘检测算法。算法流程的步骤如下：

1）将原始图像转换为灰度图像。

2）创建与原始图像尺寸相同的空图像。

3）通过执行以下操作处理原始图像的每个内部像素：

（a）使用 XMask 对像素进行卷积；假设结果为 gX。

（b）使用 YMask 对像素进行卷积；假设结果为 gY。

（c）计算 gX 和 gY 的平方和的平方根；假设结果为 g。

（d）根据 g 的值，将新图像中的相应像素设定为黑色或者白色。

程序清单 6-13 显示了实现这些步骤的 Python 代码。我们首先使用本章前面开发的

pixelMapper() 函数将原始图像转换为灰度图像。这将允许每个像素具有简单强度级别。我们还需要创建一个与原始图像大小相同的空图像。此外，我们将定义一些数据对象供以后使用。因为边缘检测结果中的每个像素都是黑色或者白色，所以我们创建黑色和白色元组，这些元组将用于后续过程中赋值语句。另外，我们需要基于列表的列表来实现这两个核。这些初始化在第 3 ～ 8 行代码中完成。

程序清单 6-13　边缘检测函数

```
1    import math
2    def edgeDetect(theImage):
3        grayImage = pixelMapper(theImage, grayPixel)
4        newIm = EmptyImage(grayImage.getWidth(), grayImage.getHeight())
5        black = Pixel(0, 0, 0)
6        white = Pixel(255, 255, 255)
7        XMask = [ [-1,-2,-1],[0,0,0],[1,2,1] ]
8        YMask = [ [1,0,-1],[2,0,-2],[1,0,-1] ]
9
10       for row in range(1, grayImage.getHeight() - 1):
11           for col in range(1, grayImage.getWidth() - 1):
12               gX = convolve(grayImage, row, col, XMask)
13               gY = convolve(grayImage, row, col, YMask)
14               g = math.sqrt(gX**2 + gY**2)
15
16               if g > 175:
17                   newIm.setPixel(col, row, black)
18               else:
19                   newIm.setPixel(col, row, white)
20
21       return newIm
```

接下来处理原始像素并寻找边缘。由于卷积操作要求每个像素有八个周围邻居像素，因此我们不会处理每行和每列上的第一个和最后一个像素。因此，嵌套循环将从 1 开始，而不是从 0 开始，循环直到 `height-2` 和 `width-2`，如程序清单 6-13 的第 10 ～ 11 行代码所示。

现在，每个像素都将使用两个核参与卷积过程。然后计算所得到的和的平方和，最后一步是计算其平方根（见程序清单 6-13 的第 12 ～ 14 行代码）。

此平方根的值称为 g，用于度量当前处理的像素与其周围像素之间存在的差异值。通过比较 g 和阈值来确定是否应该将像素标记为边缘。结果发现，当使用这些核时，可以选择 175 作为一个很合适的阈值，用以判断像素是否为边缘。使用简单的选择结构，仅仅需要我们检查该值是否大于 175。如果大于 175，我们将把像素设置为黑色；否则，把像素设置为白色。执行此函数后的结果如图 6-25 所示。

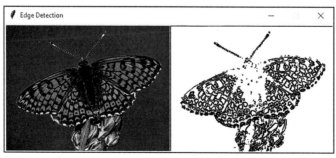

图 6-25　运行边缘检测算法

![计算器图标] **动手实践**

6.35 在 edgeDetect 函数中尝试几个不同的阈值。改变阈值对图像有什么影响？175 的
阈值对所有图像都最有效吗？如何为图像自动选择一个好的阈值？

6.36 修改 convolve 函数，使其将核分别应用于红色、绿色和蓝色分量，并返回一个值元组。

6.37 卷积有很多用途。例如，一个简单的卷积核是图像模糊核，如下所示：

$$\begin{bmatrix} 1 & 2 & 1 \\ 2 & 1 & 2 \\ 1 & 2 & 1 \end{bmatrix}$$

在这种情况下，我们只需应用核并返回加权平均值，而不进行任何阈值处理。编写一
个模糊函数，使用新的卷积函数来模糊图像。

6.38 图像锐化核如下所示：

$$\begin{bmatrix} -1 & -1 & -1 \\ -1 & 9 & -1 \\ -1 & -1 & -1 \end{bmatrix}$$

我们可以通过增强像素的值并减弱其周围像素的值来锐化像素。锐化与模糊相反。使
用锐化核锐化图像。

6.39 编写一个通用函数，可以接收两个参数：一个图像对象和一个核。将卷积核应用于图
像对象的每个像素，然后返回这个新图像。

6.40 研究卷积核，并尝试应用一个新的核。

6.6 本章小结

在本章中，我们重点介绍了 cImage 模块，该模块包含许多可以用于处理数字图像的对
象。特别地，本章讨论了 cImage 中包含的以下对象：

- ImageWin
- EmptyImage
- FileImage
- Pixel

为了处理图像的像素，我们使用了一种称为嵌套循环的模式，即在外循环中嵌套内循
环。嵌套循环允许我们在移动到下一行之前逐列处理给定行中的所有像素。利用这种迭代模
式，我们实现了以下图像处理算法：

- 负片图像
- 灰度图像
- 缩放图像
- 翻转图像
- 边缘检测

在边缘检测中，我们引入了列表的列表，即列表元素也是列表。

我们还引入了在特定时间点可用的名称空间的概念。这些名称空间被组织成允许 Python
在使用它们时查找名称，从而确保没有歧义。除了描述名称空间之外，本章还对参数传递机

制进行了深入的讨论。

关键术语

actual parameter（实际参数）

`builtins` namespace（内置名称空间）

call by assignment（通过赋值调用）

convolution（卷积）

digital image（数字图像）

digital image processing（数字图像处理）

edge detection（边缘检测）

flip axis（翻转轴）

flip image（翻转图像）

flipping（翻转）

formal parameter（形式参数）

grayscale（灰度）

invocation（调用）

kernel（核）

list of lists（列表的列表）

local namespace（局部名称空间）

local variables（局部变量）

`main` namespace（主名称空间）

namespace（名称空间）

negative（负片）

nested iteration（嵌套循环）

parameter passing（参数传递）

pixel（像素）

Pythagorean theorem（毕达哥拉斯定理）

resizing（缩放）

RGB color model（RGB 颜色模型）

Sobel operator（Sobel 算子）

Python 关键字、函数和变量

`__builtins__`

`dir`

`__name__`

编程练习题

6.1 编写一个拼图程序。要求程序把多幅图像组合在一起，对每幅图像应用不同的效果。

6.2 编写一个程序来混合一幅图像和另一幅图像。我们可以尝试不同的技术来组合来自不同图像的两个像素的 RGB 值。

6.3 在白色背景下为自己拍照。利用以下原理：可以"过滤"掉所有的白色像素，把自己的照片放在一个有趣的场景中。电视上的天气预报员也采用同样的方法；唯一的区别是，他们站在一个叫作色度（chromakey）的蓝色或者绿色背景前。

6.4 另一种把自己的照片放在一张有趣的场景中的方法是，在一个相对简单的背景下给自己拍一张照片，然后在没有你的情况下再拍一张背景完全相同的照片（可以使用三脚架，关闭自动对焦）。然后比较这两幅图像并删除完全相同或者接近相同的像素。一旦移除这些像素，就可以将自己的照片叠加到任何背景上。

6.5 使用 `getMouse` 获取图像中像素的坐标，设计一种方法，从单击的图像区域中移除红眼效果。

6.6 使用 `getMouse` 编写一个程序，允许从图像中"剪切"一个矩形区域并将其显示为新图像。

数据挖掘：聚类分析

本章将进一步讨论 while 循环和并行列表。

7.1 本章目标

- 使用 Python 列表作为存储数据的方法。
- 实现一个有意义的数据挖掘应用程序。
- 了解并实施聚类分析。
- 将可视化作为显示模式的手段。

7.2 什么是数据挖掘

前文讨论了可以处理和汇总大量数据的统计技术，我们可以通过计算值的范围、均值、标准差和频率分布等统计度量来描述数据。在本章中，我们将进一步探讨这种思想。

大量的数据可能令人望而生畏。而且，当仅仅使用简单类型的描述性统计进行数据分析时，重要的信息很可能隐藏在数据中，而这些数据可能本身并没有什么明显的意义。在这种情况下，我们可以使用**数据挖掘**（data mining）技术。数据挖掘是一种自动技术的应用，目的是尝试发现底层模式。这些技术可以应用于任意数量的数据领域。例如，在商业应用中，数据挖掘通常用于营销目的，以发现与消费者相关的模式。一旦识别出这些模式，就可以使用模式来向客户推荐他们可能购买的产品。此外，许多科学和医学应用需要在大量数据中寻找模式。

聚类分析（cluster analysis）是一种数据挖掘技术，它试图将数据分成有意义的组，称为**聚类**（cluster，也称为簇）。这些聚类表示彼此之间显示出某种相似性的数据值，同时展现出与聚类外部的数据值具有不同的关系。

在这一章中，我们将重点讨论聚类分析，作为一种在数据集合中发现隐藏信息的方法。我们的目标是实现聚类分析，并使用该工具分析数据和查看结果。

7.3 聚类分析：一个简单的示例

我们通过一个简单的示例来演示聚类分析的功能。请考虑图 7-1 所示的数据，这些数据表示一个数学教学班中学生的成绩分布。x 轴表示该学期的作业成绩，单位为占总分的百分比；y 轴表示考试成绩，单位同样为占总分的百分比。

乍一看，该数据中可能并不存在什么模式。事实上，如果观察原始数据中的分数，由于这个教学班有几百名学生，所以不太可能注意到任何模式。但是，如果我们通过一个聚类分析程序来分析数据，那么可能会发现一些点倾向于组合在一起，如图 7-2 所示。聚类分析的结果是识别出三个聚类，分别标记为 A、B 和 C。根据某种相似性度量，聚类 A 中的所有数据点都具有一些共同的潜在特征。对于聚类 B 和 C 也同样如此。出现在不同聚类中的点具有彼此相似但又区别于其他聚类的特征。

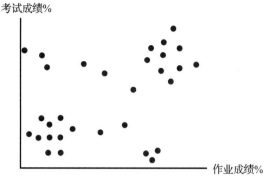

图 7-1　表示考试成绩和作业成绩的数据点

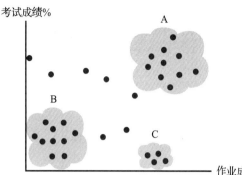

图 7-2　数据中可能的几个聚类

请注意，某些点不属于三个聚类中的任何一个。这些点具有不同于定义其他聚类特征的特征。此外，这些点没有足够的相似性来形成自己的聚类。有一些聚类分析技术允许这种可能性，而有一些技术则要求最终将所有点都放在某个聚类中。

如果进一步分析上述结果，我们也许能够推断出这些聚类实际上可以提供给我们了解学生能力的线索。例如，聚类 A 可能表明一些学生在考试和作业两方面的表现都很优秀，这可能暗示了一种因果关系：作业成绩好，则考试成绩好。聚类 B 支持这种关系，学生在两种测量方法上表现得都很差，即作业成绩差，则考试成绩差。聚类 C 则可能表明这些学生有"考试焦虑症"，因为他们的作业做得很好，但考试成绩却不理想。

总而言之，在我们的数据集中显然存在一些自然关系。找到这些关系对于理解数据中固有的底层属性至关重要。在描述、预测或者量化数据中的关系时，这些聚类将成为强大的工具。

7.4　在简单数据集上实现聚类分析

本节将重点讨论实现聚类分析的基本步骤。为了专注于算法，我们使用了一个非常简单的数据集。稍后，我们将把算法应用到更加复杂的数据集中。本节中的示例数据包括参加计算机科学概论课程的 21 名学生的考试分数。这些分数代表正确答案的百分比。分数范围在 0 到 100 之间。

表 7-1 提供了分数的简单列表。我们最初的观察并没有发现任何模式。当然，我们可以利用前文讨论的描述性统计数据来提供若干信息，但在这种情况下，我们的兴趣在于发现学生成绩之间是否存在某种相似模式。聚类分析可以帮助我们回答这个问题。

表 7-1　21 名学生的考试成绩

34	56	12	44	87	45	76
98	25	34	76	12	78	98
78	90	89	45	77	22	11

7.4.1　两点之间的距离

聚类分析算法的一个重要步骤是根据数据点之间的相似性对其进行分类。为了度量这种相似性，需要使用某种方法来确定两个点是否彼此"接近"。这可以通过计算一个称为两个数据点之间"距离"的值来实现。

我们可以采用许多不同的方法测量两个数据点之间的距离。本节将使用一个简单的度量，称为**欧几里得距离**（Euclidean distance）。考虑两个数据点 A 和 B，如图 7-3 所示。如果我们假设点 A 位于位置 X_1，点 B 位于位置 X_2，那么它们之间的距离 d 将是两个位置值之间的差 $d=X_2-X_1$。因为无法预知这个差是正的还是负的，因此我们应该使用绝对值。

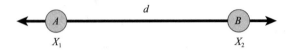

图 7-3   两个点之间的简单距离

消除负值的另一种方法是求平方，因为平方运算将始终产生正数。为了得到原始的正值，我们可以取平方根。使用这种方法，可以得到以下公式：

$$d = \sqrt{(X_2 - X_1)^2}$$

虽然这看起来像是额外的工作，但如果将示例扩展到计算多个维度中两点之间的距离，则能够体现其优越性。图 7-4 显示了两个点。这一次，点 A 的坐标位置为 (X_1, Y_1)，点 B 的坐标位置为 (X_2, Y_2)。现在，为了计算这两个点之间的距离 d，我们需要使用先前方程的二维版本，也就是毕达哥拉斯定理：

$$d = \sqrt{(X_2 - X_1)^2 + (Y_2 - Y_1)^2}$$

一般而言，此计算可以扩展到处理任意数量的维度。n 维空间中两个数据

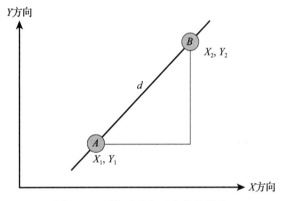

图 7-4   二维平面中两个点的距离

点之间的距离可以计算为 n 个坐标中每一个坐标差的平方和的平方根。例如，考虑五维空间中一个坐标为（23，44，12，76，34）的点 A。如果点 B 的坐标为（67，55，85，23，24），则点 A 和点 B 之间距离的计算公式如下：

$$d = \sqrt{(67-23)^2 + (55-44)^2 + (85-12)^2 + (23-76)^2 + (24-34)^2}$$

> **摘要总结**   在 n 维空间中，两个数据点之间的距离可以计算为 n 个坐标中每一个坐标差的平方和的平方根。

程序清单 7-1 显示了一个计算两点之间距离的函数。每个点都定义为 n 个坐标值的列表。开始时，sum 初始化为 0，然后遍历坐标列表。假设每个点都有相同的维度，那么 point1 的索引范围将与 point2 的索引范围相同。第 4 行代码计算差的平方，第 5 行代码将该值累加到总和 total 中。最后，计算并返回平方根。euclidD 函数假定已导入 math 模块。

程序清单 7-1   计算两个点之间的欧几里得距离

```
1    def euclidD(point1, point2):  #两个点均表示列表或者元组（具有相同的长度）
2        total = 0
3        for index in range(len(point1)):
4            diff = (point1[index] - point2[index]) ** 2
5            total = total + diff
```

```
6
7    euclidDistance = math.sqrt(total)
8    return euclidDistance
```

7.4.2 聚类和中心点

聚类中的数据点彼此之间具有相似的特征。考虑这种相似性的另一种方法是，聚类中的所有数据点都与某个中心点有某种关联。此中心点可以用于标识一个特定的聚类。

中心点（centroid，也称质心）定义为集合中数据点的平均值。每个聚类都有一个表示聚类中心的中心点。请注意，中心点不必是聚类中的实际点，它只是表示位于其他所有点的中心位置的"点"。

为了计算一组点的中心点，可以计算每个维度的平均值。例如，如果在二维空间中有两个点（3，7）和（1，5），则中心点将是：

$$\left(\frac{3+1}{2}, \frac{7+5}{2}\right)$$

即（2，6）。此模式可以扩展为包含任意数量的点和任意数量的维度。

图 7-5 显示了具有两个维度的三个点：（2，4），（5，8），（8，6）。由星形表示的中心点（5，6）代表了三个点的中心。如果这些点被认为是一个聚类，那么可以用中心点作为聚类的标识。

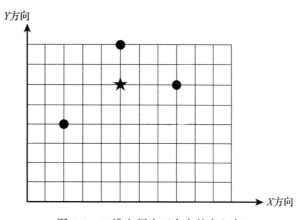

图 7-5　二维空间中三个点的中心点

7.4.3 *K*-均值聚类分析算法

到目前为止，研究人员已经开发出许多聚类算法。本节将介绍最古老和最容易理解的技术之一：*K*-均值算法（*K*-means algorithm）。该算法的描述和实现都很简单，基本步骤如下：

1）确定需要创建多少个聚类；把该数字称为 k。

2）随机选取 k 个数据点作为 k 个聚类的初始中心点。

3）按照指定的次数重复以下步骤或者直到聚类稳定收敛：

　（a）将每个数据点指定给与其最近中心点对应的聚类。

　（b）重新计算这 k 个聚类各自的中心点。

4）显示聚类。

在步骤 3 中执行的迭代次数可以根据不同的情况而异。有时，使用一个简单的最大迭代值。或者，可以重复该步骤，直到聚类变得稳定。当中心点在两次迭代中不再改变时，聚类被认为是稳定的。在某些情况下，这种状态可能永远不会发生，因为这些点会在不同的聚类之间来回摆动。

另外，随机选择初始中心点，可能会导致空的聚类或者不同的运行结果。我们将在 7.6 节中进一步讨论这种方法的缺点。

> **注意事项** 随机选择中心点，可能会导致空的聚类或者不同的运行结果。

7.4.4 K- 均值算法的实现

本节将在考试数据集上实现了聚类分析算法。假设数据存储在一个名为 `cs150exams.txt` 的文件中，每行一个分数。数据文件中没有排名或者其他标识信息。我们需要逐行处理文件并提取考试分数。

因为需要将各个分数分开，所以我们为每个分数分配一个标识键；标识键从 1 开始，一直到 n，其中 n 是分数的数量。换而言之，我们使用文件中的行号来标识每个分数。然后，我们可以将标识键与数据文件中可能存在的任何其他信息相关联。（这在后面的示例中很有用。）

`cs150exams.txt` 文件（行号用灰色表示）如下所示。行号不是文件的一部分。

```
 1 34
 2 56
 3 12
 4 44
 5 87
 6 45
 7 76
 8 98
 9 25
10 34
11 76
12 12
13 78
14 98
15 78
16 90
17 89
18 45
19 77
20 22
21 11
```

程序清单 7-2 显示了一个函数，该函数接受一个文件名作为参数，并返回前面描述的字典。我们首先打开文件，然后创建一个空字典，接着开始访问文件的每一行。因为行的唯一数据是测试分数，所以我们可以简单地使用 `int` 函数将测试分数转换为整数。第 10 行代码把与键相关联的分数添加到字典中。请注意，分数在被添加到字典之前先放在一个列表中。回想一下，每个数据点都可以是多维的。即使这些分数不是多维的，`euclidD` 函数也希望数据点是值列表。

程序清单 7-2 处理考试成绩数据文件

```
 1    def readFile(filename):
 2        with open(filename, "r") as dataFile:
 3            dataDict = {}                    # 开始时创建一个空的数据字典
 4
 5            key = 0
 6            for aLine in dataFile:
 7                key = key + 1            # 递增行号
 8                score = int(aLine)     # 把字符串转换为整数
 9
10                dataDict[key] = [score]   # 添加到数据字典中
11
12        return dataDict
```

会话 7-1 显示了对 cs150exams.txt 文件调用 readFile 函数后创建的数据字典。

会话 7-1　readFile 函数创建的数据字典

```
>>> readFile("cs150exams.txt")
{1: [34], 2: [56], 3: [12], 4: [44], 5: [87], 6: [45], 7: [76],
8: [98], 9: [25], 10: [34], 11: [76], 12: [12], 13: [78], 14: [98],
15: [78], 16: [90], 17: [89], 18: [45], 19: [77], 20: [22], 21: [11]}
```

下一步是选择 k，即聚类的数量。通常，可以基于对数据值的一些主观预测来确定聚类的数量。在本例中，我们创建了 5 个聚类。假设对数据进行聚类的一个可能原因是寻找代表五个等级类别的分组，例如，A、B、C、D 或者 F。

接下来，我们需要选取 k 个随机数据值作为初始中心点。为了实现这个步骤，我们使用 random 模块中的 randint 函数。这个随机数生成器将选取 [a, b] 范围内（包括端点）的整数。例如，randint(2, 5) 将返回一个介于 2 和 5 之间（包含 2 和 5）的随机整数。

选择不同的中心点非常重要。如果只是对数据进行 k 次迭代，那么不能保证 k 个随机值不包含重复值。为了满足这个需求，我们可以使用 while 循环。

1. 不定迭代

到目前为止，我们执行的大多数迭代都使用了 for 循环。回想一下，for 循环允许我们对序列中的每个值重复执行一组语句。例如，在以下 Python 语句中：

```
for num in [1, 2, 3, 4, 5]:
    print("hello")
```

组成语句体的 print 函数将执行（重复）5 次。每次循环迭代时，循环变量 num 将接收列表中的下一个值。迭代的总次数严格由所提供序列中的项数决定。

这种类型的循环称为**确定迭代**（definite iteration），因为重复次数（确定）是已知的，并且基于迭代序列的大小。当知道要迭代的次数时，for 循环就是首选的语法构造。

在其他情况下，我们并不知道到底需要多少次迭代。换而言之，我们知道需要重复一个过程，并且知道最终会停止重复，但不确定要执行的实际重复次数。在这种情况下，需要一种称为**不定迭代**（indefinite iteration）的循环形式，在这种迭代形式下，我们会声明一个将用于决定是否继续迭代的循环条件。如果循环条件满足，将再次执行循环，然后重新检查循环条件。当循环条件不再满足时，循环将不再重复。

2. while 循环

为了在 Python 中实现不定迭代，我们可以使用 while 循环，这是本书第 5 章中介绍的语句构造。此语句构造类似于 for 循环和 if 语句，因为它控制语句体。与其他结构化语句一样，语句体中的语句是缩进的。

```
while < 循环条件 >:
    语句 1
    语句 2
    ...
    语句 N
```

回顾一下，图 7-6 显示了 while 循环创建的控制逻辑流。控制条件可以是任何布尔表达式，换而言之，任何求值结果为 True 或者 False 的表达式。语句体中的语句将重复

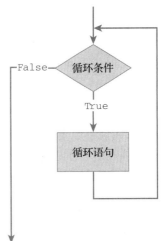

图 7-6　while 循环

执行，直到循环条件求值结果为 False。如果布尔表达式最初为 False，则永远不会执行这些语句。换而言之，根据循环条件的值，语句体中的语句将执行零次或者多次。

作为一个示例，考虑程序清单 7-3 中所示的代码片段。这里，我们使用 for 循环来计算前 10 个整数的累加和。第 1 行代码初始化一个累加器变量 total，该变量用于保持动态求和。for 循环头（第 2 行代码）自动遍历 range 函数生成的序列 [1, 2, 3, 4, 5, 6, 7, 8, 9, 10]，每次将下一个值赋给循环变量 aNum。for 循环体（第 3 行代码）将 aNum 的值累加到累加器。当循环结束时，将打印 total 的值。

程序清单 7-3   使用 for 循环计算 1 到 10 的累加和

```
1   total = 0
2   for aNum in range(1, 11):
3       total = total + aNum
4   print(total)
```

我们可以使用 while 循环重写上述求累加和的代码片段，如程序清单 7-4 所示。算法保持不变，换而言之，我们迭代从 1 到 10 的值，并将每个值累加到一个名为 total 的累加器变量中。和前面一样，第 1 行代码初始化累加器变量，第 4 行代码执行加法运算来计算动态求和。第 2、3 和 5 行代码一起构成迭代（或者循环）控制。

程序清单 7-4   使用 while 循环计算 1 到 10 的累加和

```
1   total = 0
2   aNum = 1                        # 初始化
3   while aNum <= 10:               # 循环条件
4       total = total + aNum
5       aNum = aNum + 1             # 改变循环条件状态
6   print(total)
```

注意，迭代过程不仅仅是 "while <condition>:"，而且还包括其他若干语句。为了使用 while 循环编写正确的迭代过程，必须包含三个部分：**初始化**（initialization）、**循环条件**（condition）和**循环条件状态的更改**（change of state）。这三部分必须协同工作，迭代才能成功。

> **摘要总结**   while 循环包括三个部分：
> 1）初始化。
> 2）循环条件。
> 3）循环条件状态的更改。

程序清单 7-4 的第 3 行代码提供了继续迭代所需的循环条件。在本例中，只要变量 aNum 的值小于或者等于 10，就将继续执行循环语句体中的语句。回想一下，while 循环在执行循环语句体之前，首先对循环条件进行求值。在进入 while 循环之前，循环条件中使用的所有变量都必须设置初始值。由于此迭代的目标是从 1 到 10 进行计数，因此很显然可以将 aNum 的值初始化为 1。

如果满足循环条件，则控制将转到循环语句体。执行循环语句体中的语句后，重新检查循环条件。迭代停止的唯一方法是不满足循环条件，这需要在循环语句体内部对循环变量做相应的更改，这些更改将直接影响循环条件的结果。这种循环条件状态的更改是迭代的关键部分。如果没有这种更改，原来是 True 的循环条件将永远保持为 True，while 循环将永远不会停止。在程序清单 7-4 中，第 5 行代码提供了这种循环条件状态的更改。每次执行循环语句体，aNum 的值都会增加 1。最终，aNum 的值将达到 11，这将导致不满足循环条件。

初级程序员常常忘记 while 循环三个部分中的某一个，或者虽然考虑到了所有三个部分，但却存在不一致。例如，考虑程序清单 7-5。在这里，初始化和循环条件是正确的，但是缺少循环条件状态的更改，即 aNum 的值永远不会改变。因此，一旦循环条件为 True 即进入循环，但是循环体内却没有语句会将循环条件更改为 False。结果将是一个永远不会停止的 while 循环，称为**无限死循环**。

程序清单 7-5　无限死循环

```
1    total = 0
2    aNum = 1
3    while aNum <= 10:
4        total = total + aNum
5    print(total)
```

> **注意事项**　为了避免无限死循环，请务必在循环体中包含一条更改循环条件状态的语句。

程序清单 7-6 显示了一个函数，它将使用不定迭代来处理数据文件。第 7 行代码使用 readline 方法读取文件的下一行文本内容。当文件中没有更多行时，此方法将返回空字符串 ""。循环条件将检查空字符串，并且仅当成功读取了一行数据时才允许执行循环体。

程序清单 7-6　使用不定迭代处理考试成绩数据文件

```
1    def readFile(filename):
2        with open(filename, "r") as dataFile:
3    
4            dataDict = {}
5    
6            key = 0
7            aLine = dataFile.readline()
8            while aLine != "":
9                key = key + 1
10               score = int(aLine)
11               dataDict[key] = [score]
12    
13               aLine = dataFile.readline()
14    
15        return dataDict
```

处理好一行文本内容后，必须重新检查循环条件。在这种情况发生之前，必须改变循环条件的状态。对于本例，循环条件的状态更改是从文件中读取下一行数据。函数将返回有效行或者空字符串，并且可以重新对循环条件求值。

> **注意事项**　readline 方法从文件中读取一行文本，将成绩作为以空白符和 "\n" 结尾的字符串返回。程序清单 7-6 的第 10 行代码将文本行转换为数字是可行的，因为 int 函数忽略空白符。

如果运行此函数，我们将发现结果与前文 readFile 函数使用 for 循环所创建的数据字典完全相同。

动手实践

7.1 编写一个函数，打印从 0 到 50 的数值，每隔 5 个数打印一个。要求该函数使用 while 循环结构。

7.2 编写一个函数，接收一个字符串作为参数，返回字符串中的空格数。要求该函数使用 while 循环结构。

7.3 编写一个函数，请求用户输入考试成绩，一次输入一个成绩，直到输入单词 stop 为止。当输入 stop 时，要求程序计算平均成绩。

7.4 编写一个函数，接收一个字符串作为参数，如果字符串为回文，则返回 True，否则返回 False。要求该函数使用 while 循环结构。提示：回文是一个正读和反读都相同的单词。

7.4.5 *K-* 均值算法的实现（续）

程序清单 7-7 所示的函数实现了选择中心点的过程。该函数接收两个参数：中心点的数量（称为 k）和数据字典。第 2 行代码创建了一个中心点的空列表。我们的任务是用 k 个随机选择的数据点填充这个列表。由于我们不希望重复使用一个键，因此将存储一个选定键的列表，并根据此列表检查每个随机选定的键。如果该键已经在列表中，则不将该数据点作为中心点，而是随机选择另一个键。此过程将一直继续，直到选定 k 个中心点。因为不知道需要多少次随机选择，所以可以使用 while 循环。此函数假定已导入 random 模块。

程序清单 7-7　选择 k 个随机中心点

```
1    def createCentroids(k, dataDict):
2        centroids=[]
3        centroidCount = 0
4        centroidKeys = []            # 不重复键的列表
5
6        while centroidCount < k:
7           rKey = random.randint(1, len(dataDict))
8           if rKey not in centroidKeys:      # 如果键还未被选择
9               centroids.append(dataDict[rKey]) # 添加到中心点中
10              centroidKeys.append(rKey)     # 把键添加到已选键列表中
11              centroidCount = centroidCount + 1
12
13       return centroids
```

我们使用变量 centroidCount 跟踪已经选择的有效中心点的计数。只要这个计数值小于 k，我们就继续生成随机键。如果找到一个未使用的键，则将其添加到列表中，并且计数将递增（见程序清单 7-7 的第 11 行）。

程序清单 7-8 实现了一个创建聚类的函数。createClusters 函数接收 4 个参数（聚类数量（也称为 k）、先前创建的中心点、数据字典、重复次数），并返回聚类列表。每个聚类由一个列表表示。由于我们有一个聚类的集合，这些聚类列表的列表将是存储它们的适当方式。第 4 ～ 6 行代码创建 k 个空聚类的列表。

程序清单 7-8　创建聚类

```
1   def createClusters(k, centroids, dataDict, repeats):
2       for aPass in range(repeats):
3           print("****PASS", aPass + 1, "****")
4           clusters = []              # 创建包含 k 个空列表的列表
5           for i in range(k):
6               clusters.append([])
7
8           for aKey in dataDict:   # 计算到中心点的距离
9               distances = []
10              for clusterIndex in range(k):
11                  dToC = euclidD(dataDict[aKey], centroids[clusterIndex])
12                  distances.append(dToC)
13
14              minDist = min(distances)   # 查找最小距离
15              index = distances.index(minDist)
16
17              clusters[index].append(aKey) # 添加到聚类
18
19          dimensions = len(dataDict[1])    # 重新计算聚类
20          for clusterIndex in range(k):
21              sums = [0] * dimensions      # 初始化各维度的和
22              for aKey in clusters[clusterIndex]:
23                  dataPoints = dataDict[aKey]
24                  for ind in range(len(dataPoints)): # 计算和 sums
25                      sums[ind] = sums[ind] + dataPoints[ind]
26              for ind in range(len(sums)):  # 计算平均值
27                  clusterLen = len(clusters[clusterIndex])
28                  if clusterLen != 0:        # 确保不除以 0
29                      sums[ind] = sums[ind] / clusterLen
30
31              centroids[clusterIndex] = sums # 把 avg 赋值给中心点
32
33          for c in clusters:      # 输出聚类
34              print("CLUSTER")
35              for key in c:
36                  print(dataDict[key], end = " ")
37              print()
38
39      return clusters
```

　　然后我们检查数据字典中的每一个数据项，并将其分配给适当的聚类。回想一下，我们有一个中心点列表，每个聚类一个中心点。我们要将每个数据点分配给距离最近的中心点所在的聚类。我们可以使用前面描述的距离函数 euclidD 来实现这一点。

> **注意事项**　与 euclidD 函数一样，数学模块中的 dist 函数（从 Python 3.8 开始）也可以计算两点之间的距离。dist 函数接收两个等长的元组作为参数。然而，在 createClusters 函数中，我们将 euclidD 函数的参数定义为列表。如果需要，可以通过将列表参数转换为元组来使用 math.dist 函数代替 euclidD 函数。为此，可以将程序清单 7-8 中的第 11 行代码替换为：
>
> ```
> dtoC = math.dist( tuple(dataDict[aKey]),
>                   tuple(centroids[clusterIndex]))
> ```

　　由于有 k 个聚类，每个数据点都有 k 个与之相关的距离，对应于每个中心点。第 9 行代码创建一个空的距离列表 distances，第 10 ~ 12 行代码计算数据点与每个中心点之间的距离。这些距离放置在距离列表中。列表 distances (距离)、centroids (中心点) 和 clusters (聚类) 彼此并行。换而言之,对于任何特定的索引号 i,i 是指每个列表中相同聚类的数据。图 7-7 显示了三个并行列表以及它们之间的关系。

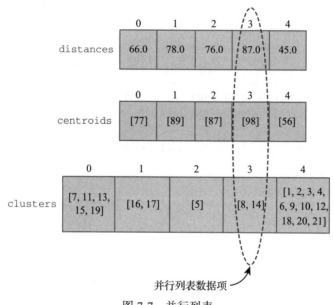

图 7-7　并行列表

一旦计算出所有的距离,就可以找到最近的中心点。回想一下,Python 提供了一个名为 min 的函数,该函数返回列表中的最小值 (第 14 行代码)。一旦知道最小值,就可以使用名为 index 的列表方法来查找距离列表 distances 中出现最小值的位置 (第 15 行代码)。最小值的索引告诉我们数据点应该属于哪个聚类。通过使用该索引,我们可以访问聚类列表并将键附加到对应的聚类中 (第 17 行代码)。同样,需要注意的是,我们存储的是键,而不是实际的数据点。

K- 均值算法的最后一步要求我们重新计算每个聚类的中心点。由于一个聚类的中心点就是聚类中所有数据点的平均值,因此可以遍历这些点,创建一个动态求和,然后除以数据点的数量。

程序清单 7-8 的第 19 ~ 31 行用于重新计算中心点。第 19 行很重要,因为我们的数据点可以是多维的。在此行代码中,dimensions 是数据点内的维度数。对于我们的考试分数示例,其值将为 1。回想一下,为了计算新的中心点,我们必须取每个维度中坐标值的平均值。

动态求和列表 (由 sums 表示) 中将包括数据点的每个维度的累加和。每个元素都初始化为 0。在程序清单 7-8 中,第 24 ~ 25 行代码计算元素的动态求和,第 26 ~ 29 行代码计算平均值。最后一条语句 (第 31 行代码) 将平均值赋给中心点列表中的正确位置。

回想一下,聚类过程被重复了很多次。在程序清单 7-8 中,参数 repeats 允许用户决定需要执行多少次迭代。程序清单 7-8 还包括一小段代码 (第 33 ~ 37 行),在每次聚类之后输出聚类的内容。

最后,程序清单 7-9 显示了一个函数,它将对 cs150exams.txt 数据文件执行聚类分析。总共执行三次聚类过程,每次生成五个聚类。

程序清单 7-9   考试成绩数据集的聚类分析

```
1  def clusterAnalysis(dataFile):
2      examDict = readFile(dataFile)
3      examCentroids = createCentroids(5, examDict)
4      examClusters = createClusters(5, examCentroids, examDict, 3)
```

运行程序时，将会产生会话 7-2 中的输出。在第一次聚类分析中，考试分数分布在五个聚类中。第二次聚类分析结果表明，由于在第一遍之后计算的新中心点的值，某些分数已移动。最后一次聚类分析表明聚类的最终修正结果。如果我们使用这个分析来分配分数，可能会建议第一个聚类是"A"，第二个聚类是"F"，依此类推。当然，由于初始中心点是随机选择的，因此再次运行程序可能会得到不同的结果。

会话 7-2   考试成绩的聚类

```
>>> clusterAnalysis("cs150exams.txt")

****PASS 1 ****
CLUSTER
[98] [98] [90] [89]
CLUSTER
[34] [12] [44] [45] [25] [34] [12] [45] [22] [11]
CLUSTER
[56] [76] [76] [77]
CLUSTER
[87]
CLUSTER
[78] [78]
****PASS 2 ****
CLUSTER
[98] [98]
CLUSTER
[34] [12] [44] [45] [25] [34] [12] [45] [22] [11]
CLUSTER
[56]
CLUSTER
[87] [90] [89]
CLUSTER
[76] [76] [78] [78] [77]
****PASS 3 ****
CLUSTER
[98] [98]
CLUSTER
[34] [12] [25] [34] [12] [22] [11]
CLUSTER
[56] [44] [45] [45]
CLUSTER
[87] [90] [89]
CLUSTER
[76] [76] [78] [78] [77]
```

动手实践

7.5 导入 clusterAnalysis 函数，并使用考试成绩数据运行该函数。把结果和会话 7-2 中的结果进行比较。

7.6 再次运行 clusterAnalysis 函数，使用不同的聚类数量和迭代次数。

7.7 修改 createClusters 函数，要求外循环使用不定迭代。当聚类不再变化时，停止循环。

7.8 如果聚类数据波动比较大，则上一题将无限死循环。添加另一个循环条件，确保迭代次数不超过 maxRepeats 次。

7.9 实现另一个不同的距离算法，并使用该算法对考试成绩进行聚类分析。结果是否观察到聚类的变化？

7.5 实现聚类分析：地震数据

在第 5 章中，我们使用了描述 2018 年下半年某个月内发生的 501 次地震的真实数据。给定原始数据，可能很难在此数据集中发现任何类型的模式或者相似性。然而，如果扩展上一节讨论的聚类分析技术，则可能会发现一些有趣的结果。

7.5.1 文件处理

第一个需要解决的问题是寻找一种处理和存储包含在数据文件中数据的方法，以便用于随后的聚类算法。回想一下，在 earthquakes.csv 文件中，第一行包含标识每个数据项的标题，如下所示：

```
time,latitude,longitude,depth,mag,magType,nst,gap,dmin,rms,net,id,updated,place,
type,horizontalError,depthError,magError,magNst,status,locationSource,magSource
```

文件的其他各行记录了一次地震数据。第一次地震的文本行内容如下所示：

```
2018-10-10T16:18:27.120Z,-10.9133,162.3903,35,5.1,mb,,63,
2.816,0.83,us,us1000ha2w,2018-10-10T16:37:38.040Z,"72km SE of
Kirakira, Solomon Islands",earthquake,9.2,2,0.048,139,reviewed,us,us
```

这条记录为所罗门群岛（Solomon Islands）地区 35 公里深处发生的 5.1 级地震，还提供了准确的纬度（-10.9133）和经度（162.3903）。

在本例中，我们将聚类分析算法应用于每一次地震的位置数据。换而言之，我们希望观察到地震是否可以按照彼此位置接近来进行聚类。为此，我们需要了解位置数据是如何存储在文件中的，以及数据的含义。

每次地震的位置都是以一对值来描述的：经度和纬度。纬度值从北到南，其中零纬度位于赤道。地球北极的纬度值是 +90，南极的纬度值是 -90。

类似地，经度值从西到东，其中，零经度是本初子午线，这是一条虚构的线，从北到南穿过英国的格林威治。地球最西边经度的测量值为 -180；最东边经度的测量值为 +180，因为假设地球是赤道上的一个 360 度圆。

因此，数据点具有两个维度：纬度和经度。前文描述的算法仍然有效，正如所料，前文努力设计 euclidD 函数，以适用于多维数据点。

接下来，我们可以从文件中提取必要的数据。再观察以下示例数据行，结果发现对于每次地震，数据项之间使用逗号分隔。因此我们可以使用 csv 模块轻松提取所需的数据值，如会话 7-3 所示。回想一下第 5 章的内容，csv.reader 方法可以解析文件中逗号分隔的值，并且 next 函数返回文件中的下一行文本内容。

会话 7-3 地震数据的文件处理

```
import csv
with open("earthquakes.csv", "r") as dataFile:
    csvReader = csv.reader(dataFile)          # 获取迭代器
```

```
    titles = next(csvReader)                # 读取标题行
    print("titles:", titles)                # 输出标题行

    earthquakeLine = next(csvReader)        # 读取第一次地震数据行
    print("earthquake:", earthquakeLine)    # 输出所有数据
    print("latitude:", earthquakeLine[1])   # 输出纬度
    print("longitude:", earthquakeLine[2])  # 输出经度
```

```
titles: ['time', 'latitude', 'longitude', 'depth', 'mag', 'magType',
'nst', 'gap', 'dmin', 'rms', 'net', 'id', 'updated', 'place', 'type',
'horizontalError', 'depthError', 'magError', 'magNst', 'status',
'locationSource', 'magSource']

earthquake: ['2018-10-10T16:18:27.120Z', '-10.9133', '162.3903',
'35', '5.1', 'mb', '', '63', '2.816', '0.83', 'us', 'us1000ha2w',
'2018-10-10T16:37:38.040Z', '72km SE of Kirakira, Solomon Islands',
'earthquake', '9.2', '2', '0.048', '139', 'reviewed', 'us', 'us']

latitude: -10.9133

longitude: 162.3903
```

接下来，我们可以使用会话 7-3 所示的框架来构建 Python 代码。打开文件后，我们遍历行并提取纬度和经度。程序清单 7-10 显示了 `readEarthquakeFile` 函数，它创建了一个二维数据点的数据字典。

我们继续使用键作为引用文件中行的方法。在本例中，`dataDict` 字典将键与经度 - 纬度数据点关联起来。程序清单 7-10 的第 12 ～ 13 行代码提取经度和纬度数据。注意，我们需要将这些字符串值转换为浮点数。

程序清单 7-10　处理地震数据文件

```
1   import csv
2
3   def readEarthquakeFile(filename):
4       with open(filename, "r") as dataFile:
5           csvReader = csv.reader(dataFile)
6           titles = next(csvReader) # 读取并跳过标题行
7           dataDict = {}
8           key = 0
9
10          for aLine in csvReader:
11              key = key + 1            # 键是行号
12              lat = float(aLine[1])    # 抽取纬度数据
13              long = float(aLine[2])   # 抽取经度数据
14              dataDict[key] = [long, lat]
15
16      return dataDict
```

一旦有了数据点，就可以调用 `clusterAnalysis` 函数。请注意，我们需要决定要创建多少个聚类以及应该使用多少次迭代。不幸的是，当运行程序时，输出的结果（这里显示的是输出内容的一个片段）很难理解。导致结果不够清晰的原因在于，简单的输出机制通过显示数据点来显示每个聚类的内容。

```
CLUSTER
[146.712, -6.2006] [147.504, -6.1655] [149.6353, -7.2249]
[137.9981, -4.7443] [152.9227, -5.5726] [148.9031, -6.2192]
[150.2422, -5.5813] [149.6856, -3.4337]
...
```

7.5.2 可视化

如果对上述程序稍微进行改进，那么结果就非常有表现力。本节将使用**可视化**方法绘制地震在世界地图上的位置，并将这些地震聚类显示为地图上的点，而不是在长列表中打印出经度和纬度。这种"可视化"数据的过程非常有用，特别是如果我们正在寻找从长数据列表中可能看不到的关系。寻找某种方法来可视化聚类非常普遍。

作为这种可视化的一个例子，请观察图 7-8，其中地震数据已经使用六个聚类进行了处理。每次地震在地图上都显示为一个点。此外，对聚类进行了着色，以区分不同的聚类。我们可以很容易地识别出一些与地震发生地点有关的关系（尽管读者可能已经知道了这个关系）。

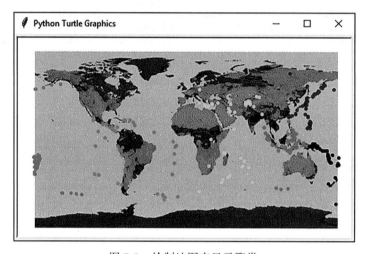

图 7-8　绘制地图来显示聚类

我们可以通过再次使用熟悉的 `turtle` 模块来轻松构建本例中的可视化。基本的思想是使用 `turtle` 在经度和纬度决定的每个地震位置上绘制一个彩色"点"。颜色将取决于地震所属的聚类。最具挑战性的部分是设置绘图窗口，使地图以及坐标与经纬度值相一致。

程序清单 7-11 显示了一个生成聚类并将其可视化的函数。首先，我们使用 `readEarthquakeFile`、`createCentroids` 和 `createClusters` 函数。在计算出聚类之后，我们使用 Turtle 构造方法创建一个名为 `quakeT` 的 `turtle` 对象。再次观察图 7-8，可以发现在绘图窗口的背景中还包含了一幅世界地图。世界地图的图像存储在名为 `worldmap.gif` 的文件中，其宽为 448 像素、高为 252 像素。通过使用 `bgpic` 方法（第 8 行代码），可以将此图像设置为绘图窗口的背景图片。由于我们希望绘图窗口只包含地图的区域，因此可以使用 `screensize` 方法（第 9 行代码）重置绘图窗口的宽度和高度。

程序清单 7-11　可视化地震数据聚类

```
1    def visualizeQuakes(dataFile):
2        dataDict = readEarthquakeFile(dataFile)
3        quakeCentroids = createCentroids(6, dataDict)
4        clusters = createClusters(6, quakeCentroids, dataDict, 7)
5
6        quakeT = turtle.Turtle()
7        quakeWin = turtle.Screen()
8        quakeWin.bgpic("worldmap.gif")
9        quakeWin.screensize(448, 252)
```

```
10
11          wFactor = (quakeWin.screensize()[0]/2)/180
12          hFactor = (quakeWin.screensize()[1]/2)/90
13
14          quakeT.hideturtle()
15          quakeT.up()
16
17          colorList = ["red","lawngreen","blue","orange","cyan","yellow"]
18
19          for clusterIndex in range(6):
20              quakeT.color(colorList[clusterIndex]) #选择聚类颜色
21              for aKey in clusters[clusterIndex]:
22                  lon = dataDict[aKey][0]
23                  lat = dataDict[aKey][1]
24                  quakeT.goto(lon * wFactor, lat * hFactor)
25                  quakeT.dot()
26          quakeWin.exitonclick()
```

基于前文有关经度和纬度的讨论，我们知道地图的左下角坐标是位置（−180，−90），右上角坐标是（180，90）。我们可以通过识别当前的左下角坐标（−224，−126）、右上角坐标（224，126）来"重新映射"绘图。因此，只需计算宽度和高度的乘法因子（分别为第11行和第12行代码中的 wFactor 和 hFactor），并在绘制经度和纬度（第24行代码）时使用它们。

第14～15行代码关闭 turtle 的位置标记，抬起 turtle 的尾巴，这样 turtle 从一个位置移到另一个位置时就不会绘制直线。最后，第17行代码创建一个颜色列表，用于区分不同的聚类：第一个聚类为 red（红色）、第二个聚类为 lawngreen（草绿色），依此类推。

接下来，我们就可以通过对聚类进行迭代来显示每个聚类的内容，并处理聚类中的每次地震。第20行代码通过使用 clusterIndex 作为颜色列表 colorList 的索引来设置 turtle 尾巴的颜色。对于聚类中的每次地震，我们从 dataDict 中提取经度和纬度数据，并使用这两个值作为 turtle 的坐标。一旦 turtle 被引导到正确的位置，则调用 dot 方法，使用 turtle 尾巴当前的颜色绘制一个点。请注意，颜色列表中的颜色数目必须至少与正在创建的聚类数目相同，以便每个聚类获得唯一的颜色。

动手实践

7.10　导入并运行 visualizeQuakes 函数。比较你的运行结果与本书示例中的结果。

7.11　尝试修改聚类的数量。请注意，如果增加了聚类的数量，请务必添加更多的颜色到颜色列表中。

7.12　浏览网站 http://earthquake.usgs.gov，下载最近7天的地震数据到一个 CSV 文件中。

7.13　使用前一道题中下载的地震数据，尝试使用地震的深度来代替纬度和经度以进行聚类分析。

7.6　聚类分析的缺陷及解决方法

基本的 K- 均值聚类分析算法易于实现，但会导致许多问题。本节将简要地描述其中的一些问题，并将解决方案作为练习留给读者。

算法的第二步要求选取 k 个数据点作为初始中心点。我们的解决方案是使用随机选择，但这意味着程序的两次运行可能会产生不同的结果。从直觉上看，我们可以通过一种更有意义的方式选择中心点，以更加有效地指导最终构建聚类的方式。这种方式可以基于用户输入或者数据分析。

随着迭代过程的继续，聚类可能会变成空的。在我们的实现中，一旦聚类变为空，就无法重新填充，因为它不再具有中心点。另外，当聚类变为空时，我们可能希望创建一个新的中心点，以便在下一次迭代中添加数据点。当然，还可以保持聚类一直为空，从而最终的聚类数目比最初指定的要少，这就是实现中会发生的情况。

有时聚类可能会变得非常大，或者可能包含看起来不相关的数据点。当数据集中的某些数据点与其他数据点明显不同时（这些点称为**异常值**），就会发生这种情况。当发现异常值时，我们可能需要提供一些特殊的处理来为异常值创建一个额外的聚类，或者从所有的聚类中排除异常值，从而消除异常值对中心点计算的影响。

动手实践

7.14 实现一个解决方案，解决空聚类的问题。

7.15 实现一个解决方案，解决重复数据值的问题。当数据集中包括两个相同的考试成绩（属于不同的学生）时，就会发生这种情况。

7.16 实现一个随机中心点选择的替代方案，要求允许用户指定中心点。

7.17 实现一个随机中心点选择的替代方案，执行一些简单的数据分析以选择"最佳"中心点。

7.18 编写一个函数，在数据集中查找和消除异常值。

7.7 本章小结

在本章中，我们实现了 *K*- 均值算法，这是一种简单易实现的聚类分析技术，但在某些情况下容易出现问题。这种方法可以应用于各种各样的应用领域，并以相当高效的方式执行。还有很多其他的聚类分析技术，强烈建议读者尝试其中一些技术并进行比较。

作为实现的一部分，我们重新讨论了循环迭代的概念，并且更加深入地讨论了 while 语句。我们使用列表（特别是并行列表和字典）作为组织数据的手段。最后，我们实现了聚类分析结果的可视化。

关键术语

centroid（中心点，质心）

change of state（循环条件状态的更改）

cluster analysis（聚类分析）

cluster（聚类，簇）

condition（循环条件）

data mining（数据挖掘）

definite iteration（确定迭代）

Euclidian distance（欧几里得距离）

indefinite iteration（不定迭代）

infinite loop（无限死循环）

initialization（初始化）

outlier（异常值）

K-means algorithm（*K*- 均值算法）

visualization（可视化）

Python 关键字

```
while
```

编程练习题

7.1 寻找自己感兴趣的数据集，并将本章中描述的聚类分析技术应用于该数据集。可能的数据集包括体育统计数据集、天气数据集和医疗数据集等。

7.2 研究其他聚类分析算法，并在本章的数据上实现。比较结果的区别。

密码分析学

本章介绍复杂的字典和列表以及正则表达式。

8.1 本章目标

- 了解在 Python 中使用字典的复杂示例。
- 了解在 Python 中使用列表的复杂示例。
- 使用正则表达式进行模式匹配。
- 了解简单的程序如何帮助解决更复杂的问题。

8.2 概述

在第 3 章中，我们研究了几种加密消息的算法。当今最安全的加密算法之一是 RSA，它以其作者罗纳德·李维斯特（Ron Rivest）、阿迪·萨莫尔（Adi Shamir）和伦纳德·阿德曼（Leonard Adleman）的名字命名。当我们与银行建立安全连接或在线购物时，我们的 Web 浏览器会使用 RSA。显然，任何广泛用于此类敏感数据的加密技术都将成为许多攻击的目标。如果有人学会了如何破解 RSA，那么此人很容易盗取许多银行账号和密码。

在本章中，我们将重点讨论密码破解领域，即**密码分析学**（cryptanalysis）。当然，破译密码的研究和加密领域一样古老。事实上，一些最早的计算机科学家深入研究了密码分析学。差分引擎的设计者查尔斯·巴贝奇（Charles Babbage）曾致力于破解我们在第 3 章中研究过的维吉尼亚加密算法。艾伦·图灵（Alan Turing）——人工智能图灵测试和图灵机的创造者——曾负责在二战期间破解德国的密码。

对于有机会使用超级计算机或者想要研究分布式计算的人来说，使用暴力破解高级密码是一项有趣的练习。第 3 章中介绍的围栏加密算法在任何计算机上都可以使用暴力破解算法轻易破解。**暴力破解算法**简单地尝试一切可能的组合。然而，许多计算机科学的初学者不愿意尝试用暴力破解算法来解决任何问题，他们说服自己"一定有更好的方法"。事实上，很多时候，暴力破解方案是可行的，因为它利用了计算机可以每秒快速执行数百万次计算的能力。

作为一项关于问题求解的挑战，我们将讨论更多破解密码的有趣方法。特别是，本章提供了一些简短的 Python 程序示例，这些程序可以增强人类解决问题的能力。正如我们使用计算器来解决复杂的数学问题一样，简短的 Python 程序可以帮助我们解决其他复杂的问题。

本章首先讨论一个简单的暴力破解算法来破解围栏加密算法。接下来，我们将展示如何使用频率分析来破解替换加密算法。

8.3 破解围栏加密算法

在第 3 章中讨论的一个程序设计问题是编写一个称为**围栏加密算法**的置换加密算法的通用版本。在第 3 章中，我们使用了双轨围栏，将奇偶字符放在单独的围栏中。在本节中，我们将介绍一种暴力技术来破解围栏加密算法。让我们先回顾一下围栏加密算法的操作步骤。

围栏加密算法的关键是使用的围栏数量。当我们知道围栏的数量时，就可以通过从上到下和从左到右填充围栏来加密消息。例如，假设我们希望使用三个围栏来加密消息"new ipad coming tomorrow"。

围栏 1	n			a		c		i			m	r
围栏 2	e		i		d		o		n		t	o	o
围栏 3	w		p			m		g		o		r	w

一旦构建了围栏，就可以通过将围栏中的字母从左到右连接起来，为每个围栏创建一个新字符串。然后，我们将围栏从上到下连接起来。结果生成的密码消息为"naci mreidontoowp mgorw"。

截获此消息的密码分析人员可能知道该消息是使用围栏加密算法进行加密的，但他们不知道使用了多少围栏。解密此消息的一种暴力破解方法是尝试使用两个围栏、三个围栏、四个围栏等对消息进行解密，直到找到有意义的消息为止。

假设我们已经编写了一个函数 railDecrypt（见 8.3.3 节）来解密消息，那么可以使用一个简单的 for 循环来尝试所有可能的围栏数。会话 8-1 展示了我们首次尝试暴力破解密码的过程。通过人眼观察结果，我们发现第二次尝试是正确的解决方案。

会话 8-1　围栏加密算法的暴力破解

```
>>> cipherText = "n aci mreidontoowp mgorw"
>>> for i in range(2, len(cipherText) + 1):
        print(railDecrypt(cipherText, i))

['nn', 'taocoiw', 'pm', 'rmegiodrow']
['new', 'ipad', 'coming', 'tomorrow']
['nmn', 'rtmaeogciooidwr', 'opw']
['nienw', 'itpamdo', 'croom']
['nienwg', 'itpoamdo', 'rcroomw']
['ncmino', 'irdtwma', 'eoopg']
['ncmino', 'o', 'irdtwmra', 'eoopgw']
['naimednow', 'c', 'riotop']
['naimednow', 'c', 'riotopm']
['naimednow', 'g', 'c', 'riotopmo']
['naimednow', 'gr', 'c', 'riotopmow']
['n', 'aci', 'mreidon']
['n', 'aci', 'mreidont']
['n', 'aci', 'mreidonto']
['n', 'aci', 'mreidontoo']
['n', 'aci', 'mreidontoow']
['n', 'aci', 'mreidontoowp']
['n', 'aci', 'mreidontoowp']
['n', 'aci', 'mreidontoowp', 'm']
['n', 'aci', 'mreidontoowp', 'mg']
['n', 'aci', 'mreidontoowp', 'mgo']
['n', 'aci', 'mreidontoowp', 'mgor']
['n', 'aci', 'mreidontoowp', 'mgorw']
```

8.3.1　使用字典检查结果

正如会话 8-1 所示，暴力破解方法的问题在于，如果密文很长，那么可能需要扫描许多乱七八糟的行，然后才能找到正确的消息。改进这种情况的一种方法是，在字面上和 Python

意义上都使用字典。railDecrypt 函数返回一个字符串列表,假设我们对照字典检查每个字符串,看看其是不是一个真正的单词。如果字符串列表中的字符串出现在字典中的比例比较高,那么更有可能表示真实的消息。

不需要包含单词及其定义的字典,相反,只需要一个包含大量单词的文件。可以从互联网上免费获得许多类似的单词列表。我们将使用一个存储在名为 wordlist.txt 文件中的单词列表。

文件 wordlist.txt 中包含 41 238 个英文单词,每行一个单词。为了方便查找单词,我们把这个文件加载到 Python 字典中。程序清单 8-1 是一个函数示例,该函数读取一个单词文件,并返回一个包含该文件中所有单词的 Python 字典。

程序清单 8-1 从文件中读取单词到一个字典

```
1  def createWordDict(dName):
2      myDict = {}
3      with open(dName, 'r') as myFile:
4          for line in myFile:
5              myDict[line[:-1]] = True   # 把所有的值都设置为 True
6      return myDict
```

既然我们没有将有用的值与键一起存储,读者可能会提出疑问:"为什么要使用字典?"答案是为了提高处理速度。假设将 createWordDict 函数重写为 createWordList,其中 createWordList 返回单词列表而不是字典,那么我们仍然可以使用以下 Python 语句检查单词是否在单词列表中:

```
if w in wordList:
```

如果统计一下 Python 判断一个单词是否在列表中所需的时间,我们会发现,平均而言,使用字典比使用列表要快很多倍。在这种情况下,使用字典的一个缺点是浪费存储空间,因为我们没有使用与每个键相关联的值。Python 实际上提供了一个称为集合(set)的数据类型,其行为类似于字典但只存储键。

动手实践

8.1 编写一个 createWordList 函数,根据 wordlist.txt 文件的内容创建一个单词列表。

8.2 设计一个实验,基于 createWordList 和 createWordDictionary 在创建列表或者字典时所需的时间,来衡量两者的性能。我们可以使用 time 模块中的 time.time 函数,以获取当前时钟的时间,该时间可以精确到几毫秒。通过获取任务开始之前和任务完成之后的时钟时间,可以估计任务执行所需的时间。

8.3 设计一个实验,基于 createWordList 和 createWordDictionary 在列表或者字典中查找一个单词时所需的时间,来衡量两者的性能。同样,我们可以使用 time 模块中的 time.time 函数,以获取当前时钟的时间,该时间可以精确到几毫秒。通过获取任务开始之前和任务完成之后的时钟时间,可以估计任务执行所需的时间。

8.3.2 暴力破解法

让我们回到使用暴力破解围栏加密算法的主题。现在我们可以统计字典中解密成功的单词数。我们可以通过判断哪个围栏具有最多的可识别单词数来改进破解算法。在尝试了所有可能的围栏数目之后，我们可以简单地使用正确的单词字典来查看消息。请注意，没有一个单词列表能够包含消息中的每个单词。

程序清单 8-2 显示了破解围栏加密算法的完整解决方案。在第 9 行代码中，循环开始迭代 railDecrypt 中的所有单词。如果一个单词在已知单词字典中，那么将变量 goodCount 增加 1。至此，我们发现这个模式是累加器模式。在第 12 ~ 14 行代码中，我们使用**极大极小模式**（minmax pattern）。如果当前解密的单词列表所包含的已知单词比以前的任何解密结果都多，那么我们通过将变量 maxGoodSoFar 设置为真实的单词数来加以记忆。第 12 行代码中的 if 语句检查最新的 goodCount 是否大于最大的已知 goodCount，即 maxGoodSoFar。此外，我们通过把消息赋值给变量 bestGuess 来记住其最佳版本。

程序清单 8-2　破解围栏加密算法的暴力破解算法

```
1   def railBreak(cipherText):
2       wordDict = createWordDict('wordlist.txt')
3       cipherLen = len(cipherText)
4       maxGoodSoFar = 0
5       bestGuess = "No words found in dictionary" # 默认响应
6       for i in range(2, cipherLen + 1):
7           words = railDecrypt(cipherText, i)
8           goodCount = 0        # 为新列表重置变量值
9           for w in words:
10              if w in wordDict:
11                  goodCount = goodCount + 1
12          if goodCount > maxGoodSoFar:      # 如果该列表包含更多的正确单词
13              maxGoodSoFar = goodCount
14              bestGuess = " ".join(words)  # 使用空格拼接列表中的单词
15      return bestGuess
```

仔细观察第 14 行的赋值语句。表达式 " ".join(words) 常常用于组合字符串和列表。事实上，我们可以把它看作 split 拆分函数的反函数。在本例中，join 方法将列表 words 中的所有字符串拼接在一起，并用空格字符分隔字符串。请注意，我们可以使用任意一个（或者任意多个）字符将单词拼接在一起。如果想用两个破折号分隔单词，只需将调用更改为 "--".join(words)。表 8-1 总结了 join 方法。

表 8-1　字符串方法 join

方法名称	使用方法	说明
join	separator.join(list)	字符串方法，返回由列表中的元素组成的字符串，由调用该方法的字符串分隔

会话 8-2 演示了如何查找密文所对应的正确明文。

会话 8-2　运行 railBreak 函数

```
>>> cipherText = "n aci mreidontoowp mgorw"
>>> railBreak(cipherText)
'new ipad coming tomorrow'
```

动手实践

8.4 给定一个单词的列表 ['the', 'quick', 'brown', 'fox']，在分隔字符串 ' '，

':', ', ', '--' 上使用 join 方法拼接字符。

8.5 使用程序清单 8-3 中的 railDecrypt 函数，运行程序清单 8-2 中的 railBreak 函数，破解密文 "w det zhoedhpzorr eia"。

8.6 使用围栏加密算法加密你自己的消息。把密文发送给同伴让他解密。

8.7 在互联网上查找其他单词列表以用于 railBreak 函数。比较在同一密文消息上使用不同单词列表时的 maxGoodSoFar 值。

8.3.3 一种围栏解密算法

接下来可以着手编写 railDecrypt 函数，我们已经在前面的小节中使用了这个函数。围栏解密算法的关键是记住消息最初是如何组合在一起的。基于这些步骤，railDecrypt 函数将简单地撤销原始操作。

让我们回到原来的例子，更加仔细地检查加密字符串（"n aci mreidontoowp mgorw"）。我们知道在这种情况下使用了三个轨道。我们还知道，因为字符串是 24 个字符长，所以每个围栏中包含 $24 \div 3 = 8$ 个字符。因为已知有三个围栏、每个围栏有 8 个字符的事实，我们知道字符 0、0+8 和 0+2*8 是每行的第一个字符，所以是解密消息的前三个字母。如表 8-2 所示，字符 0 为 'n'，字符 8 为 'e'，字符 16 为 'w'。为了确定消息的下三个字符，我们将这三个位置分别向右移动一个位置，向右移动后的位置分别为 1、1+8 和 1+2*8。结果表明接下来的三个字符分别为 ' '、'i' 和 'p'。

表 8-2　带字符索引的密文文本

0	1	2	3	4	5	6	7	8	9	10	11	12	13	14	15	16	17	18	19	20	21	22	23	24
n		a	c	i		m	r	e	i	d	o	n	t	o	o	w	p		m	g	o	r	w	

我们用来在解密消息中查找前六个字符的方法就是计算机一直为我们做的事情的一个例子。换而言之，计算机将以表格形式存储的数据的坐标转换为线性形式。计算机内存是一维结构。所以，如果希望在计算机内存中存储二维表，那么需要把对应于表中某个单元格的"行，列"坐标映射到内存中的某个位置。实际上，可以采用两种方法进行映射：**行优先顺序**（row-major order）和**列优先顺序**（column-major order）。行优先顺序是最常用的映射方法。

表 8-3 说明了如何使用行优先顺序和列优先顺序来组织 18 个连续的内存位置。

表 8-3　行优先顺序和列优先顺序存储示例

行优先顺序						列优先顺序					
1	2	3	4	5	6	1	4	7	10	13	16
7	8	9	10	11	12	2	5	8	11	14	17
13	14	15	16	17	18	3	6	9	12	15	18

对于行优先顺序存储方式，将依次存储第一行的所有值，然后存储第二行的所有值，再存储第三行的所有值，依此类推。对于列优先顺序存储方式，将依次存储第一列的所有值，然后存储第二列的所有值，再存储第三列的所有值，依此类推。问题是，如何计算任意行和任意列的值在内存中的位置？

对于行优先顺序存储方式，答案是我们在计算如何解码加密消息时所使用模式的泛化。对于给定的行和列，我们使用以下公式查找值：

```
position = column + (row × rowLength)
```

在程序清单 8-3 中，该公式出现在 railDecrypt 函数的第 6 行代码中。

程序清单 8-3 解密围栏加密算法

```
1    def railDecrypt(cipherText, numRails):
2        railLen = len(cipherText) // numRails
3        solution = ''
4        for col in range(railLen):
5            for rail in range(numRails):
6                nextLetter = col + (rail * railLen)
7                solution = solution + cipherText[nextLetter]
8        return solution.split()
```

让我们查看整个 railDecrypt 函数。首先要注意的是，密文和围栏的数量都是传递给 railDecrypt 函数的参数。第 4 ～ 7 行中的嵌套 for 循环就好像我们正在访问原始二维表格格式的消息字符一样。第 6 行的代码允许我们计算一维字符串的索引。

最后要注意的是，如果还没有按照第 3 章中所述方法编写 railEncrypt 函数，则可以将此函数视为使用列优先顺序方案对原始明文字符串的转换。在列优先顺序格式中，查找内存位置的公式如下：

```
position = row + (column × numRows)
```

列优先顺序计算允许我们将明文字符串视为以列优先顺序存储的字符表。按逐列方式迭代字符串，并使用累加器模式，可以得到刚刚解码的密文字符串。

➕➖ 动手实践

8.8 编写一个 railEncrypt 函数，使用前文刚刚描述的列优先顺序存储模式。

8.9 我们已经理解了 railDecrypt 函数的细节，还可以从两个方面加以改进：

(a) 不需要检查围栏数量大于消息长度除以 2 的情况。你能解释一下原因吗？

(b) 只需要检查围栏数量能够平均划分消息总长度的情况。你能解释一下原因吗？

8.4 破解替换加密算法

替换加密算法比围栏加密算法更难破解。如前所述，可能的密钥数量为 26!，或者大约为 4×10^{26} 种不同的字母表排列。显然，使用暴力破解策略寻找密钥将要花很长时间。然而，替换加密算法确实存在一个致命的缺陷，我们可以加以利用。

替换加密算法中的缺陷允许我们利用英语中的模式来帮助推断密钥中的字母。我们将利用的第一个模式是，英语中的一些字母比其他字母的使用频率更高。如果计算每一个字母在诸如本书或者任何一篇英语文章中出现的次数，我们会发现字母 e、t、a、o 和 i 出现的频率比字母表中的其他字母都要高。

8.4.1 字母频率

我们可以编写自己的程序来计算文本中字母的频率。为了报告字母频率，可以简单地统计每个字母出现的总数。但是，这个总数将根据文档的大小而变化。更好的方法是报告每个字母的百分比，即每个字母的总数除以所有字母的总数。我们将保持分析的简洁性。图 8-1 显示了我们从字母频率程序中查找的结果图表。

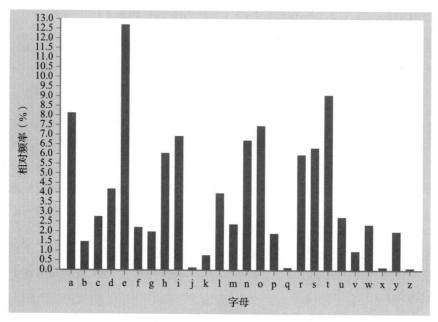

图 8-1　字母的相对频率

为了生成用于绘制图 8-1 中图表的数据，我们将编写一个 Python 函数，它以字符串 text 作为参数。对于字母表中的每个字母，函数将打印每个字母在 text 中出现的次数以及在 text 的总字符数中所占的百分比。统计字母的个数很容易，因为我们可以使用字符串类的 count 方法。编写此函数更困难的部分是如何获得准确的百分比。为此，我们需要忽略非字母字符，例如空格、标点符号和数字。

忽略非字母字符的一个有效方法是在开始计数之前将它们从字符串中删除。因此，我们需要一种从 text 中删除所有非字母字符的方法。在前文中，我们曾经编写了一个称为 removeMatches 的函数，可以从字符串中删除字符。尽管还没有一个包含所有非字母字符的方便字符串，但我们肯定可以创建一个。会话 8-3 重新定义了 removeMatches 函数，并演示如何通过从字符串中删除需要计数的所有字母来生成非字母字符串。然后我们再次调用 removeMatches，删除所有的非字母字符。会话结束时生成的文本字符串将用于我们的计数函数分析。

会话 8-3　演示 removeMatches

```
>>> def removeMatches(myString, removeString):
        newStr = ""
        for ch in myString:
            if ch not in removeString:
                newStr = newStr + ch
        return newStr
>>> text = 'Are there 25, 26, or 27 non-letters to remove?'
>>> text = text.lower()
>>> text
```

```
'are there 25, 26, or 27 non-letters to remove?'
>>> nonLetters = removeMatches(text, 'abcdefghijklmnopqrstuvwxyz')
>>> nonLetters
'  25,  26,  27 -  ?'
>>> text = removeMatches(text, nonLetters)
>>> text
'arethereornonletterstoremove'
```

为了统计字母表中的所有字母，我们将使用在第 4 章中介绍的字典技术来跟踪数字的频率。字典里每个词条的键是字母。为了构建字典，我们只需遍历字符串中的所有字符。字典最初将跟踪字符串中每个字符出现的次数。在所有的计数完成后，我们将再次遍历字典并将计数转换成百分比。程序清单 8-4 显示了字母计数函数的 Python 代码。

程序清单 8-4　统计字母表中各字母在文本中出现的频率

```
 1  def letterFrequency(text):
 2      text = text.lower()
 3      nonLetters = removeMatches(text, 'abcdefghijklmnopqrstuvwxyz')
 4      text = removeMatches(text, nonLetters)
 5      lCount = {}
 6      total = len(text)
 7      for ch in text:      # 统计各字母出现的次数
 8          lCount[ch] = lCount.get(ch, 0) + 1
 9      for ch in lCount:   # 计算百分比
10          lCount[ch] = lCount[ch] / total
11      return lCount
```

让我们通过一个会话来统计赫伯特·乔治·威尔斯（H.G.Wells）的 *War of the Worlds* 一书中的字母频率，这本小说没有版权限制，可以从古腾堡计划（http://www.gutenberg.org）上免费下载。古腾堡计划要求如果下载电子书籍则需要打印这份版权声明，并提及其著作：

This eBook is for the use of anyone anywhere in the United States and most other parts of the world at no cost and with almost no restrictions whatsoever. You may copy it, give it away, or reuse it under the terms of the Project Gutenberg License included with this eBook or online at www.gutenberg.org. If you are not located in the United States, you'll have to check the laws of the country where you are located before using this eBook.

（在美国以及世界上大多数地方，任何人都可以使用这本电子书，不需要任何成本，也几乎没有任何限制。您可以根据本电子书中包含的"古腾堡项目"许可证的条款（也可以在线访问 www.gutenberg.org 来获取）复制、发布或者重用本书。如果您不在美国，在使用本电子书之前，您必须遵守您所在国家的相关法律法规。）

我们将把这本书的 .txt 版本保存为 wells.txt。下载这本书时，我们可能会注意到 .txt 文件是 UTF-8 格式的。因此，为了读取此文件，需要在 open 函数中使用 encoding 关键字参数来指定编码格式。我们使用值 'utf-8' 作为文本格式。

打开文件后，我们将使用 read 方法从磁盘中读取整个文件内容到一个字符串。然后我们使用 letterFrequency 函数来计算每个字母的相对频率。会话 8-4 演示了 letterFrequency 的实际应用。

会话 8-4　*War of the Worlds* 一书的字母频率表

```
>>> with open('wells.txt', 'r', encoding='utf-8') as wells:
        text = wells.read()
>>> lf = letterFrequency(text)
```

```
>>> for letter in 'abcdefghijklmnopqrstuvwxyz':
        print(letter, lf.get(letter))
a 0.08320891420222216
b 0.015231738758834941
c 0.023973586498189568
d 0.04755707025750327
e 0.1250988555804197
f 0.022874206052266675
g 0.02420055536444462
h 0.060274419544856496
i 0.068158041258684422
j 0.0009788032357248995
k 0.00767438479024885
l 0.037960542881156974
m 0.0256013788358625
n 0.07199523365380864
o 0.07110509013146463
p 0.018068849587023057
q 0.0006738138216946772
r 0.05987722402891016
s 0.06015029594612326
t 0.09667809785904524
u 0.026817790103448154
v 0.008844693006876448s8
w 0.023047979090493196
x 0.0014646584650521142
y 0.018104313472375407
z 0.0003794635732701603
```

当然，如果能够按字母的频率对信息从高到低排序，那么结果会更加有意义。为此，首先从字典中将信息提取到列表中，然后对列表进行排序。我们可以使用 items 方法从字典中提取所有键-值对，然后使用 list 函数。例如，按字母频率字典中的 items 数据项返回列表中的前三个元素如下：

```
>>> list(lf.items()) [:3]
[('t', 0.09667809785904524),
 ('h', 0.060274419544856496),
 ('e', 0.1250988555804197)]
```

请注意，字典中数据项的顺序与键的输入顺序相同。正如所料，该书中的前三个字母是"the"。

针对列表操作的 sort 函数功能非常强大，如表 8-4 所示。让我们看看如何使用 sort 函数将这个列表按从最常用的字母到最不常用的字母进行排序。读者可能会有疑问：sort 函数如何知道在对该列表进行排序时应该使用哪个值？请记住，列表可以包含任何 Python 对象，因此 sort 函数必须能够对任何类型的对象进行排序。在本例中，列表中的元素是元组，因此 sort 函数默认使用元组的第一个元素。幸运的是，sort 函数采用了一些可选的关键字参数，使其更加灵活。

表 8-4　用于列表排序的 sort 函数

函数名称	使用方法	说明
sort(key = None, reverse = False)	list.sort(key = sortKey, reverse = True)	执行列表的就地排序，即修改列表。 关键字参数： ● key：指定用于比较数据项的函数；默认值为 None，表示按第一个元素排序 ● reverse：指定列表是否应按降序顺序（从高到低）排序；默认值为从低到高（False）

sort 方法的两个关键字参数是 key 和 reverse，如表 8-4 所示。调用 sort 时，如果关键字参数 reverse 设置为 True，那么 sort 函数将按从最大值到最小值的顺序对列表进行排序。会话 8-5 演示了一个简单整数列表的降序排序。

会话 8-5　按降序对列表进行排序

```
>>> xList = [3, 7, 4, 9]
>>> xList.sort(reverse = True)
>>> xList
[9, 7, 4, 3]
```

关键字参数 key 使得我们能够编写一个函数，该函数将一个对象作为参数，从该对象返回一个值，并将该值用作该对象的排序键。例如，假设我们有一个海龟列表，我们希望根据每个 turtle 的 x 坐标来排序。在这个场景中，我们的函数将返回 turtle 的 x 值。在我们的字典中，我们希望编写一个函数，它可以从元组返回频率数。这是一个非常短小的、仅包含两行代码的函数，如程序清单 8-5 所示。

程序清单 8-5　返回元组的第二个值

```
1   def getFreq(t):
2       return t[1]        # 返回元组的第二个数据项
```

使用 getFreq 函数以及 key 和 reverse 参数，我们可以实现按字母频率从最高到最低对我们的字母频率字典进行排序（见会话 8-6）。sort 方法实现了就地排序，换而言之，它修改了正在排序的列表。sort 方法不会创建新列表，也不返回任何值。一个常见的错误是编写诸如 myList = myList.sort() 的语句。读者可以尝试运行该语句，结果会发现，myList 被设置为 None，而不是排序后的列表。

> **摘要总结**　sort 方法实现了就地排序，并且不会返回任何值。

会话 8-6　*War of the Worlds* 一书的降序字母频率表

```
>>> lfList = list(lf.items())
>>> lfList.sort(key = getFreq, reverse = True)
>>> for entry in lfList:        # 每个数据项都是一个元组
      print("{0} {1:.3f}".format(entry[0], entry[1]))

e 0.125
t 0.097
a 0.083
n 0.072
o 0.071
i 0.068
h 0.060
s 0.060
r 0.060
d 0.048
l 0.038
u 0.027
m 0.026
g 0.024
c 0.024
w 0.023
f 0.023
y 0.018
```

```
p 0.018
b 0.015
v 0.009
k 0.008
x 0.001
j 0.001
q 0.001
z 0.000
```

动手实践

8.10 对以下语句求值：

```
l1 = [4, 5, 3, 9, 1, 6, 7]
l1.sort()
```

上述语句执行完成后，l1 的值是什么？

8.11 编写一个函数 extractLetters，将所有字母字符保留在字符串中。此函数可以用于代替对 removeMatches 的两次调用。

8.4.2 密文频率分析

字母的频率分布对于破解替换加密算法至关重要。由于替换加密算法将明文替换为密文时采用的是一对一的方式，因此明文中频率最高的字母也将是密文中频率最高的字母。这一小部分信息足以基于**频率分析**来破解加密信息。

让我们对下面一段密文进行一些密码分析：

ul ilahvble jkhbevbt hk kul letl cs kul dvk kuhk kul kuvbt uhe ahel sci vkjlzs jkhivbt hk vkj jkihbtl hddlhihbwl hjkcbvjule wuvlszq hk vkj mbmjmhz juhdl hbe wczcmi hbe evazq dliwlvnvbt lnlb kulb jcal lnvelbwl cseljvtb vb vkj hiivnhz kul lhizq acivbvt ohj ocbelismzzq jkvzz hbe kul jmb xmjk wzlhivbt kul dvbl killj kcohiej olqgivetl ohj hzilheq ohia ul eve bck ilalagli ulhivbt hbq gviej kuhk acivbvt kulil ohj wlikhvbzq bc gillrl jkviivbt hbe kul cbzq jcmbej olil kul shvbk acnlalbkj sica ovkuvb kul wvbeliq wqzvbeli ul ohj hzz hzcbl cb kul wcaacb

破译上述密文的第一步是将我们的字母频率分析应用于加密文本。结果如表 8-5 所示。

表 8-5　密文中字母的相对频率表

频率	字母	频率	字母
0.134	l	0.024	q
0.095	b	0.022	w
0.086	k	0.022	o
0.086	h	0.018	s
0.077	v	0.018	m
0.070	i	0.013	d
0.059	j	0.011	n
0.053	u	0.009	g
0.051	e	0.002	x
0.046	c	0.002	r
0.042	z	0.000	y
0.031	a	0.000	p
0.029	t	0.000	f

一种方法是希望我们能找到明文样本和密文之间字母频率的精确匹配。如果上述结论成立的话，我们可以根据字母的频率高低进行匹配，从而找出对应关系：e ↔ l, t ↔ b, a ↔ k, n ↔ h, 等等。使用这些字母替换，密文的第一行将被解密为："se ieunoter hantrotm na a se erme dfase yoa asna ase astom snr unre fdi oahelf haniotmna oah haintme"。显然，直接映射并没有得到正确的答案。

8.4.3　字母对分析

因为字母的频率在某种程度上会有一定的变化（特别是在较小的样本中），所以我们需要尝试更灵活的方法来匹配字母。首先假设四个最流行的明文字母将按一定顺序与四个最流行的密文字母匹配。例如，密文 'l' 将匹配 'e'、't'、'n' 或者 'a'。同样，密文字母 'b'、'k' 和 'h' 将匹配 'e'、't'、'n' 或者 'a' 中的某一个。

注意，四个最流行的明文字母中有两个是元音，两个是辅音。从统计学上区分元音和辅音的一种方法是注意元音经常出现在字母表中几乎任何其他字母的前面或者后面。辅音则通常出现在少量字母的旁边。这意味着我们可以编写一个字母频率函数的变体，用于计算每个字母在另一个字母旁边出现的频率。

虽然这看起来是一项艰巨的任务，但是如果我们从基本的字母频率函数开始，那么已经朝着目标取得了很大的进展。让我们看看还需要解决的其他问题：

1）该函数不是统计每个字母出现的次数，我们希望使用一个相邻字母的列表。此列表将包含出现在相关字母之前或者之后的所有字母。

2）函数的输出将是一个字典，其中包含字母表中每个字母的键和相邻字母的列表。

3）在计数时，需要注意如何处理非字母字符。如果像以前那样简单地移除非字母字符，结果将导致虚假的邻居。

同样，我们希望跟踪一些信息，这些信息可以使用字母索引，这再次表明我们可以使用字典。不同的是，我们需要跟踪比简单数字更复杂的信息。好消息是字典可以将任何 Python 对象存储为值。为了跟踪字符的邻居，我们使用该字符作为键，并将相邻字符的列表存储为值。例如，如果我们的字典被称为 myNeighbors，那么 myNeighbors['q'] 将保存出现在 'q' 旁边的字母列表。例如，在一个大文本中，字母 'q' 出现在列表 ['u', 'e', 'o', 's', 'n', 'd', 'i', 'h', 'a', 'c'] 中的字母的旁边。

一旦知道我们将使用一个列表来跟踪邻居，下一个问题就很容易解决了。在处理完字符串中的所有字符后，我们可以使用 len 函数来获取邻居列表的长度。

因此，实现新函数的步骤如下：

1）创建一个空字典 nbDict。

2）循环遍历字符串中的所有字符。

　（a）如果当前字符不在 nbDict 中，则添加空列表。否则，检索已存储的邻居列表。

　（b）添加下一个字符作为当前字符的邻居。

　（c）如果下一个字符不在 nbDict 中，则添加一个空列表。否则，检索已存储的邻居列表。

　（d）将当前字符添加为下一个字符的邻居。

3）循环遍历字典的所有键，并使用列表的长度替换列表。

4）返回字典。

在这个新函数的实现步骤描述中，有几处需要进一步说明。首先，请注意，当我们处理字符串中索引 i 处的字符时，我们将索引 i+1 处的字符添加为其邻居；同时，我们将索引 i 处的字符添加为索引 i+1 处字符的邻居。通过这种方式，可以确保当我们在列表中移动时，得到的是在每个字符之前和之后出现的相邻字符。

其次，我们需要注意在邻居列表中添加哪些字符。如果一个字母已经在邻居列表中，则不需要再添加它。此外，由于我们不希望将空格、标点符号、数字或者任何其他非字母作为邻居进行计数，因此我们将忽略这些字符。确保我们只计算字母的最简单方法是检查字符是否是字母表中 26 个字母之一。为此，我们编写了一个包含两个参数的小函数：字符和列表。我们把这个函数称为 maybeAdd。程序清单 8-6 显示了在刚才描述的条件下向列表添加字符的完整函数。

程序清单 8-6　有条件地把一个字符添加到列表中

```
1  def maybeAdd(ch, toList):
2      if ch in 'abcdefghijklmnopqrstuvwxyz' and ch not in toList:
3          toList.append(ch)
```

作为一个很好的示例，maybeAdd 函数可以有效地修改它所带的某个参数。注意，我们传递一个列表作为参数，但是函数没有返回列表，而是将字符直接附加到列表中。这简化了向字典中的列表项添加字符的过程。

注意事项　maybeAdd 函数就地修改参数列表，而不是返回修改后的列表。

会话 8-7 演示了 maybeAdd 函数的实际应用。

会话 8-7　测试 maybeAdd 函数

```
>>> myList = []
>>> maybeAdd('a', myList)    # a 是一个字母，且在列表中不存在
>>> myList
 ['a']
>>> maybeAdd('-', myList)    # - 不是一个字母
>>> myList
 ['a']
>>> maybeAdd('b', myList)    # b 是一个字母，且在列表中不存在
>>> myList
 ['a', 'b']
>>> maybeAdd('a', myList)    # a 已经在列表中
>>> myList
 ['a', 'b']
```

程序清单 8-7 显示了完整的 neighborCount 函数。关于这个函数，有几处值得注意。首先，我们使用以下语句代替迭代字符串的每一个字符：

```
for i in range(len(text) - 1)
```

因为我们需要索引当前字符和下一个字符。如果仅仅使用 len(text)，我们最终会得到一个 "index out of range"（索引超出范围）的错误。

程序清单 8-7　创建一个邻居字典

```
1  def neighborCount(text):
2      nbDict = {}
3      text = text.lower()
```

```
4          for i in range(len(text) - 1):
5              nbList = nbDict.setdefault(text[i], [])
6              maybeAdd(text[i + 1], nbList)
7              nbList = nbDict.setdefault(text[i + 1], [])
8              maybeAdd(text[i], nbList)
9          for key in nbDict.keys(): # 把列表替换为计数
10             nbDict[key] = len(nbDict.get(key))
11         return nbDict
```

另一个需要注意的语句为：

```
nbList = nbDict.setdefault(text[i],[]).
```

setdefault 方法首先检查键是否在字典中。如果不是，则添加默认值并返回对默认值的引用，然后将其分配给邻居列表。表 8-6 描述了 setdefault 方法。

表 8-6 字典的 setdefault 方法

方法名称	使用方法	说明
setdefault(key, default)	value = nDict.setdefault(dict[i], defaultValue)	如果键在字典中不存在，则插入键 key，并返回 default。如果键在字典中存在，则返回该键对应的值

上述这条语句等价于程序清单 8-8 中所示的 Python 代码。

程序清单 8-8　添加一个新的默认值到字典中

```
1      nbList = nbDict.get(text[i])
2      if nbList == None:
3          nbDict[text[i]] = []
4          nbList = nbDict[text[i]]
```

在使用字典时，这种模式很常见。使用 setdefault 方法是一个良好的编程实践，因为它减少了需要编写的代码量，并减少了出错的机会。

注意事项　使用 setdefault 方法可以减少需要编写的代码量，并减少出错的机会。

接下来，我们将使用 neighborCount 函数继续分析密文。会话 8-8 演示了 neighborCount 函数的实际应用。在创建了 freqDict 字典之后，我们打印常用字母 'e'、'n' 和 't' 的邻居数目。

会话 8-8　字母 e、n 和 t 的邻居数目

```
>>> freqDict = neighborCount(text)
>>> for i in 'ent':
        print(i, freqDict[i])
e 26
n 25
t 21
```

正如会话 8-8 中所示，e 出现在 26 个不同的字母旁边，n 出现在 25 个不同的字母旁边，t 出现在 21 个不同的字母旁边。我们希望这个结果能让我们很容易地区分元音和辅音。不幸的是，事实并非如此。为了使这些计数更有用，我们需要更多的细节。例如，e 可能经常出现在许多不同的字母旁边，而 n 和 t 可能经常出现在某些字母旁边，很少出现在其他字母旁边。我们需要知道不同字母出现的频率。我们需要建立一个如表 8-7 所示的表。

表 8-7   字母对频率分析

	a	b	c	d	e	f	g	h	i	j	k	l	m	n	o	p	q	r	s	t	u	v	w	x	y	z
a	0	0	0	3	5	1	0	4	3	0	0	5	2	8	0	2	0	10	5	8	1	1	6	0	0	0
b	0	0	0	0	1	0	0	0	1	0	0	0	1	0	0	0	0	2	0	0	0	0	0	0	1	0
c	0	0	0	0	4	0	0	1	1	0	0	1	0	2	2	0	0	1	0	0	0	0	0	0	1	0
d	3	0	0	0	9	0	2	0	6	0	0	0	0	9	0	0	0	2	3	0	0	0	0	0	1	0
e	5	1	4	9	4	1	3	17	2	0	0	2	7	7	0	3	0	15	3	0	0	4	2	0	1	2
f	1	0	0	0	1	0	0	0	0	0	0	0	0	0	0	0	0	2	0	0	1	0	0	0	0	0
g	0	0	0	2	3	0	0	0	1	0	0	0	0	0	0	0	0	11	0	0	0	0	0	0	0	0
h	4	0	1	0	17	0	0	0	3	0	0	0	0	0	0	0	0	2	16	0	0	0	0	0	0	0
i	3	1	1	6	2	0	1	3	0	0	0	2	1	20	0	2	0	8	2	8	0	4	1	0	0	0
j	0	0	0	0	0	0	0	0	0	0	0	0	0	0	0	0	0	0	1	0	0	0	0	0	0	0
k	0	0	0	0	0	0	0	0	0	0	0	0	0	0	0	0	0	0	0	0	0	0	0	0	0	0
l	5	0	1	0	2	2	0	0	2	0	0	6	1	2	3	0	0	2	0	0	1	0	0	0	7	0
m	2	1	0	0	7	0	0	0	1	0	0	1	2	0	7	0	0	1	0	0	0	0	0	0	0	0
n	8	0	2	9	7	0	11	0	20	0	0	0	2	0	0	8	0	0	2	0	2	4	0	0	1	0
o	0	2	0	0	3	0	0	0	0	0	0	3	7	8	0	0	0	4	2	3	2	1	2	0	0	0
p	2	0	0	0	3	0	0	0	2	0	0	0	0	0	2	0	0	2	0	0	0	0	0	0	0	0
q	0	0	0	0	0	0	0	0	0	0	0	0	0	0	0	0	0	0	0	0	0	0	0	0	0	0
r	10	2	1	2	15	2	0	0	8	0	0	2	1	2	4	0	0	4	0	3	1	0	0	0	1	0
s	5	0	0	3	3	0	0	2	2	0	0	0	0	2	0	0	0	0	12	4	0	0	0	0	0	0
t	8	0	0	0	16	0	0	8	0	0	0	0	0	2	3	0	0	3	12	0	0	0	0	0	0	0
u	1	0	0	0	0	0	1	0	0	0	1	0	4	2	0	0	1	4	0	0	0	0	0	0	0	0
v	1	0	0	0	4	0	0	0	4	0	0	0	0	0	0	0	0	0	0	0	0	0	0	0	0	0
w	6	0	0	0	2	0	0	0	1	0	0	0	0	0	2	0	0	0	0	0	0	0	0	0	0	0
x	0	0	0	0	0	0	0	0	0	0	0	0	0	0	0	0	0	0	0	0	0	0	0	0	0	0
y	0	1	1	1	1	0	0	0	0	0	0	7	0	1	0	0	0	1	0	0	0	0	0	0	0	0
z	0	0	0	0	2	0	0	0	0	0	0	0	0	0	0	0	0	0	0	0	0	0	0	0	0	0

让我们改进 neighborCount，以便可以生成一个字母对频率计数表。该表可能会让我们掌握足够的信息，以便更好地猜测哪些字母是元音，哪些是辅音。我们要做的最重要的改变是用字典代替字母表，这样我们就可以对每一个相邻的字母进行计数。结果将创建一个字典的字典。例如，d['a']['x'] 表示字母 'a' 和 'x' 相邻出现的次数。

实际上需要的修改非常简单。在 neighborCount 函数中，我们只需要更改对 setdefault 的调用，以创建字典而不是创建空列表。为此，我们将默认值的 [] 更改为 {}，并删除第二个 for 循环，该循环将字母列表替换为计数。

maybeAdd 函数中的另一处更改是更新字典中每个相邻字母的计数，而不是简单地将字母追加到列表中。程序清单 8-9 显示了新版本的 neighborCount 和 maybeAdd 函数。同样，setdefault 函数简化了 maybeAdd 函数的实现。

程序清单 8-9   新的 addMaybe 和 neighborCount 函数

```
1    def maybeAdd(ch, toDict):
2        if ch in 'abcdefghijklmnopqrstuvwxyz':
3            toDict[ch] = toDict.setdefault(ch, 0) + 1
4
5    def neighborCount(text):
6        nbDict = {}
7        text = text.lower()
8        for i in range(len(text) - 1):
```

9	`            nbList = nbDict.setdefault(text[i], {} )`
10	`            maybeAdd(text[i + 1], nbList)`
11	`            nbList = nbDict.setdefault(text[i + 1], {})`
12	`            maybeAdd(text[i], nbList)`
13	`    return nbDict`

会话 8-9 显示了对 *War of the Worlds* 全书调用 `neighborCount` 函数的结果。仔细观察字母 e、n 和 t，看看其提供的信息。结果表明，e 出现在大量字母旁边的频率更高。此外，尽管 n 和 t 都出现在许多不同的字母旁边，但它们的出现频率要低得多。还要注意，e 出现在其他元音和一些辅音（例如 z 和 q）旁边的频率很低。

会话 8-9   测试新的 `neighborCount` 函数

```
>>> d = neighborCount(text)
>>> print( d['e'])
{'h': 8632, 'j': 144, 'c': 1663, 't': 3143, 'n': 4541, 'b': 1268, 'r': 8255,
'w': 1436, 'l': 2894, 's': 4139, 'd': 4837, 'o': 230, 'v': 2087, 'f': 660,
'a': 1928, 'g': 1010, 'y': 798, 'k': 701, 'p': 1333, 'm': 2552, 'x': 333,
'e': 2604, 'u': 168, 'i': 900, 'q': 26, 'z': 70}

>>> print(d['n'])
{'e': 4541, 'b': 113, 'a': 5203, 'y': 204, 'o': 4017, 'i': 6684, 'u': 1257,
'd': 4040, 's': 915, 'c': 576, 'l': 226, 't': 1744, 'g': 3185, 'h': 32, 'm':
34, 'w': 292, 'r': 375, 'f': 101, 'v': 65, 'n': 278, 'k': 342, 'q': 7, 'p':
13, 'j': 10, 'x': 6}

>>> print(d['t'])
{'h': 10434, 'c': 705, 'u': 1712, 'e': 3143, 'i': 4516, 's': 3095, 'a': 3847,
'o': 3163, 'r': 1884, 'n': 1744, 'l': 586, 'f': 282, 'w': 215, 't': 864, 'y':
298, 'm': 80, 'p': 194, 'x': 84, 'b': 34, 'g': 29, 'd': 2}
```

如会话 8-9 所示，程序很不容易理解。尽管我们可以参照表 8-7 所示显示数据，但了解字母对所提供信息的更好方法是创建直方图。图 8-2 显示了一个直方图，将字母 a、e、n 和 t 出现的频率与字母表中所有其他字母的频率进行比较。这幅图是用 Python 的 `matplotlib` 模块生成的。该直方图清晰地表明，e 和 a 与其他字母一起出现的频率更高。

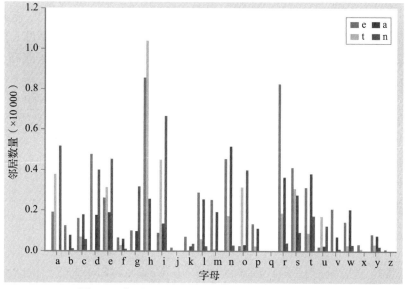

图 8-2   字母 a、e、n 和 t 的字母对频率直方图

图 8-3 中的直方图是本章前面介绍的密文段落中的字母对的结果，对应于表 8-8。结果表明，字母 l 和 h 是元音，因为它们出现的频率更高，字母也更多。字母 k 和 b 是辅音。但是这些密文字符中哪一个是 a，哪一个是 e 呢？

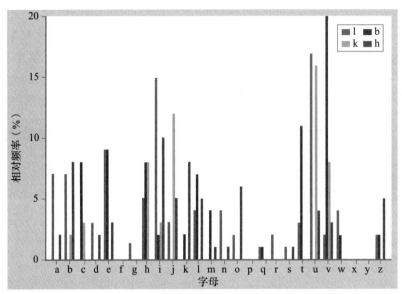

图 8-3　加密文本示例的字母频率直方图

表 8-8　四个最常用的密文字母的频率对表

	a	b	c	d	e	f	g	h	i	j	k	l	m	n	o	p	q	r	s	i	u	v	w	x	y	z
b	0	0	8	0	9	0	0	8	2	0	2	7	4	0	0	0	1	0	0	11	0	20	2	0	0	2
k	0	2	3	0	0	0	0	8	3	12	0	0	0	0	0	0	0	0	0	0	16	8	0	0	0	0
l	7	7	0	3	9	0	1	5	15	3	0	4	0	4	2	0	1	2	1	3	17	2	4	0	0	2
h	2	8	0	2	3	0	0	0	10	5	8	5	1	1	6	0	0	0	1	0	4	3	0	0	0	5

存在三个证据可以帮助我们对字母 l 做出正确的猜测。首先，它是密文段落中最常见的字母。其次，通过对字母对的分析表明，l 是元音，因为它与许多其他字母一起出现的频率相对较高。最后，我们可以看到字母 l 四次出现在它自己的旁边，但是字母 h 从来没有出现在它自己的旁边。因为 e 出现在它自己的旁边比字母 a 更常见（除非我们正在写一篇关于 aardvarks 的论文），我们可能可以得出结论：l 映射到 e，h 映射到 a。

现在我们已经有了两个字母映射，让我们将它们插入密文中，看看这是否可以提供任何有助于解密字母 b 和 k 的线索。我们可以使用 Python 字符串的 replace 方法来帮助我们将密文字母替换为我们计算出的明文字母。会话 8-10 演示了如何将密文 l 替换为 E，h 替换为 A。我们将对解码的明文字母使用大写字母，以明确哪些字母已经解码，哪些字母还需要处理。

会话 8-10　第一次字符替换

```
>>> cipherText = cipherText.replace('l', 'E')

>>> cipherText = cipherText.replace('h', 'A')

>>> cipherText
'uE iEaAvbEe jkAbevbt Ak kuE EetE cs kuE dvk kuAk kuE kuvbt
uAe aAeE sci vkjEzs jkAivbt Ak vkj jkiAbtE AddEAiAbwE AjkcbvjuEe
```

wuvEszq Ak vkj mbmjmAz juAdE Abe wczcmi Abe evazq dEiwEvnvbt EnEb kuEb
jcaE EnveEbwE cs eEjvtb vb vkj AiivnAz kuE EAizq acibvbt oAj
ocbeEismzzq jkvzz Abe kuE jmb xmjk wzEAivbt kuE dvbE kiEEj kcoAiej
oEqgivetE oAj AziEAeq oAiauE eve bck iEaEagEi uEAivbt Abq gviej kuAk
acibvbt kuEiE oAj wEikAvbzq bc giEErE jkviivbt Abe kuE cbzq jcmbej
oEiE kuE sAvbk acnEaEbkj sica ovkuvb kuE wvbeEiq wqzvbeEi uE oAj Azz
AzcbE cb kuE wcaacb'

➕➖✖️ 动手实践

8.12　创建一个密文段落的频率直方图。

8.13　生成类似于表 8-7 的表。

8.4.4　单词频率分析

虽然我们取得了一些进展，但还有更多的工作要做。让我们使用另一种密码分析技术来完成进一步的解密任务。这项技术将着眼于简短的单词，即一个、两个或者三个字母长的单词。

一个简单的方法是重新排列密文中的单词，并按其长度排序。如前所述，sort 函数可以接受 key 函数作为参数。程序清单 8-10 显示了一个 Python 函数，它接受一个单词作为参数并返回单词的长度。会话 8-11 演示了 sortByLen 函数的实际应用，并为我们提供了一些有趣的新线索。

程序清单 8-10　用于比较两个单词长度的函数

```
1    def sortByLen(w):
2        return len(w)
```

会话 8-11　按长度对密文进行排序

```
>>> cipherWords = cipherText.split()
>>> cipherWords.sort(key = sortByLen)
>>> cipherWords
['uE', 'Ak', 'cs', 'Ak', 'Ak', 'cs', 'vb', 'uE', 'bc', 'uE', 'cb', 'kuE',
'kuE', 'dvk', 'kuE', 'uAe', 'sci', 'vkj', 'vkj', 'Abe', 'Abe', 'vkj', 'kuE',
'oAj', 'Abe', 'kuE', 'jmb', 'kuE', 'oAj', 'eve', 'bck', 'Abq', 'oAj', 'Abe',
'kuE', 'kuE', 'kuE', 'oAj', 'Azz', 'kuE', 'EetE', 'kuAk', 'aAeE', 'EnEb',
'kuEb', 'jcaE', 'xmjk', 'dvbE', 'oAia', 'kuAk', 'cbzq', 'oEiE', 'sica', 'kuvbt',
'juAdE', 'evazq', 'EAizq', 'jkvzz', 'kiEEj', 'gviej', 'kuEiE', 'sAvbk',
'AzcbE', 'vkjEzs', 'wczcmi', 'eEjvtb', 'giEErE', 'jcmbej', 'ovkuvb', 'wcaacb',
'jkAivbt', 'jkiAbtE', 'wuvEszq', 'mbmjmAz', 'AiivnAz', 'acibvbt', 'kcoAiej',
'AziEAeq', 'uEAivbt', 'acibvbt', 'wvbeEiq', 'iEaAvbEe', 'jkAbevbt', 'EnveEbwE',
'wzEAivbt', 'iEaEagEi', 'jkviivbt', 'wqzvbeEi', 'oEqgivetE', 'wEikAvbzq',
'acnEaEbkj', 'AddEAiAbwE', 'AjkcbvjuEe', 'dEiwEvnvbt', 'ocbeEismzzq']
```

会话 8-11 提供的新线索如下：单词 Ak 出现 3 次，uE 出现 3 次，Abe 出现 4 次，kuE 出现 10 次。所以我们可以提出以下问题：

1）最常见的三个字母的单词有哪些？

2）哪三个字母的单词以"e"结尾（因为 E 位于 kuE 的末尾）？

3）哪三个字母的单词以"a"开头（因为 a 位于 Abe 的开头）？

在本节末尾的动手实践 8.15 中，要求读者编写一个函数，读取字符串并打印给定长度的单词列表，按从高到低的顺序排列。如果在 *War of the Worlds* 的文本中运行这样一个函数，那么结果会生成表 8-9。现在，字母 k 和 u 的选择变得清晰了。因为最常见的三个字母的单词是 the，而且它是前十名中唯一以 e 结尾的单词，所以可以很有把握地推测 kuE 对应于单词 THE。此外，由于 and 是第二个最常见的三个字母的单词，我们还可以推测 b 映射到 N，e 映射到 D。会话 8-12 显示了当我们在密文中进行这四个字母替换后的结果。

表 8-9　三字母长的单词频率计数

单词	计数
the	4959
and	2555
was	851
had	579
for	369
but	295
his	250
out	231
all	225
not	212

会话 8-12　基于单词频率，进行第二次替换

```
>>> cipherText = cipherText.replace('b', 'N')

>>> cipherText = cipherText.replace('e', 'D')

>>> cipherText = cipherText.replace('k', 'T')

>>> cipherText = cipherText.replace('u', 'H')

>>> cipherText
'HE iEaAvNED jTANDvNt AT THE EDtE cs THE dvT THAT
THE THvNt HAD aADE sci vTjEzs jTAivNt AT vTj jTiANtE AddEAiANwE
AjTcNvjHED wHvEszq AT vTj mNmjmAz jHAdE AND wczcmi AND Dvazq
dEiwEvnvNt EnEN THEN jcaE EnvDENwE cs DEjvtN vN vTj AiivnAz THE
EAizq aciNvNt oAj ocNDEismzzq jTvzz AND THE jmN xmjT wzEAivNt THE
dvNE TiEEj TcoAiDj oEqgivDtE oAj AziEADq oAiaHE DvD NcT iEaEagEi
HEAivNt ANq gviDj THAT aciNvNt THEiE oAj wEiTAvNzq Nc giEErE
jTviivNt AND THE cNzq jcmNDj oEiE THE sAvNt acnEaENTj sica ovTHvN
THE wvNDEiq wqzvNDEi HE oAj Azz AzcNE cN THE wcaacN'
```

意外的收获是，除了 and 和 the 之外，还出现了其他的词，例如 that、at、had 和 then。考虑到我们只映射了六个字母，这个结果还是比较令人满意的。事实上，我们可以根据观察到的信息进一步做出猜测。

回到表 8-9 中的三字母频率计数，让我们尝试解密更多的字母。首先，我们可能会注意到，在部分解密的密文中出现的另一个常见的三个字母的单词是 oAj。观察常见的三个字母的单词列表，我们发现这是第三个最常见的单词。另外，was 在中间位置有一个 a。通过扫描其余的密文，我们注意到许多单词以 j 结尾。当然，s 是一个非常常见的单词的结尾字母，因为它是单词的复数形式。同样，我们可以编写一个函数来找出哪些字母在单词末尾出现得最频繁。很有可能会发现字母 s 最常出现在一个单词的结尾。如果我们使用新的映射，

o 映射到 W，j 映射到 S，结果我们的密文如下所示：

> HE iEaAvNED STANDvNt AT THE EDtE cs THE dvT THAT THE THvNt HAD aADE
> sci vTSEzs STAivNt AT vTS STiANtE AddEAiANwE ASTcNvSHED wHvEszq AT vTS
> mNmSmAz SHAdE AND wczcmi AND Dvazq dEiwEvnvNt EnEN THEN ScaE EnvDENwE
> cs DESvtN vN vTS AiivnAz THE EAizq aciNvNt WAS WcNDEismzzq STvzz AND THE
> SmN xmST wzEAivNt THE dvNE TiEES TcWAiDS WEqgivDtE WAS AziEADq WAiaHE
> DvD NcT iEaEagEi HEAivNt ANq gviDS THAT aciNvNt THEiE WAS wEiTAvNzq Nc
> giEErE STviivNt AND THE cNzq ScmNDS WEiE THE sAvNT acnEaENTS sica WvTHvN
> THE wvNDEiq wqzvNDEi HE WAS Azz AzcNE cN THE wcaacN

通过进一步观察，我们可以确定另外 2 个字母。观察每个单词的最后三个字母，注意其中几个以 vNt 结尾。事实上，十个单词以 vNt 结尾。英语单词的一个常见后缀是 ing。因此可以确定元音 i，这意味着我们现在知道了元音 a、e 和 i 的映射。

至此，我们也可以做出一个有根据的猜测，密文中的单词 cs 很可能对应于明文中的 of。c 的字母对频率分布符合元音的字母对频率分布，而单词 of 在短语 "STANDING AT THE EDGE cs THE dIT" 的上下文中最有意义。

最后，让我们再做一次替换，然后再查看整个密文。密文中还有一个常见的字母我们还没有破译，即 "z"。注意，我们已经部分解码了三个字母的单词 Azz。在我们的前十名常见单词中，三个字母的单词中只有一个包含双字母，这就是单词 all，所以很有可能 z 映射到 L。

> HE iEaAINED STANDING AT THE EDGE OF THE dIT THAT THE THING HAD aADE
> FOi ITSELF STAiING AT ITS STiANGE AddEAiANwE ASTONISHED wHIEFLq AT
> ITS mNmSmAL SHAdE AND wOLOmi AND DIaLq dEiwEInING EnEN THEN SOaE
> EnIDENwE OF DESIGN IN ITS AiiInAL THE EAiLq aOiNING WAS WONDEiFmLLq
> STILL AND THE SmN xmST wLEAiING THE dINE TiEES TOWAiDS WEqgiIDGE
> WAS ALiEADq WAiaHE DID NOT iEaEagEi HEAiING ANq gIiDS THAT aOiNING
> THEiE WAS wEiTAINLq NO giEErE STIiiING AND THE ONLq SOmNDS WEiE THE
> FAINT aOnEaENTS FiOa WITHIN THE wINDEiq wqLINDEi HE WAS ALL ALONE
> ON THE wOaaON

我们已经取得了长足的进展，找到了 12 个字母的映射，只有 14 个字母还需要填写。表 8-10 显示了我们已经识别的字母和我们尚未解码的字母。我们可以继续推断其他字母的映射关系。但是让我们尝试另一种方法，我们可以使用 Python 来帮助我们进行一些自动模式匹配，模式匹配是一种计算机的通用应用程序。

表 8-10 字母映射的进展

明文	A	B	C	D	E	F	G	H	I	J	K	L	M	N	O	P	Q	R	S	T	U	V	W	X	Y	Z
密文	h			e	l	s	t	u	v			z		b	c				j	k						

![+ - × =] **动手实践**

8.14 编写一个函数 wordPop，接收一个文本 text 和一个长度 N 作为参数，返回所有长度为 N 的单词列表。

8.15 编写一个函数，返回最常用的单词结尾字母。

8.16 编写一个函数，查找单词最常用的后缀。可能需要尝试使用此函数来获取两个和三个字母的后缀。

8.4.5 偏词模式匹配

我们希望能够从部分解码的密文中选择一个单词，并要求程序从字典中找到一个长度相同且与我们目前解码的字母匹配的单词。事实证明，人类在**模式匹配**（pattern matching）方面相当擅长。例如，给定模板 aADE，我们可能会想到 MADE、FADE 和 WADE。其中有些匹配可能适用于我们的密文，另一些匹配则不适用。例如，FADE 就不适用于我们的密文，因为 F 已经被解码了。理想情况下，我们希望在匹配单词的编码部分时，为函数提供一组合法使用的字母。如果计算机只找到一个匹配项，那么我们就可以相当确信已经解码了一些额外的字母。

大多数现代程序设计语言都会提供一个使用**正则表达式**（regular expression）的模式匹配库。在 Python 中，通过 re 模块可以使用正则表达式，我们需要导入该模块才能使用正则表达式。正则表达式是非常有用和功能强大的编程工具。在这一节中，我们将仅仅触及其应用的表面，但是我们将看到，即使是简单地使用正则表达式，也可以使最后的解密步骤变得更加容易。

正则表达式允许我们查看两个字符串是否匹配，就像使用 == 运算符一样，只是在正则表达式中，我们可以使用通配符作为匹配的一部分。例如，我们可以测试字符串 .ADE 是否匹配 FADE。当使用正则表达式时，字符 . 是与任何字符匹配的通配符（wildcard）。用来测试两个字符串是否匹配的正则表达式函数称为 match。match 函数接受两个参数：一个正则表达式和一个要匹配的字符串。会话 8-13 演示了 match 函数的实际应用，以及一些简单的模式匹配。

会话 8-13　尝试一些简单的正则表达式匹配

```
>>> import re
>>> re.match('.ADE', 'FADE')
<re.Match object; span=(0, 4), match='FADE'>

>>> re.match('.ADE', 'FADER')    # 匹配 FADE 但不匹配 FADER
<re.Match object; span=(0, 4), match='FADE'>

>>> re.match('.ADE$', 'FADER')   # 不匹配，$ 用以匹配在单词末尾出现的 ADE

>>> re.match('.ADE', 'ADE')      # 不匹配
>>> re.match('.ADE', 'FUDE')     # 不匹配
```

如果两个字符串匹配，则 match 函数返回一个 match 对象。因此，我们可以把这个对象看作匹配成功的标志。当我们学习使用更高级的正则表达式时，可以使用 match 对象来实现更有趣的目的。如果两个字符串不匹配，则 match 函数返回 None。这允许我们使用 re.match 作为 if 语句中的测试条件。

因为我们希望在匹配中更加具体，所以应该学习一些额外的正则表达式语法。在正则表达式中，方括号（[]）允许我们定义一组字符，可以匹配其中任何一个字符。例如，[abc] 将匹配 a、b 或者 c，但不匹配任何其他字符。此外，我们可以使用 + 字符来匹配一个字符的多个实例。例如，[abc]+ 将匹配 a、b、c、abc、aaaaaaa、bbbb、aaabbbccc 或者任何其他字母 abc 的组合。我们可以将 + 字符理解为"一个或者多个"，所以我们说正则表达式 [abc]+ 表示"匹配字符 a、b 或 c 的一个或者多个实例"。

我们可能还注意到（'.ADE', 'FADER'）和 'FADE' 匹配。这是因为 FADE 包含在

FADER 中。正则表达式匹配器从开头开始，并尝试匹配整个正则表达。如果我们希望让模式出现在字符串的末尾，那么可以用一个符号 $ 结束我们的模式。在会话 8-13 的第三个示例中，模式中的 $ 表示 ADE 必须位于字符串的末尾才能匹配。

表 8-10 显示，我们还没有解码 B、C、J、K、M、P、Q、R、U、V、W、X、Y 或者 Z。当我们在字典中检查匹配项时，我们可以使用正则表达式 [BCJKMPQRUVWXYZ] 将特定字母位置的选择限制为仅匹配这些字符。与我们使用的示例相匹配的调用是：

```
re.match('[BCJKMPQRUVWXYZ]ADE', 'FADE')
```

由于 F 不是方括号内的字符之一，因此该调用将失败并返回 None。然而，以下调用将成功并返回一个匹配对象，因为 M 是方括号内字符串中的一个字符：

```
re.match('[BCJKMPQRUVWXYZ]ADE', 'MADE')
```

让我们编写一个 Python 函数，使用正则表达式模块创建一个列表，包含字典文件中与给定正则表达式匹配的所有单词列表。该函数的基本形式非常简单：我们使用循环来读取字典中的所有单词，并尝试将每个单词与正则表达式匹配。如果一个单词匹配，我们就把它添加到列表中。如果一个单词不匹配，我们就忽略它。当测试完所有单词后，返回所构建的列表。这个匹配函数称为 checkWord，如程序清单 8-11 所示。

程序清单 8-11　匹配字典中与给定模式相匹配的单词

```
1  def checkWord(regex):
2      resList = []
3      with open('wordlist.txt', 'r') as wordFile:
4          for line in wordFile:
5              if re.match(regex, line[:-1]):
6                  resList.append(line[:-1])
7      return resList
```

会话 8-14 使用 checkWord 函数来查看是否可以识别更多的字母。我们部分解码的消息包括字符串 aOiNING。使用模式 '.o.ning'，checkWord 函数将其匹配为字典中的单词 morning。第二个示例使用一个模式，该模式显式地将可能的匹配限制到未映射的字符列表。会话 8-14 的其余部分将查找其他一些单词的匹配。

会话 8-14　使用 checkWord 查找匹配

```
>>> checkWord('.o.ning')
 ['morning']

>>> # 只匹配未匹配的字符
>>> checkWord('[bcjkmpqruvwxyz]o[bcjkmpqruvwxyz]ning')
 ['morning']

>>> # 匹配 a，接着是任意两个字符，然后是 i，再是任意一个字符，最后是 al
>>> # 模式结束后接着再查找字符
>>> checkWord('a..i.al')
 ['admiral',
  'admiralty',
  'ambivalence',
  'ambivalent',
  'ambivalently',
  'antimalarial',
  'arrival']
```

```
>>> # 匹配 a, 接着是任意两个字符, 然后是 i, 再是任意一个字符, 最后是 al
>>> # 模式结束后, 停止查找字符
>>> checkWord('a..i.al$')
 ['admiral', 'arrival']

>>> # 只匹配那些尚未匹配的字符, 模式结束后, 停止查找字符
>>> checkWord('a[bcjkmpqruvwxyz][bcjkmpqruvwxyz]i[bcjkmpqruvwxyz]al$')
 ['arrival']
```

为 checkWord 参数构造模式字符串相当烦琐, 但是我们可以通过使 checkWord 函数更加智能化以减少所需的工作量。为此, 我们将两个参数传递给 checkWord 函数: 尚未使用字母的字符串和部分解码密文中的单词。结果, 要保留的字母采用大写形式, 而可以从那些尚未使用组中匹配的字母则采用小写形式。

我们可以使用 re 模块的替换函数 (称为 re.sub) 将所有需要匹配的字母组替换为小写字符。程序清单 8-12 的第 5 行代码显示了 re.sub 函数的实际应用。注意, 我们可以使用一个简化的模式来表示所有小写字符。模式 [a-z] 与 [abcdefghijklmnopqrstuvwxyz] 相同。

程序清单 8-12   checkWord 函数构造正则表达式

```
 1    def checkWord(unused, pattern):
 2        resList = []
 3        with open('wordlist.txt', 'r') as wordFile:
 4            rePat = '['+unused+']'
 5            regex = re.sub('[a-z]', rePat, pattern) + '$'
 6            regex = regex.lower()
 7            print('matching', regex)
 8            for line in wordFile:
 9                if re.match(regex, line[:-1]):
10                    resList.append(line[:-1])
11        return resList
```

re.sub 函数的语法如下:

re.sub(*pattern, replacement string, target string*)

re.sub 函数在目标字符串 (target string) 中查找模式 (pattern) 的每个实例, 并使用替换字符串 (replacement string) 替换这些实例。我们在 checkWord 函数中添加了打印语句, 这样就可以观察由 checkWord 构造的正则表达式的最终版本。

会话 8-15 演示了新的 checkWord 函数的实际应用。正如所见, 我们可以进一步改进: checkWord 可以告诉我们如何为完成匹配的字母实现密文到明文的映射。事实上, 正则表达式允许我们通过使用匹配对象和**捕获组** (capture group) 来实现该功能, 这有助于我们了解目标单词中的哪些字符与模式各个不同部分中的字母匹配。为了创建捕获组, 我们可以使用左括号和右括号将正则表达式的某些部分括起来。例如, 正则表达式 'F(..)L(..)$' 将匹配以 F 开头、后跟任意两个字母、接着后跟 L、最后跟着两个字母的任何单词。因此, 诸如 FUELED、FOILED 和 FOOLER 的单词都会匹配。

会话 8-15   使用新的 checkWord 函数查找匹配

```
>>> checkWord('bcjkmpqruvwxyz', 'WONDEiFmLLq')
matching wonde[bcjkmpqruvwxyz]f[bcjkmpqruvwxyz]ll[bcjkmpqruvwxyz]$
['wonderfully']
```

```
>>> checkWord('bcjkmpqruvwxyz', 'AiiInAL')
matching a[bcjkmpqruvwxyz][bcjkmpqruvwxyz]i[bcjkmpqruvwxyz]al$
['arrival']
>>> checkWord('bcjkmpqruvwxyz', 'mNmSmAL')
matching [bcjkmpqruvwxyz]n[bcjkmpqruvwxyz]s[bcjkmpqruvwxyz]al$
['unusual']
```

　　会话 8-16 演示了在正则表达式中使用捕获组的方法。假设我们匹配了单词 FOILED。第一个捕获组对应于第一组括号，因此捕获组中的字母将是 OI。第二个捕获组将包含字母 ED。匹配对象允许我们使用 group 方法按数字获取捕获组，或者使用 groups 方法将所有捕获组作为一个列表返回。

会话 8-16　演示捕获组的使用

```
>>> cg = re.match('F(..)L(..)','FOILED')

>>> cg
<re.Match object; span=(0, 6), match='FOILED'>

>>> cg.group(1)
'OI'

>>> cg.group(2)
'ED'

>>> cg = re.match('F(..)L(..)', 'FOOLER')

>>> cg.groups()
('OO', 'ER')
```

　　至此，我们已经了解了捕获组如何与正则表达式一起协同工作。接下来，将使用捕获组创建一个字符映射列表，该列表显示可以替换密文中字符的对应字符信息。我们从 checkWord 函数开始并在其中添加这个新功能。新版本和旧版本存在三个主要区别：

1）在原始模式中创建了一个小写密文字母列表。

2）将捕获组添加到正则表达式中。

3）当得到一个匹配的单词时，我们保存来自捕获组的匹配字母及对应的密文字母。

　　程序清单 8-13 显示了 checkWord 完整的新版本实现，现在称为 findLetters。让我们重点查看与旧版本的 checkWord 函数有着显著不同的行代码。首先，我们要在部分解密的单词（存储于 pattern）中创建所有小写密文字母的列表。我们可以编写一个循环并通过一次检查一个字母的方式来建立这个列表。然而，re 模块有一个 findall 函数，它正好可以实现该功能。findall 函数返回与特定正则表达式匹配的字符串的所有子字符串列表。会话 8-17 演示了 findall 函数的实际应用。程序清单 8-13 中的第 4 行代码使用 findall 函数创建密文字母列表。

程序清单 8-13　显示匹配字母

```
1    def findLetters(unused, pattern):
2        resList = []
3        with open('wordlist.txt', 'r') as wordFile:
4            ctLetters = re.findall('[a-z]', pattern)
5            print(ctLetters)
6            rePat = '([' + unused + '])'
7            regex = re.sub('[a-z]', rePat, pattern) + '$'
```

```
 8              regex = regex.lower()
 9              for line in wordFile:
10                  myMatch = re.match(regex, line[:-1])
11                  if myMatch:  # 找到匹配项
12                      matchingLetters = myMatch.groups()
13                      matchList = []
14                      for l in matchingLetters:
15                          matchList.append(l.upper())
16                      resList.append(line[:-1])
17                      resList.append(list(zip(ctLetters, matchList)))
18          return resList
```

会话 8-17　查找正则表达式的所有匹配项

```
>>> re.findall('[123]', '1,234')  # 查找单个字符
['1', '2', '3']

>>> re.findall('[1234]+', '1,234')  # 查找多个字符
['1', '234']

>>> re.findall('[A-Z]', 'Hello World')  # 查找大写字母
['H', 'W']
```

接下来，我们对第 6 行代码做一个非常小的更改，以便在正则表达式周围添加与未编码密文字母相匹配的括号。此更改确保模式中小写字母的每个实例最终都将位于其自己的捕获组中。

最后，第 11 ～ 17 行代码使用匹配对象和 groups 函数。当对单词列表文件中的单词进行匹配时，调用 myMatch.groups() 将给出用于生成匹配单词的字母。此时，我们拥有两个包含重要信息的列表：ctLetters 列表包含原始密文字母，matchingLetters 列表包含完成单词匹配的明文字母。

我们现在必须将 ctLetters 中的字母与 matchingLetters 中的相应字母进行匹配。很容易知道 ctLetters 中的哪个字母对应于 matchingLetters 中的哪一个字母，因为它们是并行列表。ctLetters 中的第一个字母对应于 matchingLetters 中的第一个字母，依此类推。尽管我们可以编写自己的函数来接受两个列表，并通过一次移动列表中的一个项将字母组合到一个新列表中，但是 Python 包含一个很实用的 zip 函数，可以帮助我们完成该工作。zip 函数将两个列表"组合"在一起，将 list1 中的第一个项与 list2 中的第一个项匹配，以此类推。表 8-11 解释了 zip 内置函数，会话 8-18 演示了 zip 函数的实际应用。

表 8-11　zip 内置函数

函数名称	使用方法	说明
zip(list1, list2, …)	tList = list(zip(listA, listB))	迭代器，用以返回由每个列表的并行元素组成的元组

会话 8-18　使用 zip 函数创建元组的列表

```
>>> list(zip([1,2,3], [4,5,6]))
[(1, 4), (2, 5), (3, 6)]

>>> list(zip(['a','b','c'], ['Z','Y','X']))
```

```
[('a', 'Z'), ('b', 'Y'), ('c', 'X')]

>>> list(zip(['a','b','c'], ['Z','Y','X'], [1,2,3]))
[('a', 'Z', 1), ('b', 'Y', 2), ('c', 'X', 3)]
```

会话 8-19 演示了 findLetters 函数如何帮助我们完成密文解码。在第一行代码中，findLetters 搜索部分解密单词 'AiiInAL' 的映射。我们发现 'arrival' 和 'AiiInAL' 完全匹配。会话 8-19 的第三行代码显示密文字母 i 映射到明文字母 R，n 映射到明文字母 V。

会话 8-19　演示 findLetters 函数

```
>>> findLetters('bcjkmpqruvwxyz','AiiInAL')    #i -> r, n -> V
['i', 'i', 'n']
['arrival', [('i', 'R'), ('i', 'R'), ('n', 'V')]]

>>> findLetters('bcjkmpqruvwxyz','ALiEADq')    #q -> Y
['i', 'q']
['already', [('i', 'R'), ('q', 'Y')]]
>>> findLetters('bcjkmpqruvwxyz','giEErE')     #g -> B, r -> Z
['g', 'i', 'r']
['breeze', [('g', 'B'), ('i', 'R'), ('r', 'Z')]]

>>> findLetters('bcjkmpqruvwxyz','mNmSmAL')    #m -> U
['m', 'm', 'm']
['unusual', [('m', 'U'), ('m', 'U'), ('m', 'U')]]

>>> cipherText = cipherText.replace('i', 'R')

>>> cipherText = cipherText.replace('n', 'V')

>>> cipherText = cipherText.replace('q', 'Y')

>>> cipherText = cipherText.replace('g', 'B')

>>> cipherText = cipherText.replace('r', 'Z')

>>> cipherText = cipherText.replace('m', 'U')
```

通过对 findLetters 的若干次调用，结果为我们提供了 m、g、i、r、q 和 n 的映射。现在一条消息真正开始显示。如果再进行几次替换，就可以解码整条消息了。

HE REaAINED STANDING AT THE EDGE OF THE dIT THAT THE THING HAD aADE FOR ITSELF STARING AT ITS STRANGE AddEARANwE ASTONISHED wHIEFLY AT ITS UNUSUAL SHAdE AND wOLOUR AND DIaLY dERwEIVING EVEN THEN SOaE EVIDENwE OF DESIGN IN ITS ARRIVAL THE EARLY aORNING WAS WONDERFULLY STILL AND THE SUN xUST wLEARING THE dINE TREES TOWARDS WEYBRIDGE WAS ALREADY WARaHE DID NOT REaEaBER HEARING ANY BIRDS THAT aORNING THERE WAS wERTAINLY NO BREEZE STIRRING AND THE ONLY SOUNDS WERE THE FAINT aOVEaENTS FROa WITHIN THE wINDERY wYLINDER HE WAS ALL ALONE ON THE wOaaON

到此为止，我们只需要再进行几次替换，就可以完成消息的解密，如会话 8-20 所示。在对 findLetters 的第一次调用中，我们找到了匹配项 common 和 pompon，因为 common 是密文中一个单词的可能性更大，所以我们选择用 C 代替 w。如果后来发现这种替换不正确，我们可以用 P 代替 w。在这两个词中，我们都发现 a 映射到 M。这将导致一个很高的替换置信度。

会话 8-20　最后的替换

```
>>> findLetters('cjkmpqwx', 'wOaaON') #w ->C?, w ->P?,  a -> M
['w', 'a', 'a']
['common',
[('w', 'C'), ('a', 'M'), ('a', 'M')],
'pompon',
[('w', 'P'), ('a', 'M'), ('a', 'P')]]

>>> cipherText = cipherText.replace('w', 'C')
>>> cipherText = cipherText.replace('a', 'M')

>>> findLetters('jkpqx', 'dIT')      # 还不是确定性的替换
['d']
['kit',
[('d', 'K')],
'pit',
[('d', 'P')]]

>>> findLetters('jkpqx', 'AddEARANCE')  #d -> P
['d', 'd']
['appearance', [('d', 'P'), ('d', 'P')]]
>>> ciphertext = ciphertext.replace('d', 'P')

>>> findLetters('jkqx', 'xUST')          #x -> J
['x']
['just', [('x', 'J')]]
>>> cipherText = cipherText.replace('x', 'J')
```

HE REMAINED STANDING AT THE EDGE OF THE PIT THAT THE THING HAD
MADE FOR ITSELF STARING AT ITS STRANGE APPEARANCE ASTONISHED
CHIEFLY AT ITS UNUSUAL SHAPE AND COLOUR AND DIMLY PERCEIVING EVEN
THEN SOME EVIDENCE OF DESIGN IN ITS ARRIVAL THE EARLY MORNING WAS
WONDERFULLY STILL AND THE SUN JUST CLEARING THE PINE TREES TOWARDS
WEYBRIDGE WAS ALREADY WARM HE DID NOT REMEMBER HEARING ANY
BIRDS THAT MORNING THERE WAS CERTAINLY NO BREEZE STIRRING AND THE
ONLY SOUNDS WERE THE FAINT MOVEMENTS FROM WITHIN THE CINDERY
CYLINDER HE WAS ALL ALONE ON THE COMMON

表 8-12 显示了将密文字母映射到明文字母的最终密钥。注意，我们前面编写的 `keyGen`
函数用于从密码 `hgwells` 中创建密钥。

表 8-12　最终的字母映射

明文	A	B	C	D	E	F	G	H	I	J	K	L	M	N	O	P	Q	R	S	T	U	V	W	X	Y	Z
密文	h	g	w	e	l	s	t	u	v	x	y	z	a	b	c	d	f	i	j	k	m	n	o	p	q	r

8.4.6　正则表达式总结

本节以总结正则表达式的语法（见表 8-13）和 `re` 模块中提供的函数（见表 8-14）结束。

表 8-13　简单的正则表达式语法

表达式	含义
.	匹配任何字符
[abc]	匹配 a 或者 b 或者 c
[^abc]	匹配字符串开头除 a、b 或者 c 以外的任何字符

（续）

表达式	含义
[abc]+	匹配一个或者多个 abc 中的字符，例如 b、aba 或者 ccba
[abc]*	匹配零个或者多个 abc 中的字符，例如 b、aba 或者 ccba
(regex)	创建一个捕获组
$	匹配字符串末尾

表 8-14　正则表达式模块函数

函数名称	使用方法	说明
match(pattern, string)	re.match('[abc]XY.', 'myString')	匹配 'myString' 中以 a、b 或者 c 开头、后跟 XY、再接任意字符的任何字符串。如果匹配成功，返回匹配对象；否则返回 None
sub(pattern, replacement, string)	re.sub('[tv]', 'X', 'vxyzbgtt')	返回 'XxyzbgXX'。与 replace 类似，区别在于使用正则表达式匹配
findall(pattern, string)	re.findall('[bc]+', 'abcdefedcba')	返回 ['bc','cb']。返回所有与正则表达式匹配的子字符串
groups()	matchObj.groups()	返回匹配的所有捕获组的元组。matchObj（匹配对象）是通过调用 match 创建的
group(i)	matchObj.group(2)	返回匹配对象位于索引位置 i 处的捕获组的元组。matchObj（匹配对象）是通过调用 match 创建的

动手实践

8.17 编写一个正则表达式模式，匹配所有以 s 结尾的单词。

8.18 编写一个正则表达式模式，匹配所有以 ing 结尾的单词。

8.19 编写一个正则表达式模式，匹配所有包含 ss 的单词。

8.20 编写一个正则表达式模式，匹配所有以 a 开头和结尾的单词。

8.21 编写一个正则表达式模式，匹配所有以 st 开头的单词。

8.22 编写一个正则表达式模式，匹配所有四个字母的单词，其中中间两个字母是元音字母。

8.23 编写一个函数，用于从 URL 中提取主机名。主机名是 URL 中 http:// 后面、下一个 / 之前的内容。

8.24 编写一个函数，该函数接收一个文件名，并将文件主名和后缀返回为两个独立的字符串。注意：为了匹配字符"."，需要在正则表达式中使用"\."。

8.5　本章小结

在本章中，我们通过实现读取加密文本的技术来探索密码分析。本章利用许多前文介绍的 Python 特性（包括列表和字典），但是我们通过使用列表和字典作为其他列表和字典的容器来扩展这些思想。我们使用暴力破解方案系统地解决了一个具有挑战性的问题。该解决方案的一部分引入了一个称为"minmax"（极小极大）的模式，用于系统地找到迄今为止给出"最佳"答案的"较好"答案。最后，我们介绍了正则表达式的概念，并展示了这种强大的模式匹配工具如何帮助我们在部分解密的文本中发现未匹配的字母。

关键术语

brute-force method（暴力破解方法）

capture group（捕获组）

column-major order（列优先顺序）

cryptanalysis（密码分析学）

frequency analysis（频率分析）

in-place sort（就地排序）

minmax pattern（极小极大模式）

pattern matching（模式匹配）

rail fence cipher（围栏加密算法）

regular expression（正则表达式）

row-major order（行优先顺序）

substitution cipher（替换加密算法）

Python 函数、方法和关键字

findall

group

groups

join

match

setdefault

sort

sub

zip

编程练习题

8.1 解密以下密文：

jyn fg jggtwj djtfcn stf sjyn edcyjnc ia zy stes fjqtye z
wzdn owcff gstf gsq sjyn edcyjnc gsjg mtgs tg gszi xjqcfg
owzm gstyc cycxtcf gz gtyq otgf ty gsq xcdhq jyn gsc wzdn ntn
edty jyn aczawc ntn lcjfg iazy gsc wjxof jyn fwzgsf jyn hjda
jyn jyhszktcf jyn zdjyeigjyf jyn odcjvljfg hcdcjwf jyn lditg
ojgf jyn gsc wzdn fajvc fjqtye ltdfg fsjwg gszi gjvc zig gsc
szwq aty gscy fsjwg gszi hziyg gz gsdcc yz xzdc yz wcff gsdcc
fsjwg oc gsc yixocd gszi fsjwg hziyg jyn gsc yixocd zl gsc
hziygtye fsjwg oc gsdcc lzid fsjwg gszi yzg hziyg yctgsscd
hziyg gszi gmz cphcagtye gsjg gszi gscy adzhccn gz gsdcc ltkc
tf dtesg zig zyhc gsc yixocd gsdcc octye gsc gstdn yixocd oc
dcjhscn gscy wzoocfg gszi gsq szwq sjyn edcyjnc zl jygtzhs
gzmjdnf gszi lzc msz octye yjiesgq ty xq ftesg fsjww fyill tg

8.2 与小伙伴合作，从时事报纸中选择两段文字。分别加密这两段文字并交换所得到的密文。使用本章中介绍的技术解密来自伙伴的消息。

分形图形：自然界的几何学

本章介绍递归、语法和生长规则。

9.1　本章目标

- 练习编写递归函数。
- 介绍语法和生长规则。

9.2　概述

如果我们观察一棵树，并砍下其任意一根大树枝，结果会发现，砍下的大树枝和整棵树非常相似。而且，如果从树枝上再剪下一根小树枝，那么剪下的小树枝也会和整棵树相似。事实上，我们可以继续从小树枝上剪下小枝丫，结果会发现即使是小枝丫也具有和整棵树一样的基本形状和结构。这种在越来越小尺度上的自相似性就是**分形**（fractal）的本质。

> **摘要总结**　分形是一种几何图形，其各部分在不同的尺度上具有相似性。

现在观察图 9-1 中的树。它不仅让人联想到一棵真正的树，而且更明显的是它的自相似性。事实上，这棵树是用 turtle 树绘图程序绘制的，该程序使用了以下简单的规则：

图 9-1　使用 turtle 绘制的一棵分形树

1）绘制一个 n 个单位长的树干。

2）向右旋转 30 度，绘制另一棵树干长为 n−15 个单位的树。

3）向左旋转 60 度，绘制另一棵树干长为 n−15 个单位的树。

乍一看，我们可能认为绘制的结果是一个 Y 字形。但请记住，每次绘制一棵树时，我们都遵循相同的步骤。这些步骤包括：绘制一个树干；在右边绘制一棵小树；在左边绘制一棵小树。我们刚才描述的绘制一棵树的过程就是一种**递归**（recursive）过程。

9.3　递归程序

在讨论绘制树的程序之前，我们必须先学习有关递归的知识。在计算机科学和数学中，递归函数是调用自身的函数。清单 9-1 显示了一个非常简单（但却错误）的递归函数示例。

程序清单 9-1　一个错误的递归函数

```
1    def hello():
2        print("Hello World")
3        hello()
```

hello 函数打印消息 'hello World'，然后再次调用自己。如果在 Python 中运行此函数，程序将一直不断地调用自身并打印 'Hello World'，直到 Python 崩溃。显然，一个成功的递归函数不仅仅是调用自身。

考虑递归函数的一种更有用的方法如下：

1) 程序结束了吗？是否找到了一个小到足以解决的基本问题？在这种情况下，不需要进一步的递归工作，就可以直接返回答案。

2) 如果不是，就简化问题，解决更简单的问题。把解决简化问题的结果和已知的解决原始问题的方法结合起来，并返回合并的结果。

第一步称为**基本情况**（base case）。每个递归程序都必须有一个基本情况，以便判断何时停止递归。程序清单 9-1 中的程序缺少检查基本情况的功能。

第二步通常称为**递归步骤**（recursive step）。递归步骤包括简化问题，使其更接近基本情况。有时，我们需要将递归调用返回的结果与简化问题时保存的一些数据结合起来。在其他情况下，只需简化步骤就可以解决问题。

> **注意事项**　忽略基本情况可能会导致递归一直重复执行，直到 Python 崩溃。处理基本情况是最终结束代码的关键。

9.3.1　递归正方形

本节将讨论一个绘制图 9-2 所示的嵌套正方形的问题。

在本例中，我们需要绘制一系列的正方形。我们知道如何绘制一个正方形，但是该如何绘制出整个图形呢？让我们从确定基本情况开始。由于绘制边长为 1 个单位的正方形是最小的正方形，因此我们将基本情况设置为边长小于 1。简化步骤是递归地绘制越来越小的正方形，只要边长大于或者等于 1。

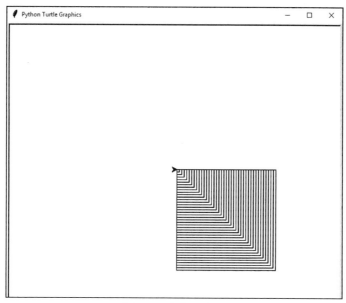

图 9-2　嵌套正方形

程序清单 9-2 显示了绘制嵌套正方形的代码。drawSquare 函数看起来应该很熟悉：它只是绘制一个指定大小的正方形。nestedBox 函数是一个递归过程，遵循前面概述的两个重要步骤。首先，第 7 行代码检查基本情况。当 side 参数小于 1 时，表达式 side >= 1 的求值结果为 False。由于没有 else 子句，一旦达到基本情况（side 小于 1），则 nestedBox 将直接返回，而不执行任何操作。

程序清单 9-2　递归绘制正方形

```
1    def drawSquare(aTurtle, side):
2        for i in range(4):
3            aTurtle.forward(side)
4            aTurtle.right(90)
5
6    def nestedBox(aTurtle, side):
7        if side >= 1:                    # 检查基本情况：side < 1
8            drawSquare(aTurtle, side)
9            nestedBox(aTurtle, side - 5)
```

如果 side 的值大于或者等于 1，我们就绘制一个边长为 side 的正方形。绘制正方形后，下一步是递归调用 nestedBox，将边长减少 5。通过将 nestedBox 的值减少 5，结果会向基本情况收敛。

动手实践

9.1 创建一个 turtle，使用初始边长 200 运行 nestedBox 函数。然后修改 nestedBox 函数，调换第 8 行和第 9 行代码的位置。请解释产生不同行为结果的原因。

9.2 编写一个递归函数来绘制同心嵌套正方形，其中每个正方形在同一点上居中。编写一个名为 drawCenteredSquare 的辅助函数会有助于解决问题，该函数接收三个参数：turtle 对象、中心点位置的 x 坐标和 y 坐标以及边的长度。

9.3.2 经典递归函数

通常也可以使用递归以优雅的方式表示数学函数。下面的练习允许我们通过编写一些非图形函数来探索简单的递归。递归处理列表的关键是处理列表中的一个数据项,然后在从列表中移除该数据项的情况下再次调用该方法,继续此模式,直到参数列表为空或者仅包含一个数据项(具体取决于问题)。字符串的方法与此类似。

例如,程序清单 9-3 显示了一个递归函数,它计算列表中的项数。当列表为空时为基本情况。如果列表不为空,那么我们统计第一个数据项(累加 1),并用列表中剩余的数据项递归地调用该函数。

程序清单 9-3 递归统计列表的项数

```
1   def countList(aList):
2       if aList == []:    # 基本情况: 空列表
3           return 0;
4       else:
5           return 1 + countList(aList[1:])
```

> **摘要总结** 若要递归处理列表,先处理列表中的一个数据项,然后在移除该数据项的情况下再次调用该函数。基本情况是列表为空。

动手实践

9.3 阶乘函数的定义如下:

$$\text{fact}(n) = \begin{cases} n \cdot \text{fact}(n-1), & n > 0 \\ 1 & ,\text{其他} \end{cases}$$

编写一个递归函数 fact,计算任意正整数的阶乘。

9.4 编写一个递归函数,计算列表中所有数的累加和。

9.5 编写一个递归函数,查找列表中的最小数。

9.6 编写一个递归函数,查找列表中的最大数。

9.7 编写一个递归函数,反转一个字符串中的字符。

9.8 编写一个递归函数,判断一个给定的字符串是否为回文。

9.3.3 绘制递归树

本节将继续讨论图 9-1 中绘制树的问题。回忆一下绘制树的步骤说明:

1)绘制一个 n 个单位长的树干。

2)向右旋转 30 度,绘制另一棵树干长为 $n-15$ 个单位的树。

3)向左旋转 60 度,绘制另一棵树干长为 $n-15$ 个单位的树。

现在,让我们应用递归规则来实现一个遵循树绘制指令的程序。

首先,我们必须确定基本情况。绘制一棵树时,基本情况是一棵树干长度小于某个预定义值的树。我们假设树干长度为 1 的树是一棵可以绘制的最小的树,但实际上我们可以选择任何数字作为最小的树干长度。如果树干长度小于或者等于预定义的最小值,只需停止绘制新树并返回。

我们已经了解到绘制树的递归步骤，实际上有两个递归步骤。步骤 2 和步骤 3 都指定需要"绘制另一棵树"。请注意，我们不仅要（递归地）绘制另一棵树，而且还要通过绘制小于当前树干长度的树干，朝着基本情况收敛。程序清单 9-4 显示了我们实现的递归 Python 函数，它接收两个参数：一个 turtle 对象和一个起始的树干长度。

程序清单 9-4　一个递归树函数

```
1   def tree(t, trunkLength):
2       if trunkLength < 5:        # 检查基本情况
3           return
4       else:
5           t.forward(trunkLength)
6           t.right(30)
7           tree(t, trunkLength - 15)
8           t.left(60)
9           tree(t, trunkLength - 15)
10          t.right(30)
11          t.backward(trunkLength)
```

令人惊讶的是，绘制树函数 tree 的代码长度只有 11 行。递归通常为我们提供优雅地捕获复杂过程的能力。让我们仔细观察一下程序清单 9-4 中的代码，查看与我们定义的规则的对应关系。首先，注意我们在第 2 行代码中检查了基本情况。我们编写的程序比严格意义上的精简代码略长一些，目的是清晰地表示我们正在检查基本情况。如果将条件更改为 trunkLength >= 5，则可以删除显式的返回语句和 else 子句。

如果还没有到达基本情况，那么 turtle 就会向前移动并向右旋转 30 度。在第 7 行代码中，我们进行第一次递归调用，在树干的右侧绘制一棵较小的树。当树干的这一侧完成绘制时，函数返回并向左旋转 60 度，然后绘制树干的左侧部分。运行此程序并仔细观察树枝的绘制顺序。

会话 9-1 显示了准备工作和函数的调用。注意，在对函数进行初始调用之前，turtle 需要移动到窗口的下部并向左旋转 90 度，因为我们希望树向上生长。当这棵树绘制完后，我们把 turtle 隐藏起来。

会话 9-1　调用递归 tree 函数

```
>>> import turtle
>>> t = turtle.Turtle()
>>> t.up()
>>> t.goto(0, -225)
>>> t.down()
>>> t.color("green", "green")
>>> t.left(90) #turtle 的面朝上
>>> tree(t, 115)
>>> t.hideturtle()
```

动手实践

9.9　重新编写 tree 函数，使用条件 trunkLength >= 5 来检查基本情况。

9.10　交换树的绘制规则，使其先绘制树的左侧，然后绘制树的右侧。

9.11 通过随机化 turtle 旋转的角度，可以创建一个更有趣、更逼真的树。不要总是使用
30 度的角度，而是随机选择 15 度到 45 度之间的角度。

9.12 通过随机化每次进行递归调用时树干长度缩减的长度，可以添加更真实的效果。不要
总是减去 15，尝试减去 5 到 25 之间的随机数。

9.13 我们可以把大树枝染成棕色，把小树枝染成绿色。选择树干长度的阈值并相应地设置
颜色。

9.3.4 谢尔宾斯基三角形

本节将讨论另一个被称为谢尔宾斯基三角形（Sierpinski triangle）的简单分形图形。假
设有三个同样大小的三角形。如果取前两个三角形，并排放置，然后在前两个三角形的顶点
上平衡放置第三个三角形，结果会得到一个由这三个三角形组成的更大的新三角形。进一步
假设从三个较小的三角形构造三个原始三角形中的每一个，并且三个更小的三角形中的每一
个仍然包含三个更小的三角形。图 9-3 演示了这个递归绘制思路。在越来越小的尺度上自相
似的概念是分形概念的关键，也是理解递归的关键。

编写一个绘制谢尔宾斯基三角形的程序要比编写一个绘制分形树的程序复杂得多，但它
仍然非常简单。我们将使用深度（depth）来表示我们细分原始三角形的次数，作为向基本情
况的收敛。当我们达到足够的深度时，会画出一个适合这个深度的三角形。实际上，我们从
一个正数开始计算深度，每次递归地划分一个三角形，就从深度中减去 1。当深度为 0 时，
我们最终画出一个非常小的三角形。

图 9-3 所示的谢尔宾斯基三角形的深度为 2。请注意，有九个着色（灰色）三角形，它
们表示由基本情况绘制的三角形。编号为 1、5 和 9 的三角形不是绘制的，而是周围三个三
角形形成的伪影。图 9-4 显示了深度为 5 的谢尔宾斯基三角形。

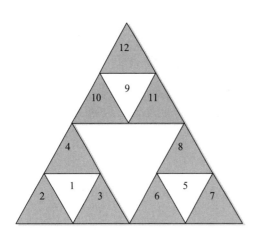

图 9-3 谢尔宾斯基三角形

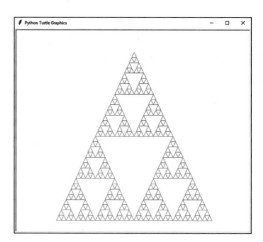

图 9-4 深度为 5 的谢尔宾斯基三角形

sierpinski 函数将接收三个点作为参数；这三个点定义三角形的三个角。为了将大
三角形细分为三个较小的三角形，我们可以使用以下规则。

对于大三角形的每个角，使用给定的角和位于给定角和其他两个角中间的点创建一个小
三角形。

例如，考虑图 9-5 中的三角形 ABC。我们可以构造的三个新三角形是三角形 A-1-3、B-2-1 和 C-3-2。

为了计算点 1、2 和 3，我们分别找到线段 AB、BC 和 CA 的中点。回想一下，我们可以使用以下公式计算线段 (m_x, m_y) 的中点：

$$m_x = \frac{x_1 + x_2}{2} , \quad m_y = \frac{y_1 + y_2}{2}$$

绘制较小的三角形是我们函数中的递归步骤。它将使用刚才描述的方法计算出来的顶点，三次递归调用 sierpinski 函数。

我们将要编写的函数需要两个简单的辅助函数：一个用于绘制三角形的函数和一个用于计算位于两个点之间的中间点坐标的函数。drawTriangle 函数接收一个 turtle 对象和三个点为参数。goto 方法用于连接这三个点。midPoint 函数封装了计算线段中点的方程，并返回一个元组，给出中点的 x 坐标和 y 坐标。

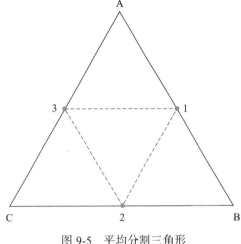

图 9-5　平均分割三角形

sierpinski 函数和两个辅助函数如代码清单 9-5 所示。注意，函数的最终版本接收两个参数：一个 turtle 对象参数和一个深度参数。sierpinski 函数的第 1 行代码检查深度是否大于零。如果是，那么对 sierpinski 函数进行三次递归调用。每个递归调用都表示三个子三角形之一。当我们进行递归调用时，我们从深度中减去 1 以向基本情况收敛。当函数达到深度为 0 时，不再需要递归。此时，将绘制一个三角形，函数将简单地返回。最初指定的深度越大，这个三角形就越小。

程序清单 9-5　绘制谢尔宾斯基三角形

```
1    def drawTriangle(t, p1, p2, p3):
2        t.up()
3        t.goto(p1)
4        t.down()
5        t.goto(p2)
6        t.goto(p3)
7        t.goto(p1)
8
9    def midPoint(p1, p2):
10       return ((p1[0] + p2[0]) / 2.0, (p1[1] + p2[1]) / 2.0)
11
12   def sierpinski(t, p1, p2, p3, depth):
13       if depth > 0:
14         sierpinski(t, p1, midPoint(p1,p2), midPoint(p1,p3), depth - 1)
15         sierpinski(t, p2, midPoint(p2,p3), midPoint(p2,p1), depth - 1)
16         sierpinski(t, p3, midPoint(p3,p1), midPoint(p3,p2), depth - 1)
17       else:  # 基本情况
18         drawTriangle(t, p1, p2, p3)
```

会话 9-2 显示了用于创建图 9-4 中谢尔宾斯基三角形的代码。如前所述，三角形的深度是 5。

会话 9-2   创建谢尔宾斯基三角形

```
>>> import turtle
>>> t = turtle.Turtle()
>>> t.color('darkorange')
>>> sierpinski(t, [-225, -250], [225, -250], [0, 225], 5)
>>> t.hideturtle()
```

动手实践

9.14   尝试使用不同形状的三角形调用 sierpinski 函数。

9.15   修改 sierpinski 函数和 drawTriangle 函数，以添加颜色信息。提示：不同的递归调用使用不同的颜色进行绘制。

9.16   修改 sierpinski 函数，要求无条件地在每个深度绘制一个三角形，而不仅仅是在深度为 0 时绘制三角形。

9.17   改变 sierpinski 函数中递归调用的次序。

9.3.5   谢尔宾斯基三角形的调用树

到目前为止，我们可能已经尝试过运行 sierpinski 函数若干次，现在应该可以清楚地看到，三角形是以三分之一方式绘制的。完成三分之一的大三角形后，再绘制下一个三分之一，最终绘制最后一个三分之一。在每个较小的三分之一内，遵循相同的行为顺序。

我们可以使用调用树来描绘这种行为，这使我们能够对 sierpinski 函数的递归调用进行排序，以解释为什么使用此次序绘制三角形。深度为 2 的谢尔宾斯基三角形的调用树如图 9-6 所示。注意，调用树箭头上的标签与图 9-3 所示的三角形编号匹配。

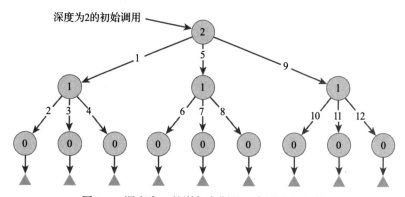

图 9-6   深度为 2 的谢尔宾斯基三角形的调用树

动手实践

9.18   绘制深度为 3 的谢尔宾斯基三角形的调用树。

9.19   通过递归细分一个正方形，可以生成一个谢尔宾斯基正方形。基于一个正方形，把它细分成 3×3 个小正方形。除中心处的正方形外，对其他每个正方形进行细分。当到达一个足够小的正方形时，停止细分并绘制正方形。

9.4 雪花、林登麦伊尔系统及其语法

据说没有两片雪花是完全一样的。雪花是自然界中另一种可以用分形技术再现的物质。图 9-7 中的照片显示了一片雪花。图 9-8 中的雪花是使用**科赫曲线**（Koch curve）生成的，科赫曲线是海里格·冯·科赫（Helge von Koch）在 1904 年开发的分形算法。

图 9-7　一片雪花的照片

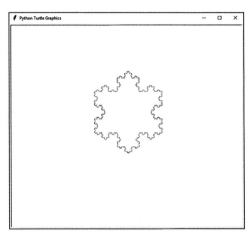

图 9-8　使用海里格·冯·科赫开发的分形算法绘制的科赫曲线雪花

一片科赫雪花是由几个科赫曲线构成的。让我们更详细地讨论一下绘制科赫曲线的算法。最简单的曲线实际上是一条长度为 n 的直线，即基本情况。下一个最简单的曲线可以使用以下一组 `turtle` 指令来描述：

```
forward(n)
left(60)
forward(n)
right(60)
right(60)
forward(n)
left(60)
forward(n)
```

如果使用递归思维，那么可以想象每一条直线都遵循这组指令被一组短的直线所替代。图 9-9 显示了 1 ～ 4 阶科赫曲线每个级别的详细信息。

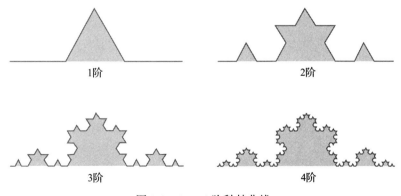

图 9-9　1 ～ 4 阶科赫曲线

至此，读者可以编写一个简单的递归函数来绘制科赫曲线。（事实上，动手实践 9.23 要求读者完成该练习。）

接下来，我们将讨论分形和递归的不同之处。

9.4.1　L- 系统

生物学家 Astrid Lindenmayer 于 1968 年发明了**林登麦伊尔系统**（简称 **L- 系统**）。L- 系统是一种形式化的数学理论，旨在模拟生物系统的生长。此构造可用于指定各种分形的规则。

事实证明，L- 系统基于计算机科学中一个称为**语法**（grammar）的形式化概念，可以用于许多方面，包括程序设计语言的规格。语法由一组**符号**（symbol）和一个或者多个**生长规则**（production rule）组成。这些规则规定如何将一个符号替换为一个或者多个其他符号。生长规则包括两部分：

1）左侧，用于指定一个符号。

2）右侧，指定可以替换左侧符号的符号组。

观察一个简单的语法示例：

公理（Axiom）　　A

规则（Rule）　　　1）A → B

　　　　　　　　　　2）B → AB

我们可以按如下方式解释这个语法：从**公理**（起点）开始。公理 A 是语法中最简单的字符串。我们也可以把公理看作语法的基本情况。规则告诉我们如何构造更复杂的字符串，这些字符串是语法的一部分。例如，规则 1 告诉我们可以用字符串 B 替换字符串 A，规则 2 告诉我们可以将字符串 B 更改为字符串 AB。

将生长规则应用于字符串时，必须从左到右，在左侧与当前符号匹配的位置应用生长规则。如果规则匹配，则必须应用该规则。让我们看一个例子：

A　　　　　　　　公理

B　　　　　　　　（应用规则 1 到 A）

AB　　　　　　　（应用规则 2 到 B）

BAB　　　　　　（应用规则 1 到 A，再应用规则 2 到 B）

ABBAB　　　　　（应该规则 2 到 B，然后应用规则 1 到 A，再应用规则 2 到 B）

BABABBAB　　　（用于以下规则：1，2，2，1，2）

尝试着应用这些规则，然后自己再生成几行。如果我们正确地应用了这些规则，将注意到每个字符串的长度都遵循斐波那契数列：1，1，2，3，5，8，13，21，…。

> **摘要总结**　L- 系统由一个称为公理的起点和一组用一个符号代替另一个符号的规则组成。

为了从这些简单的 L- 系统过渡到可以用于 turtle 绘图的 L- 系统，请考虑对用于定义 L- 系统的符号的解释。假设我们没有使用符号 A 和 B，而是使用符号 F、B、+ 和 -。

- F 表示 turtle 应该向前移动并绘制一条线。
- B 表示 turtle 在绘制直线时应该向后移动。
- 符号"+"表示 turtle 应该向右旋转。
- 符号"-"表示 turtle 应该向左旋转。

让我们回到科赫曲线，考虑为绘制一条简单曲线而设计的一组步骤。我们可以将以下操作集指定为 L- 系统：

公理　F

规则　F → F–F++F–F

注意，公理绘制一条直线，这是最简单的科赫曲线。但是，如果我们应用一次生长规则，则结果得到字符串 F–F++F–F。结果是下一个最简单的科赫曲线。

将生长规则应用于字符串 F–F++F–F，结果得到以下字符串：

F–F++F–F–F–F++F–F++F–F++F–F–F–F++F–F

给定一个指令字符串，我们可以很直观地为其编写一个 Python 函数，用以解释字符串，并调用对应的 turtle 对象的方法。为了成功地绘制出科赫曲线，我们需要知道 turtle 前进的距离，以及 turtle 转弯的角度。

程序清单 9-6 显示了函数 drawLS 的代码。此函数只需遍历指令字符串中的每个字符。当 turtle 遇到 "F" 或者 "B" 时，会被指示向前或者向后移动 distance 个单位。当遇到 "+" 或者 "–" 时，指示 turtle 向右或者向左旋转 angle 角度。如果遇到任何其他字符，函数将打印错误消息。

程序清单 9-6　遵循 L- 系统的一个简单函数

```
 1  def drawLS(t, instructions, angle, distance):
 2      for cmd in instructions:
 3          if cmd == 'F':
 4              t.forward(distance)
 5          elif cmd == 'B':
 6              t.backward(distance)
 7          elif cmd == '+':
 8              t.right(angle)
 9          elif cmd == '-':
10              t.left(angle)
11          else:
12              print('Error:', cmd, 'is an unknown command')
```

动手实践

9.20　使用 drawLS 函数绘制字符串 F–F++F–F–F–F++F–F++F–F++F–F–FF++F–F。使用 60 度的角度和 20 个单位的距离。

9.21　再次对科赫曲线应用生长规则，并使用 drawLS 绘制结果。

9.22　使用不同的角度和距离试验 drawLS 函数。

9.23　编写一个简单的递归函数，绘制科赫曲线。

9.24　使用绘制科赫曲线的函数，绘制六边雪花。

9.25　林登麦伊尔最早的 L- 系统之一是一套模拟藻类生长的规则。规则如下：

公理　A

规则　A → AB

　　　　B → A

应用这些规则构造五个新字符串。每个字符串的长度表示藻类细胞的数量。

9.26　以下是另一个简单的规则集，用于生成康托尘（Cantor dust）：

> 公理　A
>
> 规则　A → ABA
>
> 　　　B → BBB
>
> 应用这些规则构造五个新字符串。

9.4.2　自动扩展生长规则

在 L- 系统中应用生长规则可能会很乏味，所以让我们编写一个函数来自动化该过程。我们首先需要确定"如何在 Python 中表示生长规则"。事实上，这个问题与第 4 章中描述的翻译问题类似。解决方案是使用 Python 字典。

字典可以表示任意数量的生长规则，其中规则的左侧是键，右侧是值。例如，以下一组生长规则生成斐波那契数：

公理　A

规则　A → B

　　　B → AB

与这些规则对应的 Python 字典可以存储如下：

```
productionRules = {'A': 'B',
                   'B': 'AB'}
```

现在让我们编写一个 Python 函数来获取一个初始字符串，并在指定的次数内应用一组生长规则。程序清单 9-7 显示了 Python 函数 applyProduction。

程序清单 9-7　自动应用生长规则

```
1  def applyProduction(axiom, rules, n):
2      for i in range(n):
3          newString = ""
4          for ch in axiom:
5              newString = newString + rules.get(ch, ch)
6          axiom = newString
7      return axiom
```

applyProduction 函数中的所有内容都不陌生。外部循环允许我们对字符串应用生长规则 n 次。内部循环是一个简单的累加器模式，它允许我们通过一次应用一个字符的生长规则来构造一个新字符串。注意第 5 行中的语句 rules.get(ch,ch)。此语句优雅地处理遇到一个字符但没有进一步扩展字符的生长规则的情况。回想一下，get 方法允许我们在字典中找不到键的情况下指定默认值。在这种情况下，当字符 ch 没有生长规则时，我们只需将字符保留在适当的位置。

会话 9-3 使用斐波那契数生长规则演示了 applyProduction 函数的实际应用。

会话 9-3　使用生长规则扩展器

```
>>> axiom = 'A'
>>> myRules = {'A': 'B', 'B': 'AB'}
>>> for i in range(10):
        res = applyProduction(axiom, myRules, i)
        print("{0:2d} {1}".format(len(res), res))
 1 A
 1 B
```

```
 2  AB
 3  BAB
 5  ABBAB
 8  BABABBAB
13  ABBABBABABBBAB
21  BABABBABABBABBBABABBAB
34  ABBABBABABBABBBABABBABBBABABBABBBABABBBAB
55  BABABBABABBABBBABABBABBBABABBABBBABABBABBABABBABBBABABBABBBABABBBAB
```

➕➖ 动手实践
✖️➗

9.27 使用 applyProduction 函数和 drawLS 函数绘制 5 阶科赫曲线。

9.28 从一个更复杂的公理开始，我们可以使用 L- 系统规则很容易地绘制出一片科赫雪花。
使用 applyProduction 函数和 drawLS 函数，基于公理 F++F++F 和生长规则 F →
F-F++F-F 绘制分形图形。

9.29 使用 90 度角和以下 L- 系统，绘制几个不同扩展阶的结果图。

　　公理　F-F-F-F

　　规则　F → F-F+F+FF-F-F+F

　　绘制的图形被称为二次科赫岛（Koch island）。

9.4.3　更先进的 L- 系统

为了使用 L- 系统来模拟植物生长，我们需要在语法中添加一个特性：字符"["和
"]"。左方括号和右方括号分别代表保存和恢复 turtle 状态的操作。每当函数在字符串中
遇到"["时，将保存 turtle 的位置和方向。当遇到"]"时，将恢复上次保存的位置和
方向。

使用这些新字符，我们现在可以使用一个 L- 系统来指定使用程序清单 9-4 绘制的树。
这个新 L- 系统的语法如下：

　　公理　X

　　规则　X → F[-X]+X

　　　　　　F → FF

从公理 X 开始，应用两次生长规则，结果得到以下字符串：

FF[-F[-X]+X]+F[-X]+X

假设我们使用 60 度的旋转角和 20 个单位的距离。此字符串指示 turtle 执行以下
操作：

　　1）前进 40 个单位。

　　2）保存位置和方向；将此状态称为 W。

　　3）向左旋转 60 度。

　　4）前进 20 个单位。

　　5）保存位置和方向；将此状态称为 Z。

　　6）向左旋转 60 度。

　　7）什么都不做。X 不是可识别的 turtle 命令。

　　8）从保存的状态 Z 恢复 turtle 的位置。

9）向右旋转 60 度。

10）什么都不做。

11）从名为 W 的保存状态恢复 turtle 的位置和方向。

12）向右旋转 60 度。

13）前进 20 个单位。

至此，我们已经成功地绘制出了一个 Y 形状，但是请注意这个方法和清单 9-4 中的代码之间的区别：我们不再需要让 turtle 向后移动指定的距离。通过使用保存和恢复操作，我们可以简单地将 turtle 跳回以前的任何位置。

让我们修改 drawLS 函数来支持保存和恢复操作。程序清单 9-8 显示了新函数。在这个版本中，我们删除了最后一条 else 语句，其中包含对应的错误消息：这允许函数忽略它无法识别的命令（也不报任何错误）。stateSaver 列表允许我们将要保存的新状态附加到列表的末尾。使用 pop 方法，我们可以恢复最近保存的状态。

程序清单 9-8　一个改进的 L- 系统绘制函数

```
 1   def drawLS(aTurtle, instructions, angle, distance):
 2       stateSaver = []
 3       for cmd in instructions:
 4           if cmd == 'F':
 5               aTurtle.forward(distance)
 6           elif cmd == 'B':
 7               aTurtle.backward(distance)
 8           elif cmd == '+':
 9               aTurtle.right(angle)
10           elif cmd == '-':
11               aTurtle.left(angle)
12           elif cmd == '[':
13               pos = aTurtle.position()
14               head = aTurtle.heading()
15               stateSaver.append((pos, head))
16           elif cmd == ']':
17               pos, head = stateSaver.pop()
18               aTurtle.up()
19               aTurtle.setposition(pos)
20               aTurtle.setheading(head)
21               aTurtle.down()
```

最后，让我们编写一个简单的函数，将所有的工作组合成一个应用生长规则并绘制结果 L- 系统的函数。lSystem 函数接收 7 个参数：

- axiom：初始公理。
- rules：指定生长规则的字典。
- depth：扩展生长规则的次数。
- initialPosition：turtle 的初始位置。
- heading：turtle 初始的前进方向。
- angle："+"和"−"操作旋转的角度。
- length："F"或者"B"分别向前或者向后移动的距离。

lSystem 函数的代码如程序清单 9-9 所示。在会话 9-4 中，我们使用此函数绘制一棵简单的树。

程序清单 9-9　一个扩展和绘制 L- 系统的函数

```
1   def lSystem(axiom,rules,depth,initialPosition,heading,angle,length):
2       aTurtle = turtle.Turtle()
3       win = turtle.Screen()
4       aTurtle.up()
5       aTurtle.setposition(initialPosition)
6       aTurtle.down()
7       aTurtle.setheading(heading)
8       newRules = applyProduction(axiom, rules, depth)
9       drawLS(aTurtle, newRules, angle, length)
10      win.exitonclick()
```

会话 9-4　使用 L- 系统绘制一棵树

```
>>> myRules = {'X':'F[-X]+X', 'F':'FF'}
>>> axiom = 'X'
>>> lSystem(axiom, myRules, 7, (0,-200), 90, 30, 2)
```

以下是绘制一种类似迷迭香形状的规则：

公理　H

规则　H → HFX[＋H][－H]

　　　　 X → X[－FFF][＋FFF]FX

使用 5 阶、25.7 度的角度、8 个单位的长度，我们得到如图 9-10 所示的图像。我们还修改了 lSystem 以设置颜色。在本例中，我们使用了 'darkgreen'。

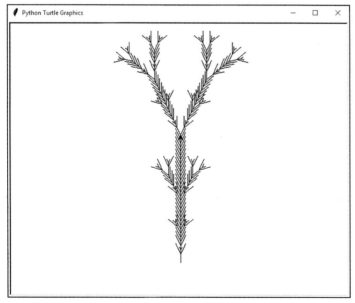

图 9-10　turtle 绘制的一种类似迷迭香的形状

从现在起，读者将独自探索 L- 系统的世界。可以从以下的练习题开始，也可以通过做一些研究找到更多的例子。

动手实践

9.30 修改 drawLS 函数，以支持 "G" 操作，即允许 turtle 前行但不绘制直线。

9.31 使用动手实践 9.30 改进的 `drawLS` 函数，尝试绘制以下 L- 系统：

公理   F-F-F

规则   F → F-F-F-GG

        G → GG

9.32 使用 25 度的角度，实现以下 L- 系统：

公理   F

规则   F → F[−F]F[+F]F

9.33 使用 25 度的角度，实现以下 L- 系统：

公理   F

规则   F → FF+[+F−F−F]−[−F+F+F]

9.34 使用 45 度的角度，实现以下 L- 系统：

公理   FX

规则   F →

        Y → +FX−FY+

        X → FX++FY−

9.5 本章小结

在本章中，我们介绍了递归，这是一种强大的程序设计技术，它允许我们利用“自引用”来优雅地解决问题。分形在图形上是自引用的，换而言之，它们包含自己的较小版本。我们可以通过让 Python 函数调用自己来实现递归。识别非递归的情况（称为基本情况）对于确保递归调用的正常工作非常重要。最后，我们研究了 L- 系统，它使用一组语法规则形式化地表示分形行为。通过重复应用这些规则，可以生成一系列符号。通过将此结果字符串解释为一系列 turtle 命令，我们可以绘制分形图形。

关键术语

axiom（公理）

base case（基本情况）

call tree（调用树）

fractal（分形图形）

grammar（语法）

Koch curve（科赫曲线）

L-system（L- 系统）

production rule（生长规则）

recursion（递归）

recursive step（递归步骤）

symbol（符号）

编程练习题

9.1 修改 `lSystem` 函数，使其递归地展开规则。要求允许添加一个垂直条（`'|'`）运算符，表示“前进”，但前进的距离将根据递归的深度增大或者减少。

9.2 研究 L- 系统，找出一套不同的生长规则，并加以实施。

天 体

本章介绍如何创建类，以及编写构造方法、访问器、更改器和特殊方法。

10.1　本章目标

- 进一步探索类和对象。
- 了解如何构造一个类。
- 编写构造方法、访问器方法、更改器方法和特殊方法。
- 理解 self 的概念。
- 探索实例数据。
- 使用对象实现图形模拟。

10.2　概述

请问读者是否见过月食？月食所产生的月相的颜色和亮度的变化，激发了我们对这一罕见事件细节的好奇心。我们在科学课上了解到，这一迷人的天体事件是由地球、太阳和月球在彼此环绕轨道运行时的相对运动而引发的。早期的天文学家（例如托勒密（Ptolemy）和哥白尼（Copernicus））建立了详细的行星模型来演示它们的相对位置或者大小。这些模型的建立使得模型中行星的运动与夜空中行星的运动相匹配。

在这一章中，我们将建立一个不同类型的行星模型：一个软件模型。我们的模型由行星和太阳组成，并且能够演示天体间的相对运动。在这一过程中，我们探究了现代程序设计语言和技术允许将真实情况表示为编程构造并进行操作的方式。

10.2.1　程序设计

许多人认为计算机科学就是程序设计。正如所见，计算机科学涵盖的范围实际上要大得多。计算机科学是研究问题、解决问题的过程，以及解决这些问题的方法。这些解决方案（也称为算法）为程序设计提供了基础。

程序设计是把一个算法编码成计算机可以执行的代码的过程。这些代码系统被称为程序设计语言。在本文中，我们使用 Python 程序设计语言来实现我们的解决方案。

程序设计是计算机科学家工作中的重要组成部分。通过程序设计，我们创建了解决方案的表示形式。然而，我们实现的解决方案通常会受到所选择的过程和语言的影响。

算法使用表示问题实例所需的数据和产生预期结果所需的一组步骤来描述问题的解决方案。然后，程序设计语言必须提供一种方法来表示解决方案所需的过程和所需的数据。换而言之，Python 等程序设计语言必须提供控制结构和数据类型。

在前面的章节中，我们已经讨论了一些基本的控制结构和数据类型的使用方法。我们知道，程序按顺序处理语句。此外，特殊语句（例如 if 和 for）允许流程控制机制的选择以及迭代一组语句。我们还可以使用抽象将语句绑定到可以传递参数的函数中，从而使它们能够完成相应的任务。在某些情况下，函数返回一个结果。

在本章中，我们将重点放在数据上。当然，我们仍然需要控制结构来展现我们的算法。然而，正如所见，解决问题的特定需求通常可以作为我们所构建的**数据模型**的其中一部分内容。

10.2.2 面向对象的程序设计

Python 支持**面向对象的程序设计**（object-oriented programming）范式，这意味着 Python 强调数据在问题解决过程中的重要性。事实上，在许多方面，当我们面临一个需要解决的新问题时，数据成为我们关注的焦点。在面向对象的程序设计中，一切皆是**对象**，对象是为解决问题所需操作的单个数据项。在 Python 中，所有的数据项都是一个对象。

为了理解对象，我们还必须理解**类**（class）的概念。每个对象都是一个类的**实例**（instance）。类在面向对象的程序设计中用于描述对象的"外观"：对象对自身（其**实例数据**）的了解以及对象可以做什么（其**方法**）。类通常被描述为对象的模板，因为属于特定类的每个对象都有相同的实例数据和方法。但是，由于这些实例数据项的特定值对于每个对象都是不同的，因此当要求这些对象执行其方法时，它们的行为可能会有所不同。

在使用 turtle 对象绘图时，我们已经熟悉了其中的一些思想。当我们使用语句 t = turtle.Turtle() 创建 turtle 对象时，实际上是在创建 Turtle 类的一个实例。我们可以创建多个 turtle 对象，每个 turtle 对象都有自己的实例数据。例如，每个 turtle 都有一个位置、一个方向、一种颜色等。每个 turtle 对象也有许多方法，例如 forward、left 和 up。特定 turtle 对象的行为取决于其自身实例数据的值。因此，如果一个 turtle 对象有一条红色的尾巴，那么它调用 forward 方法时，会绘制一条红线；相反，一个蓝色尾巴的 turtle 对象调用 forward 方法时，会绘制一条蓝线。

10.2.3 Python 类

我们已经研究了 Python 提供的某些类。其中一些类（例如 int、bool 和 float）被称为基本类，因为它们只表示一个值。例如，整数（对象）5 是类 int 的实例。同样，对象 True 是类 bool 的实例。表 10-1 中描述的 type 内置函数允许我们查询对象以了解其数据类型。例如，在会话 10-1 中，我们定义了一个 int、float 和 bool 变量，并对每个变量调用 type 函数。

类似地，我们还研究了描述字符串和列表对象的类，例如 str 和 list。这些集合类提供了一种结构，使我们能够将对象组合在一起。在会话 10-1 的后半部分中，我们将一个列表定义为三个对象的集合：两个整数和一个布尔值。

表 10-1　**type** 内置函数

type 函数	说明
type(object)	返回一个对象的数据类型

会话 10-1　Python 类型

```
>>> count = 1
>>> type(count)
<class 'int'>

>>> radius = 1.57
>>> type(radius)
<class 'float'>

>>> isRaining = False
>>> type(isRaining)
<class 'bool'>
```

```
>>> myList = [23, 66, True]
>>> type(myList)
<class 'list'>
```

尽管结果可能不明显，但即使整数也使用方法来执行基本运算。会话 10-2 显示一个名为 count 的整数变量，初始值为 1。下一条语句使用我们以前多次涉及的累加器模式执行加法运算。正如所料，count 的值现在是 2。然而，再下一条语句看起来有些陌生。尽管它同样是累加器模式，但赋值语句的右侧使用一个名为 __add__() 的特殊方法来执行加法运算。注意，在方法名 add 之前和之后会包含两个下划线。该方法在 int 类中定义，用于返回将参数的值（在本例中为 1）添加到对象值的结果。会话 10-2 中还显示了列表的索引运算符，该运算符是一个名为 __getitem__() 的特殊方法，其中 myList.__getitem__(1) 等价于 myList[1]。我们将在本章后续部分进一步讨论这些特殊方法。

会话 10-2　整数加法方法和索引方法

```
>>> count = 1
>>> count = count + 1
>>> count
2
>>> count = count.__add__(1)    # 等价于 count+1
>>> count
3
>>> myList = [23, 66, True]
>>> myList[1]                   # 获取索引位置 1 处的数据项
66
>>> myList.__getitem__(1)       # 等价于 myList[1]
66
```

10.3　设计和实现 Planet 类

本节将把注意力集中到解决建立太阳系模型的问题上。为此，我们需要考虑模型中使用的特定数据。即便使用 Python 提供的丰富的内置类集，通常我们更倾向于使用专门设计用来表示问题中的对象的类来描述问题和解决方案。我们首先构建一个行星的简单表示；然后设计并实现一个 Planet 类。

为了设计一个类来表示行星的概念，我们需要考虑行星对象所包含的数据，即它们的实例数据。实例数据的值将有助于区分各个行星对象。首先，我们假设每颗行星都有一个名称。每颗行星也有大小信息，比如半径和质量。我们也希望每颗行星包含其离太阳的距离。

除了数据，这个类还将提供行星可以执行的方法。其中一些可能很简单，例如返回行星的名称。还有一些方法可能需要更多的计算。在 Python 中，定义类的一般语法从关键字 class 开始，后跟类的名称和冒号。类的方法缩进在类头部之下，这与函数定义类似。

```
class Classname:

    def method1():
        ...

    def method2():
        ...
    ...
```

10.3.1　构造方法

所有类都应该提供的第一个方法是**构造方法**（constructor），用于创建数据对象。为了创建一个 Planet 对象，我们需要前文所述的四个数据作为参数：1）名称；2）半径；3）质量；4）距离。构造方法将创建**实例变量**（instance variable）以存储这些值。每个实例变量都包含对对象的引用。

在 Python 中，构造方法的名称必须为 __init__。（注意 init 之前和之后包含两个下划线。）类定义中的方法的编写方式与其他函数相同。对于构造方法，我们提供方法的名称，然后提供描述新对象初始**状态**的参数集合。调用方法时，这些参数将用值填充。

程序清单 10-1 显示了 Planet 类的构造方法。注意，虽然构建行星对象需要 4 个数据，但是构造方法包含 5 个形式参数。额外的参数 self 是一个特殊的参数，它总是引用正在构造的对象。self 必须是参数列表中的第一个参数。在调用构造方法时，Python 会自动添加一个与 self 相对应的实际参数，因此不应显式地传递与 self 相对应的参数。

程序清单 10-1 Planet 及其构造方法

```
1   class Planet:
2       def __init__(self, iName, iRad, iM, iDist):
3           self.name = iName
4           self.radius = iRad
5           self.mass = iM
6           self.distance = iDist
```

摘要总结 在类中定义方法时，请将 self 作为第一个参数。但是，调用方法时不要传递 self 的值。Python 为 self 参数提供值，self 参数引用对象自己。

程序清单 10-1 的第 3 行代码定义了一个名为 name 的实例变量，该变量通过一个点运算符附加到特殊参数 self。符号 self.name 出现在构造方法中赋值语句的左侧时，它定义了一个实例变量。因为 self 引用正在构造的对象，self.name 引用对象中的变量。我们称这些变量为实例变量。第 4 ～ 6 行的代码定义了其他三个实例变量并为其赋值。

我们通过使用类的名称创建类的实例时，会自动调用构造方法（不直接调用 __init__）。正如在使用 + 运算符时自动调用 __add__ 一样，当类名后跟 "()" 这个函数调用运算符时，将自动调用 __init__。

注意事项 不要直接调用 __init__，当类名称后跟括号时，会自动调用 __init__ 方法。

假设我们已经把 Planet 类的定义代码保存在 planetclass.py 文件中，会话 10-3 显示了创建一个名为 myPlanet 的 Planet 对象的方法。注意，该语句类似于创建 Turtle 类的实例。如前所述，对 Planet 构造方法的调用只需要 4 个参数，即使其定义包含 5 个参数。第一个参数 self 从不接收显式值，因为它总是隐式地引用正在构造的对象。对引用 myPlanet 求值，结果表明它是 Planet 类的实例，值 0x000001C7EAA97DA0 实际上是 self 的值，即存储此对象的内存地址。当我们创建自己的类时，我们创建了一个新类型。当我们在 myPlanet 对象上调用 type 函数时，将清晰展示以上结果。

会话 10-3 创建一个 Planet 对象

```
>>> from planetclass import *
>>> myPlanet = Planet("X25", 45, 198, 1000)
>>> myPlanet
<__main__.Planet object at 0x000001C7EAA97DA0>
```

```
>>> type(myPlanet)
<class 'planetclass.Planet'>

>>> myPlanet.name          # 获取实例变量的值
'X25'
>>> myPlanet.radius
45
>>> myPlanet.mass
198
>>> myPlanet.distance
1000
>>> myPlanet.mass = 250 # 更改实例变量的值!
>>> myPlanet.mass
250
```

还要注意，通过对象名可以访问实例变量，但这并不是一件明智之举。如会话 10-3 所示，我们不仅可以访问实例变量的值，而且可以更改实例变量的值。这违反了类的基本设计原则，即所谓的**封装**（encapsulation）原则：只有类方法才能更改对象实例变量的值。

如果不希望公开实例变量，那么可以在每个实例变量名前面加上两个下划线（ __ ）。名称以 __ 开头的实例变量在类外部的访问中被隐藏。Planet 类的新构造方法如程序清单 10-2 所示。

程序清单 10-2　修改后的 `Planet` 类，使用隐藏的实例变量

```
1  class Planet:
2      def __init__(self, iName, iRad, iM, iDist):
3          self.__name = iName
4          self.__radius = iRad
5          self.__mass = iM
6          self.__distance = iDist
```

现在，当我们试图访问实例变量时，Python 会报告一个错误，如会话 10-4 所示。用两个下划线作为实例变量名称的前缀的另一个优点是，实例变量很容易与其他本地或者全局变量区分开来。

会话 10-4　实例变量被隐藏

```
>>> myPlanet = Planet('X25', 45, 198, 1000)
>>> myPlanet.__name
Traceback (most recent call last):
  File "<pyshell#3>", line 1, in <module>
    myPlanet.__name
AttributeError: 'Planet' object has no attribute '__name'
```

新创建的对象 myPlanet 是 Planet 类的一个实例，名称为 'X25'、半径为 45、质量为 198、距离为 1000。图 10-1 显示了这个对象的逻辑视图。注意，我们已经将对象分为两个不同的层。内层（或者称为对象状态）包含实例变量名。外层包含方法的名称。在这两种情况下，名称只是对实际对象的引用。我们以这种方式绘制对象是为了表明对象的方法与其实例数据之间存在着密切的关系。

10.3.2　访问器方法

如果在类的外部没有代码可以访问对象的数据，那么读者有可能会提出疑问：如何访问对象的数据呢？答案是类一般提供**访问器方法**（accessor method），允许类外的代码访问实例变量的值。这些方法也称为"getter"方法,因为"get"一词经常出现在名称中。每个实例变量通常都有一个相关联的访问器方法。使用访问器方法检索对象数据的另一个优点是,在大型软件项目中,实例变量的内部表示形式常常会更改。访问器方法向用户隐藏这些内部更改,这种做法称为**信息隐藏**(information hiding)。

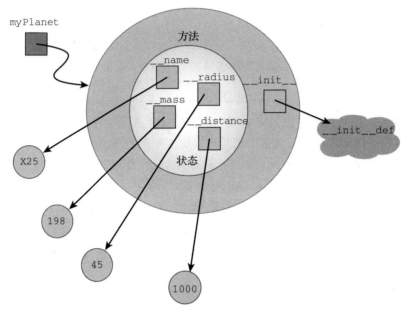

图 10-1   一个 Planet 对象

程序清单 10-3 显示了与 Planet 实例变量相关联的 4 个访问器方法。例如,getName 方法返回由 __name 实例变量引用的字符串。在 getName 方法中,我们使用 self.__name 引用 __name 实例变量,其中 self 是 myPlanet 的同义词(self 和 myPlanet 都引用同一个对象)。

程序清单 10-3   Planet 类的访问器方法

```
 1    def getName(self):
 2        return self.__name
 3
 4    def getRadius(self):
 5        return self.__radius
 6
 7    def getMass(self):
 8        return self.__mass
 9
10    def getDistance(self):
11        return self.__distance
12
13    def getVolume(self):
14        import math
15        v = 4/3 * math.pi * self.__radius**3
16        return v
17
18    def getSurfaceArea(self):
19        import math
20        sa = 4 * math.pi * self.__radius**2
21        return sa
```

```
22
23    def getDensity(self):
24        d = self.__mass / self.getVolume()
25        return d
```

> **最佳编程实践**　在实例变量的名称前面加上两个下划线，这样它们对类而言是私有的。然后提供访问器方法，以便类之外的代码可以访问实例变量的值。

程序清单 10-3 还显示了基于实例变量值返回计算结果的访问器方法。例如，我们假设行星是一个球体，所以我们可以编写一个访问器方法，返回行星的体积。由于半径已经是一个实例变量，所以很容易计算其体积。我们还提供了返回行星表面积和行星密度的方法。每个值（体积、表面积和密度）都可以使用实例数据计算，但体积、表面积和密度不是实例变量数据。会话 10-5 演示了这些方法的实际应用。

会话 10-5　调用访问器方法

```
>>> myPlanet = Planet('X25', 45, 198, 1000)

>>> myPlanet.getName()
'X25'
>>> myPlanet.getRadius()
45
>>> myPlanet.getMass()
198
>>> myPlanet.getDistance()
1000
>>> myPlanet.getVolume()
381703.5074111598
>>> myPlanet.getSurfaceArea()
25446.900494077323
>>> myPlanet.getDensity()
0.0005187272219291404
```

在继续学习之前，我们应该再研究两个细节。在计算体积和表面积的方法中，我们使用了来自 math 模块的 pi 值。注意，这些方法包含语句 import math。此外，密度的计算需要将质量除以体积，体积的计算需要调用 getVolume 方法。为了调用 getVolume 方法，必须使用 self.getVolume，因为 self 是对 Planet 对象的引用。注意 self 是调用 getDensity 方法的对象的引用，从而可以被要求调用 getVolume 方法。如果尝试直接调用 getVolume，结果将产生一个错误，显示找不到 getVolume。

动手实践

10.1 修改 Planet 类的构造方法，添加一个新的实例变量 __numMoons。

10.2 编写一个新的访问器方法，通过引用动手实践 10.1 中创建的实例变量 __numMoons，返回卫星的数量。

10.3 为 Planet 类创建一个新的访问器变量 getCircumference。

10.4 创建一个新类 Sentence。要求构造方法接收一个字符串参数。创建一个实例变量，用于将句子存储为字符串。假设句子中不包括标点符号。

10.5 为上一道题编写的 Sentence 类创建以下访问器方法：

(a) getSentence：将句子以字符串的形式返回。

(b) getWords：返回句子中包含的单词列表。

(c) getLength：返回句子中包含的字符数。

(d) getNumWords：返回句子中包含的单词数。

10.6 创建一个 Sentence 类的变体，同样称为 Sentence。构造方法接收一个字符串参数。要求创建一个实例变量，将句子存储为单词列表。

10.7 为上一道题编写的新的 Sentence 类创建以下访问器方法：

(a) getSentence：将句子以字符串的形式返回。

(b) getWords：返回句子中包含的单词列表。

(c) getLength：返回句子中包含的字符数。

(d) getNumWords：返回句子中包含的单词数。

10.3.3 更改器方法

更改器方法（mutator method）是以某种方式对对象进行修改或更新的过程。对对象的更改则涉及对一个或者多个实例变量的更改。回想一下，来自特定类的每个对象都有相同的实例变量，但是这些变量的值是不同的，这允许对象在被要求执行方法时有不同的"行为"。为了改变这些变量的值，我们提供了一些方法。

在我们的例子中，更改器方法允许我们改变行星的名称。我们可以将名称更改为更有意义的名称，而不是使用诸如"X25"之类的代码名称。为此，我们需要一个方法，该方法将新名称作为参数，并修改 __name 实例变量的值。程序清单 10-4 显示了 setName 方法。如前所述，第一个参数是 self。此外，我们还定义了第二个参数来传递新名称（newName）。在方法体中，newName 的值被赋值给实例变量 __name。请注意，此方法不返回任何值——这是一种常见的模式。更改器方法修改对象的状态，但不向调用方返回任何值。其他实例变量的更改器方法遵循相同的模式。

程序清单 10-4　Planet 类的更改器方法

```
1   def setName(self, newName):
2       self.__name = newName
```

摘要总结
- 通常，访问器方法返回实例变量的值或者涉及实例变量的计算结果。
- 通常，更改器方法使用参数值来修改对象的状态，而不返回值。

当使用 setName 方法时，如会话 10-6 所示，我们提供了一个参数值。尽管方法定义有两个参数，但请记住，第一个参数 self 将隐式接收对对象的引用。由于对象的状态现在已更改，因此当要求执行 getName 方法时，其返回值将不同。

会话 10-6　使用更改器方法

```
>>> myPlanet.getName()
'X25'
>>> myPlanet.setName("Gamma Hydra")
>>> myPlanet.getName()
'Gamma Hydra'
```

动手实践

10.8 编写一个更改器方法 setMoons，修改行星对象的卫星数量。

10.9 添加一个新的实例变量 __moonList；同时添加对应的更改器方法 addMoon，把一个卫星的名称添加到列表 __moonList。

10.10 为 Sentence 类编写一个更改器方法，以允许把句子中的所有字母更改为大写字母。

10.11 为 Sentence 类编写一个更改器方法，以允许在句子的末尾添加一个标点符号。

10.12 为 Sentence 类编写一个更改器方法，以允许把句子翻译成海盗语言或者其他语言。注意，可以添加字典作为类的实例变量。有关将英语翻译为海盗语的详细信息，请参阅第 4 章中的编程练习题。

10.3.4 特殊方法

如前所述，Python 提供了一些特殊的类方法，例如整数加法、访问列表项等。我们还可以在类中定义自己的特殊方法。表 10-2 显示了可以为类定义的一些特殊方法。这些特殊的方法有时被称为**魔术方法**（magic method），因为它们魔术般地执行运算符的工作。另外，由于这些方法以双下划线开头和结尾，它们通常被称为**双下划线方法**（dunder method，"dunder" 代表 "double under"）。

表 10-2　一些 Python 特殊方法

方法	操作	示例	使用
__getitem__	索引	obj1.__getitem__(x)	obj1[x]
__add__	加法	obj1.__add__(x)	obj1 + x
__str__	对象的字符串表示	允许：print(obj1)	print(obj1)
__eq__	等于	obj1.__eq__(obj2)	obj1 == obj2
__ne__	不等于	obj1.__ne__(obj2)	obj1 != obj2
__lt__	小于	obj1.__lt__(obj2)	obj1 < obj2
__le__	小于或等于	obj1.__le__(obj2)	obj1 <= obj2
__gt__	大于	obj1.__gt__(obj2)	obj1 > obj2
__ge__	大于或等于	obj1.__ge__(obj2)	obj1 >= obj2

双下划线方法之一为 __str__，用于提供对象的字符串表示。

会话 10-7 演示了打印 Planet 对象的结果。print 函数会自动尝试将对象转换为字符串表示，但 Planet 对象并不知道该如何回应这个请求。结果是默认的表示，这当然不是我们所期望的结果。

会话 10-7　打印 Planet 对象

```
>>> print(myPlanet)
<__main__.Planet object at 0x000001C7EAA97DA0>
```

通过定义自定义版本的特殊方法 __str__，我们可以为 Planet 类提供更好的打印功能。如前所述，__str__ 的默认实现返回一个包含类名和对象地址的字符串。为了提供更友好的信息，我们需要为 __str__ 方法提供另一种实现。

为此，我们定义了一个名为 __str__ 的方法，并给出了一个新的实现，如程序清单 10-5 所示。修改后的方法不需要除 self 参数以外的任何信息。它返回我们选择用来表示对象的字符串，在本例中是行星的名称。请注意，由类的设计者决定 `__str__` 方法返回哪些实例变量。唯一的限制是返回值必须是字符串。会话 10-8 显示打印对象的结果。它还演示了在对对象调用 print 函数或者 str 函数时，该对象的 `__str__` 方法将自动被调用。

程序清单 10-5 `__str__` 方法

```
1  def __str__(self):
2      return self.__name
```

会话 10-8 使用 `__str__` 方法

```
>>> myHome = Planet("Earth", 6371, 5.97e24, 152097701)
>>> print(myHome)
Earth
>>> myHome.__str__()
'Earth'
>>> str(myHome)
'Earth'
```

最佳编程实践 建议为类提供一个 `__str__` 方法，以便可以打印类的对象。

图 10-2 显示了 myHome 行星对象的完整引用关系图。一个类是否应该实现其他特殊方法取决于类本身及其数据。与 `__str__` 方法的返回值一样，实现的特殊方法也是一种设计决策。例如，对于 Planet 类，我们不需要 `__add__` 方法，因为将一个行星累加到另一个行星上没有任何意义。对于比较方法，通常我们选择一个实例变量作为要在对象之间进行比较的值。为了说明这个概念，我们可以决定如果一个行星比另一个行星离太阳更近，则该行星"小于"另一个行星。然后我们可以定义如清单 10-6 所示的特殊方法 `__gt__` 和 `__lt__`。会话 10-9 演示这些方法的实际应用。

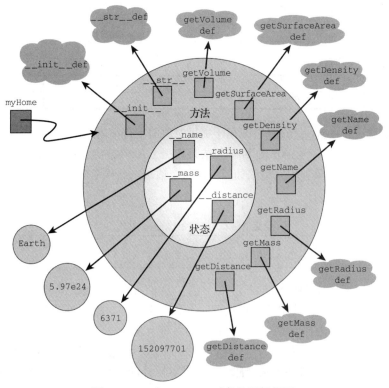

图 10-2 一个 Planet 对象的逻辑视图

程序清单 10-6　__gt__ 和 __lt__ 方法

```
1   def __lt__(self, otherPlanet):
2       return self.__distance < otherPlanet.__distance
3
4   def __gt__(self, otherPlanet):
5       return self.__distance > otherPlanet.__distance
```

会话 10-9　使用 __gt__ 和 __lt__ 方法

```
>>> earth = Planet("Earth", 50, 60, 30)
>>> mercury = Planet("Mercury", 19, 10, 25)
>>> mars = Planet("Mars", 47, 50, 35)

>>> mars < earth        # 调用 __lt__ 方法
False
>>> earth > mercury     # 调用 __gt__ 方法
True
```

动手实践

10.13 为动手实践 10.4 或者动手实践 10.6 中编写的 Sentence 类添加 __str__ 方法。

10.14 为 Sentence 类实现 __getitem__ 方法。该方法允许我们使用索引运算符访问句子中的单词。

10.15 实现 __len__ 方法，以便可以使用 len 函数。

10.16 实现 __contains__ 方法，以便可以判断一个单词是否在句子中存在。

10.17 实现 __add__ 方法，该方法允许我们将两个句子拼接在一起。确保 __add__ 方法返回一个新的 Sentence 实例。

10.18 设计一个代表骰子的类 Die。构造方法应该允许我们指定骰子具有多少面。添加一个方法 roll，模拟投掷骰子。实现 __str__ 方法。

10.19 为 Die 类实现方法 __ge__、__gt__、__le__、__lt__、__eq__ 和 __ne__。这些方法允许比较两个骰子的点数大小。

10.20 设计一个扑克牌游戏中纸牌的类 Card。要求纸牌对象存储其大小和花色。为 Card 类实现方法 __ge__、__gt__、__le__、__lt__、__eq__ 和 __ne__。使用花色中 2 最小、Ace 最大的规则。比较两个不同花色中相同大小的纸牌对象时，使用以下规则：最小是梅花（clubs），其次是方块（diamonds），然后是红桃（hearts），最大是黑桃（spades）。

10.21 设计一个类来表示一副牌 Deck。Deck 类应该提供洗牌和绘图的方法。

10.22 使用 Deck 类，实现一个简单的 21 点游戏。

10.23 设计一个类来表示银行账户。提供核对账户余额、存款以及取款的方法。构造方法应该允许我们提供账户的客户 ID。将初始账户余额初始化为 0。

10.24 扩展上一道题中编写的银行账户类，使其具有转账方法。转账方法接收 2 个参数：转账金额和要转入的账户对象实例。

10.25 设计一个类来表示分数 Fraction。要求构造方法接收两个参数：分子和分母。分别为分数的加法、减法、乘法、除法、比较和转换为字符串格式实现特殊方法。

10.26 扩展分数类 Fraction，使分数始终化简为最简分数的形式。

10.3.5 方法和 self

当调用方法时，会在定义它们的名称空间中创建局部名称空间。函数和方法之间的区别在于，每个局部名称空间还具有对调用该方法的对象的引用。我们使用的引用的名称是 self。

重新考虑一下前面描述的 Planet 类。当我们创建一个新的实例（见会话 10-10）时，我们将变量 myPlanet 添加到 main 名称空间中，并引用正在构造的对象。现在，当我们调用 getName 等方法时，将创建一个局部名称空间并将其放置在 main 名称空间中。形式参数 self 隐式地接收对进行调用的对象的引用（在本例中是 myPlanet）。结果如图 10-3 所示。尽管我们第一个形式参数不一定必须命名为 self，但这是约定俗成的，我们将继续使用该约定。

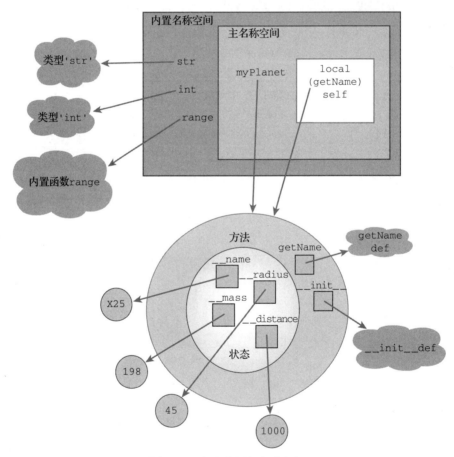

图 10-3　方法的局部名称空间

会话 10-10　显示方法的作用范围

```
>>> myPlanet = Planet("X25", 45, 198, 1000)
>>> myPlanet
<__main__.Planet object at 0x000001C7EAA97DA0>
>>>
>>> myPlanet.getName()
'X25'
```

当我们查看 getName 方法时，唯一的语句是 return self.__name。当 Python 对 self.__name 求值时，它首先对 self 求值，结果返回对调用该方法的对象的引用。一旦有了对该对象的引用，我们将继续在对象的实例变量中搜索 __name。由于 self 引用了 myPlanet 对象，因此返回 myPlanet 中的实例变量 __name 的值。这个过程解释了为什么每个对象在调用 getName 方法时会有不同的行为：这些对象的实例变量很可能各不相同。

动手实践

10.27 turtle 对象包含很多实例变量，包括 x、y、color 和 heading。绘制一个对象引用关系图，描述以下会话中调用 forward 方法后的名称空间。

```
>>> import turtle
>>> myTurtle = turtle.Turtle()
>>> myTurtle.forward(10)
```

10.3.6 方法存储和查找的细节

在继续之前，我们需要理解正在使用的对象的描述性视图与 Python 使用的存储和查找机制之间的区别。我们一直将对象表示为包含实例变量和方法。这是实例变量的精确表示，因为每个对象都需要自己的副本。但是，由于方法由类的所有实例共享，因此方法的存储方式略有不同。

为了理解这一点，请观察图 10-4。定义一个类时，类的名称将添加到当前名称空间中，并引用**类定义对象**（class definition object）。在本例中，我们将名称 Planet 添加到 main 名称空间中，并引用相应的类定义对象。类定义对象存储方法名称，方法名称引用由类实现的方法定义。图 10-4 只显示了 Planet 实现的诸多方法中的其中两个方法。

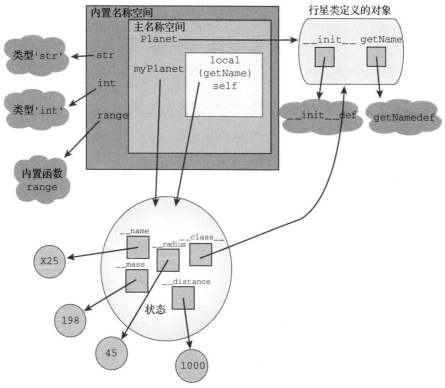

图 10-4 方法的实际存储方式

当创建 Planet 类的实例时，例如使用以下语句：

```
myPlanet = Planet( "X25", 45, 198, 1000)
```

通过 Planet 引用以访问 __init__ 方法定义。执行此构造方法，并使用给定的实例变量值创建对象。在名称空间中使用名称 myPlanet 引用该对象。

图 10-4 显示了另外一个变量 __class__。实例变量 __class__ 用于向每个对象提供对其所属的类定义对象的引用。现在，当一个方法被调用，例如

```
myPlanet.getName()
```

名称查找顺序如下：首先，通过解引用 myPlanet 以访问对象；其次，通过 __class__ 引用查找类定义对象；然后，使用方法名 getName 访问方法定义。当调用此方法时，将像往常一样创建和放置名称空间。

对于这种体系结构，不管一个特定类有多少对象，只需要一个方法定义的副本。因为每个对象都有一个 __class__ 引用，所以能够定位方法定义。此外，因为每个方法都有一个形式参数 self，它引用进行调用的对象，所以当不同的对象调用同一个方法时不会出现混淆。相反，每个对象都将拥有自己的局部名称空间，并为 self 提供适当的值。

10.4 设计和实现 Sun 类

本章的任务是建立太阳系的软件模型。为了实现该目标，我们不仅要考虑可能存在的行星，还要考虑太阳系中最重要的成员——太阳。我们之所以认为太阳与行星相似，因为太阳也是一个大的、圆的天体。太阳当然拥有一些与行星相同的特征，包括名称、质量和半径。但是，由于太阳位于太阳系的中心，因此它没有任何距离测量。此外，太阳提供的热量和光可以用表面的温度来表征。

基于上述描述，我们可以使用与 Planet 类相同的模式来创建 Sun 类。我们的构造方法需要名称、质量、半径和温度的值。程序清单 10-7 显示了 Sun 类的部分实现，其中包括 __init__、getMass 和 __str__ 方法。我们把其他方法的开发留作课后练习。

程序清单 10-7　Sun 类的部分实现

```
 1    class Sun:
 2        def __init__(self, iName, iRad, iM, iTemp):
 3            self.__name = iName
 4            self.__radius = iRad
 5            self.__mass = iM
 6            self.__temp = iTemp
 7
 8        def getMass(self):
 9            return self.__mass
10
11        def __str__(self):
12            return self.__name
```

动手实践

10.28 完成 Sun 类的实现，编写以下方法：

（a）getRadius

(b) getTemperature

(c) getVolume

(d) getSurfaceArea

(d) getDensity

(f) setName

(g) setRadius

10.29 编写一个函数，打印半径值在 10 到 500 之间（使用 10 作为递增增量值）的 Sun 对象的半径、体积和表面积。

10.5　设计和实现太阳系

　　本节将着手建模我们的太阳系，它将由一个太阳和一组行星组成，每一颗行星都被定义为离太阳有一定距离。假设太阳位于太阳系的中心。实现 SolarSystem 类的方法与实现其他类的方式相同：提供一个用于定义实例变量的构造方法，并定义对应的访问器方法和更改器方法。

　　完整的 SolarSystem 类如程序清单 10-8 所示。构造方法（第 2 ～ 4 行代码）假设一个基本的 SolarSystem 对象的中心必须有一个 Sun 对象。因此，构造方法希望接收一个 Sun 对象作为参数，但它假定一个空的行星对象集合。我们将把行星对象实现为一个列表。

程序清单 10-8　SolarSystem 类

```
1   class SolarSystem:
2       def __init__(self, aSun):
3           self.__theSun = aSun
4           self.__planets = []
5
6       def addPlanet(self, aPlanet):
7           self.__planets.append(aPlanet)
8
9       def showPlanets(self):
10          for aPlanet in self.__planets:
11              print(aPlanet)
```

　　为了给 SolarSystem 对象增加一个 Planet 对象，我们使用了一种名为 addPlanet 的更改器方法，它可以修改行星的集合（__planets）。此方法（第 6 ～ 7 行代码）接收 Planet 对象作为参数，并将该对象添加到行星集合（__planets）中。因为集合是一个列表，所以我们可以直接使用 append 方法。

　　最后，名为 showPlanets 的简单访问器方法（第 9 ～ 11 行代码）显示了太阳系中的所有行星。它遍历行星列表并依次打印每颗行星。回想一下，前面章节中的 Planet 类实现了 __str__ 方法，该方法返回要在 print 方法中使用的行星的名称。

　　为了使用我们实现的三个类，可以将它们分别保存为 Python 文件中。将类 Sun、Planet 和 SolarSystem 的实现代码分别保存在文件 sun.py、planetclass.py 和 solarsystem.py 中。当我们以这种方式将一个类存储在一个文件中时，我们就创建了一个可以被其他程序使用的模块，这个模块的访问和使用方式与 turtle、math 和 cImage 模块相同。为了使用 Planet、Sun 或者 SolarSystem 类，只需导入包含类定义的模块。

会话 10-11 显示了导入模块的语句，它创建了一个有四颗行星的太阳系。在导入模块之后，我们创建了一个名为 sun 的 Sun 对象；以及一个名为 ss 的 SolarSystem 对象，使用 sun 作为其中心。接下来，我们创建一个新的 Planet 对象 p，行星名为 Mercury，并将其添加为太阳系中的第一颗行星。然后我们用同样的方法创建并添加另外三颗行星。为了简单起见，我们重复使用对象名 p。最后，我们调用 showPlanets 方法，它打印太阳系中各个行星的名称。图 10-5 显示了到目前为止的所有对象和引用关系图。

会话 10-11　创建和显示拥有四颗行星的太阳系

```
>>> from sun import *
>>> from planetclass import *
>>> from solarsystem import *
>>>
>>> sun = Sun("Sun", 5000, 1000, 5800)
>>> ss = SolarSystem(sun)
>>>
>>> p = Planet("Mercury", 19, 10, 25)
>>> ss.addPlanet(p)
>>>
>>> p = Planet("Earth", 50, 60, 30)
>>> ss.addPlanet(p)
>>>
>>> p = Planet("Mars", 47, 50, 35)
>>> ss.addPlanet(p)
>>>
>>> p = Planet("Jupiter", 75, 100, 50)
>>> ss.addPlanet(p)
>>>
>>> ss.showPlanets()
Mercury
Earth
Mars
Jupiter
```

动手实践

10.30　编写一个名为 numPlanets 的方法，返回太阳系对象中的行星数量。

10.31　编写一个名为 totalMass 的方法，返回太阳系对象中的总质量。总质量包括所有的行星以及太阳的质量。

10.32　考虑到最近关于冥王星（Pluto）是行星还是矮行星的争论，为 SolarSystem 类编写一个 removePlanet 方法，可以用来删除降级的行星。

10.33　编写两个分别称为 getNearest 和 getFarthest 的方法，分别返回距离太阳最近以及最远的行星。

10.34　编写一个 __str__ 方法，按照距离太阳最近到最远的顺序，打印出太阳的名称和所有行星的名称。

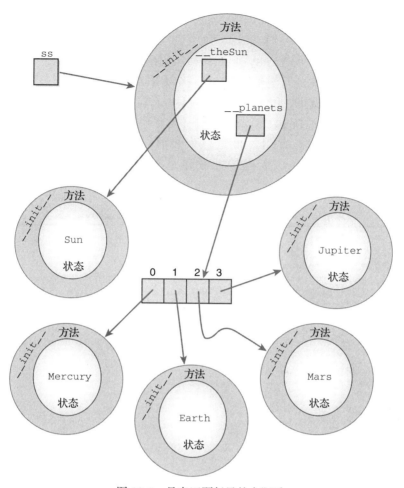

图 10-5　具有四颗行星的太阳系

10.6　制作太阳系的动画

至此，我们已经建模了一个太阳系，下一步自然要考虑是否可以绘制出太阳系，然后模拟行星的运动。在本节中，我们将根据艾萨克·牛顿爵士（Sir Isaac Newton）发现的运动定律来构造动画。尽管我们不会尝试考虑自然界中行星物体复杂相互作用中存在的每一个可能变量，但由此产生的模拟仍将依赖于物理学的基本定律。

理解行星运动需要理解牛顿的基本运动定律。特别是，我们必须了解运动中的物体如何相互作用，以及这些相互作用如何影响它们的运动。由于这不是一门物理课程，我们将抑制住描述所有推导过程的诱惑。事实证明，通过使用几个简单的方程，我们可以创建一个相当精确的模型。

10.6.1　使用 Turtle 对象

为了绘制 SolarSystem、Sun 和 Planet 对象，我们将使用 Turtle 类。回想一下，Turtle 是一个图形对象，它有实例变量，包括位置和颜色。Turtle 对象可以定义一个坐标系；它可以移动到坐标窗口内的任何位置；如果它的尾巴向下，则可以绘制一条线。在这个应用程序中，我们还将利用 turtle 模块的特性，允许在同一个窗口中同时存在许多这样的 Turtle 对象。我们将利用这一功能，为每一颗行星提供一个以图形表示行星的 Turtle 对象。

我们的第一个修改涉及 SolarSystem 类。太阳系代表我们动画的边界，因此我们将使用 Turtle 来提供用户定义的行星坐标系。当一个太阳系被创建时，我们将提供一个宽度和一个高度，这个宽度和高度可以用来定义该坐标系中 x 轴和 y 轴的上下限。

程序清单 10-9 显示了新的 SolarSystem 类。构造方法现在有两个参数：width（宽度）和 height（高度）。太阳不再是一个参数，但是稍后将添加它。因此，实例变量 theSun 初始化为 None。通过按此顺序进行操作，我们允许行星和太阳利用 SolarSystem 的图形设置工作。

程序清单 10-9　包含一个隐藏 turtle 的 SolarSystem 类

```
1    class SolarSystem:
2        def __init__(self, width, height):
3            self.__theSun = None
4            self.__planets = []
5            self.__ssTurtle = turtle.Turtle()
6            self.__ssTurtle.hideturtle()
7            self.__ssScreen = turtle.Screen()
8            self.__ssScreen.setworldcoordinates(-width/2.0, -height/2.0,
9                                                width/2.0, height/2.0)
10
11       def addPlanet(self, aPlanet):
12           self.__planets.append(aPlanet)
13
14       def addSun(self, aSun):
15           self.__theSun = aSun
16
17       def showPlanets(self):
18           for aPlanet in self.__planets:
19               print(aPlanet)
20
21       def freeze(self):
22           self.__ssScreen.exitonclick()
```

第 5 ～ 9 行代码创建名为 __ssTurtle 和 __ssScreen 的实例变量，这些变量将为太阳系提供图形功能。因为 turtle 不会绘制任何东西，我们会把它藏起来，这样就看不见它的形状。使用 width 和 height 作为参数，我们调用 setworldcoordinates 方法来创建一个在位置（0，0）周围均匀分布的坐标系。

SolarSystem 类中添加了两个方法。第 14 ～ 15 行代码定义了一个名为 addSun 的方法，它允许我们将太阳添加到太阳系中。freeze 方法（第 21 ～ 22 行代码）允许用户在动画完成后"冻结"屏幕，这样就不会在动画结束时自动关闭窗口。

接下来，我们修改 Sun 类（如程序清单 10-10 所示），创建两个新的实例变量 self.__x 和 self.__y 以跟踪太阳的坐标位置。当我们假设太阳位于太阳系的中心时，将这些值初始化为 0 是一个不错的设置方式。

通过添加 self.__sTurtle 作为 Sun 类的第三个实例变量，我们确保每个 Sun 对象都包含一个 Turtle 对象来完成图形工作。由用户定义 Turtle 的颜色，我们决定将其设置为"黄色"。此外，我们将 Turtle 的形状从默认的三角形改为圆形。在这个新的实现中，大多数 Sun 类方法保持不变。两个新的访问器方法 getXPos 和 getYPos 将允许我们检索太阳的 x 坐标和 y 坐标。

程序清单 10-10 包含可视化功能的 Sun 类

```
1   class Sun:
2       def __init__(self, iName, iRad, iM, iTemp):
3           self.__name = iName
4           self.__radius = iRad
5           self.__mass = iM
6           self.__temp = iTemp
7           self.__x = 0
8           self.__y = 0
9
10          self.__sTurtle = turtle.Turtle()
11          self.__sTurtle.shape("circle")
12          self.__sTurtle.color("yellow")
13
14      def getMass(self):
15          return self.__mass
16
17      # 其他方法（和前面一样）
18
19      def getXPos(self):
20          return self.__x
21
22      def getYPos(self):
23          return self.__y
```

最后，我们修改了 Planet 类，使 Planet 的每个实例都包含一个 Turtle 对象（见程序清单 10-11）。与 Sun 类的实例一样，每个行星都将使用 x 坐标值和 y 坐标值跟踪其位置。初始 x 值将是与太阳的距离，而初始 y 值将为零。这意味着所有的行星最初都是在 x 轴上排列的。我们用 turtle 的颜色来区分每个 Planet 对象。当一个 Planet 对象被创建时，通过构造方法提供一种颜色。turtle 的形状也设置为圆形（circle）。

程序清单 10-11 包含可视化功能的 Planet 类

```
1   class Planet:
2       def __init__(self, iName, iRad, iM, iDist, iC):
3           self.__name = iName
4           self.__radius = iRad
5           self.__mass = iM
6           self.__distance = iDist
7           self.__x = self.__distance
8           self.__y = 0
9           self.__color = iC
10
11          self.__pTurtle = turtle.Turtle()
12
13          self.__pTurtle.color(self.__color)
14          self.__pTurtle.shape("circle")
15
16          self.__pTurtle.up()
17          self.__pTurtle.goto(self.__x, self.__y)
18          self.__pTurtle.down()
19
20
21      # 其他方法（和前面一样）
22
23      def getXPos(self):
```

```
24          return self.__x
25
26      def getYPos(self):
27          return self.__y
```

第 16 ～ 18 行代码将行星移动到初始位置。在调用 goto 方法之前，我们先抬起 turtle 的尾巴，这样它就不会留下一条线。当然，一旦行星到达目的地，我们需要再次放下 turtle 的尾巴。

会话 10-12 演示了这些类如何协同工作来创建太阳系的初始可视化表示。首先，创建一个宽度和高度均为 2 个单位的 SolarSystem 实例。接下来，创建一个 Sun 对象并将其添加到太阳系中。最后，添加了四颗名称、颜色和与太阳距离各不相同的行星。因为太阳和行星在它们的构造方法中有相关联的 turtle，所以它们在创建对象时会自动显示出来。结果图像如图 10-6 所示。

会话 10-12   创建和显示一个太阳和四个行星对象

```
>>> import turtle
>>> ss = SolarSystem(2, 2)
>>>
>>> sun = Sun("Sun", 5000, 10, 5800)
>>> ss.addSun(sun)
>>>
>>> m = Planet("Mercury", 19.5, 1000, .25, "blue")
>>> ss.addPlanet(m)
>>>
>>> m = Planet("Earth", 47.5, 5000, 0.3, "green")
>>> ss.addPlanet(m)
>>>
>>> m = Planet("Mars", 50, 9000, 0.5, "red")
>>> ss.addPlanet(m)
>>>
>>> m = Planet("Jupiter", 100, 49000, 0.7, "black")
>>> ss.addPlanet(m)
>>>
>>> ss.freeze()
```

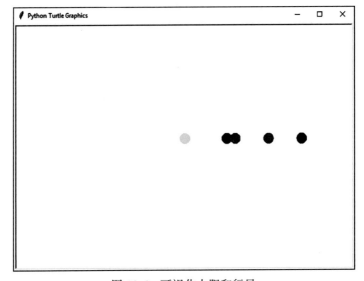

图 10-6   可视化太阳和行星

■ 动手实践

10.35 导入模块，并运行会话 10-12 中显示的代码。

10.36 在前一道题中创建的太阳系中添加一颗名为 Saturn（土星）的行星。

10.37 修改 Planet 类，使每颗行星都有不同的大小。提示：需要在 turtle 文档中查找 resizemode 和 shapesize 方法。

10.6.2 行星轨道

行星轨道是由许多变量和相关方程形成的。我们首先定义一些必要的词汇表，然后描述将用于计算实际轨道的方程。为了简化工作，将继续假设我们的宇宙只存在于两个维度。然而，当仔细阅读书中相关的解释时，就会注意到将我们的系统扩展到三维并不困难。

1. 物体之间的距离

首先，假设一颗行星位于太阳系的某个位置，称之为 (x, y)。行星的行为取决于它与太阳系其他天体的距离。当我们在二维空间工作时，我们将使用欧几里得距离的概念来计算距离，有关欧几里得距离的描述请参见第 7 章。

回顾一下，对于一个位于位置 (a, b) 的物体，它和刚才描述的行星之间的距离是 $\sqrt{(x-a)^2 + (y-b)^2}$。如果我们假设太阳在 $(0, 0)$ 位置，那么任何行星和太阳之间的距离就是 $\sqrt{x^2 + y^2}$。这个距离通常被称为 r。对于行星的相互作用来说，两个物体之间的距离越近（r 越小），它们相互作用就越多。因此，两个距离很远的物体几乎没有相互作用。

2. 速度

我们的行星在太阳系中不是静止的，而是在不断地移动。其运动规律一般由它的**速度**（velocity）决定。速度定义为距离变化除以时间变化。例如，如果我们以每小时 5 公里的恒定速度直线行走，我们可以说，从现在起 1 小时后，我们将距离当前位置 5 公里，2 小时后，我们将距离当前位置 10 公里，以此类推。

二维速度的计算要比直线行走稍微复杂一些。图 10-7 显示速度 V 实际上是两个分量的组合。x 分量（称为 V_x）是给定时间内 x 方向的变化。同样，y 分量称为 V_y，是 y 方向的变化。这个在物理学中被称为向量的概念，在我们计算二维行星运动时将非常重要。

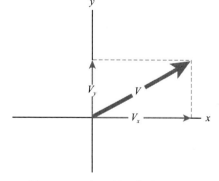

图 10-7 理解二维坐标中的速度

3. 加速度

行星的速度不会是恒定的，相反，它会在一段时间内改变。这种变化称为**加速度**（acceleration）。与速度一样，二维加速度由一个包含两个分量 A_x 和 A_y 的向量定义。加速度可以通过改变一个或者两个速度分量使物体改变方向。

在这个例子中，由于与太阳系其他物体的相互作用，行星的加速度将发生变化。这将反过来导致速度的变化，从而使行星在二维空间中移动到一个新的位置。我们将在后面的章节中描述这些交互作用。

4. 根据速度计算距离以及根据加速度计算速度

前面两部分阐述了速度和加速度的关系，它们都使用时间作为分母。根据所经历的时间，那么通过代数转换就可以计算与物体运动相关的重要值。例如，由于速度是行驶距离除以时间，因此可以根据速度和时间计算行驶距离：

$$v = \frac{d}{t} \text{ 转换为 } d = v \cdot t$$

如果一个物体以一定的速度运动一段时间，我们可以使用这个方程来确定它移动了多少距离。

如前所述，速度实际上是一个同时有 x 分量和 y 分量的向量。因此，必须对距离进行两次计算，每个分量一次。沿 x 方向移动的距离 D_x 是速度 V_x 乘以时间，这是距离的 x 分量；同样，沿 y 方向移动的距离是距离的 y 分量。

因为加速度是给定时间内速度的变化：

$$a = \frac{v}{t}$$

通过同样的分析可以计算速度的两个分量：$V_x = A_x \cdot t$ 和 $V_y = A_y \cdot t$。

5. 质量和引力

如前所述，两个对象之间的距离影响它们之间发生的交互作用。在评估这种关系时，还需要考虑其他因素。首先，行星的质量将决定它对其附近其他物体的影响程度。物体的质量包括物体中存在多少物质的基本概念。一颗质量大的行星在同一距离上会对其他质量小的行星施加更多的力。

我们都熟悉**地心引力**（gravity），它使我们留在地球上。如果我们跳到空中，地心引力会使我们回到地面。一般而言，引力是一种巨大物体对其他物体施加的力。地球对站在地球表面的人施加的引力通常被认为是我们的重量。由于具有更多质量的物体在相同的引力下会被"拉"到更大的距离，所以重量和质量的概念可以被认为是相似的概念。

6. 行星之间的相互作用

为了编写一个绘制行星路径的程序，我们需要使用一些计算行星相互作用影响的基本方程。第一个重要的方程，即牛顿万有引力定律，指出两个物体之间的力或者引力 F 可以使用以下公式计算：

$$F = G\frac{m_1 m_2}{r^2}$$

其中，G 是常数，m_1 和 m_2 是两个物体的质量，r 是两个物体之间的距离。G 通常被称为**引力常数**（gravitational constant）。

另一个著名的方程是 $F = ma$，其中 F 是物体施加的力，m 是物体的质量，a 是物体的加速度。通过将这两个方程相互相等并求解加速度，我们可以计算出一个物体由于另一个物体施加的力而产生的加速度：

$$a_1 = G\frac{m_2}{r^2}$$

换而言之，第一个物体由于来自第二个物体的引力而产生的加速度的计算公式为：将引力常数乘以第二个物体的质量，再除以两个物体之间距离的平方。

图 10-8 可以用于计算与太阳发生相互作用而导致的行星的加速度分量。注意这两个相

似的三角形。大三角形的边分别为 x、y 和 r。小三角形表示行星上所受的"拉力"，三条边分别为 F_x、F_y 和 F。因为这两个三角形是相似的三角形，所以它们相应边的比率必须相等。根据这一关系，我们可以推导出加速度 x 分量的计算公式：

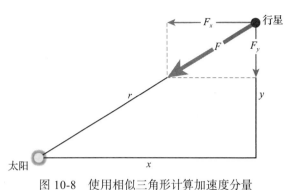

图 10-8　使用相似三角形计算加速度分量

1）$\dfrac{F_x}{F} = \dfrac{x}{r}$。

2）两边乘以 F，结果为 $F_x = \dfrac{F \cdot x}{r}$。

3）由于 $F = \dfrac{G \cdot m_1 m_2}{r^2}$，因此 $F_x = \dfrac{G \cdot m_s \cdot m_p \cdot x}{r^3}$。

4）由于 $F_x = m_p \cdot A_x$，因此 $A_x = \dfrac{G \cdot m_s \cdot x}{r^3}$。

同样的方法可以推导出 y 分量的计算公式。

10.6.3　实现

现在，我们通过实现这些方程来计算行星绕太阳旋转时的位置。基本算法是计算行星在固定时间内的运动和速度变化。每一次行星移动，引力就会改变，因为它和太阳之间的距离会改变。引力的变化将产生一个新的速度，这反过来又将导致距离的下一个变化。这些步骤将重复一定的时间周期。

对于每个时间间隔，请执行以下操作（假设已设置了时间间隔和引力常数值）：

1）使用当前速度和经过的时间，通过速度分量计算 x 距离和 y 距离，将行星移动到新位置。

2）计算从行星到太阳的新距离。

3）使用牛顿的万有引力方程来计算行星新的加速度分量。

4）使用新的加速度来调整速度分量。

为了实现这些步骤，我们需要修改 Planet 类，以便每个行星对象都能记住额外的信息。现在每个行星对象都需要知道它当前的速度，并且需要传递一个初始速度作为构造方法的参数。由于速度是向量，我们将分别跟踪 x 分量和 y 分量。程序清单 10-12 显示了对 Planet 类所需的修改。新增加的参数是两个速度分量。

程序清单 10-12　包含动画功能的 Planet 类

```
1    class Planet:
2        def __init__(self, iName, iRad, iM, iDist, iVx, iVy, iC):
3
4            #其他实例变量（和前面一样）
5
6            self.__velX = iVx
7            self.__velY = iVy
```

由于我们添加了一些速度属性，因此需要为这些属性提供相应的访问器和更改器方法

（见程序清单 10-13）。此外，我们还添加了一个 moveTo 方法，该方法将修改行星的 x 和 y 位置；它将 turtle 移动到该位置，留下一条线（跟踪轨道）。

程序清单 10-13　**Planet** 类中的动画方法

```
1      def moveTo(self, newX, newY):
2          self.__x = newX
3          self.__y = newY
4          self.__pTurtle.goto(self.__x, self.__y)
5
6      def getXVel(self):
7          return self.__velX
8
9      def getYVel(self):
10          return self.__velY
11
12      def setXVel(self, newVx):
13          self.__velX = newVx
14
15      def setYVel(self, newVy):
16          self.__velY = newVy
```

大多数动画都将出现在 SolarSystem 类中。回想一下，太阳系由一个太阳和一组行星组成。现在，Planet 的每个实例都有必要的信息，使 SolarSystem 对象能够根据前面描述的方程计算其运动和位置。程序清单 10-14 显示了一个名为 movePlanets 的特定方法，该方法以一个时间增量移动太阳系中的每个行星。每次这个方法被调用时，所有的行星都会移动到下一个位置。

程序清单 10-14　**SolarSystem** 类中的动画方法

```
1    def movePlanets(self):
2        G = .1
3        dt = .001
4
5        for p in self.__planets:
6            p.moveTo(p.getXPos() + dt * p.getXVel(),
7                     p.getYPos() + dt * p.getYVel())
8
9            rX = self.__theSun.getXPos() - p.getXPos()
10            rY = self.__theSun.getYPos() - p.getYPos()
11            r = math.sqrt(rX**2 + rY**2)
12
13            accX = G * self.__theSun.getMass() * rX/r**3
14            accY = G * self.__theSun.getMass() * rY/r**3
15
16            p.setXVel(p.getXVel() + dt * accX)
17            p.setYVel(p.getYVel() + dt * accY)
```

我们可以通过分析这个方法的代码行，来理解这些计算公式是如何在 Python 中实现的。首先，在程序清单 10-14 中，第 2 ~ 3 行代码设置运行动画所需的两个重要常量。G 是牛顿的万有引力常数。为了简单起见，我们将使用 0.1 作为它的值，但是在本节末尾的练习中，我们将使用实际值进行探索。dt 常量表示时间步长；在本例中，我们将计算 0.001 秒内发生的移动。

第 5 行代码使用迭代方法来处理太阳系中的每颗行星。前文已经描述了计算每颗行星运动的步骤。第 6 ～ 7 行代码根据当前的速度移动行星。注意，新的 x 位置是根据速度的 x 分量计算的，而新的 y 位置是根据 y 分量计算的。一旦行星移动到一个新的位置，我们需要重新计算行星和太阳之间的距离（第 9 ～ 11 行代码）。

第 13 ～ 14 行代码根据新距离计算新的加速度分量。加速度不是作为行星物体的一部分存储的，而是经过计算，然后用于修改速度（第 16 ～ 17 行代码）。这两个速度分量是根据旧的速度和加速度的变化分别设置的。如有必要，请回顾前面的计算公式，以便理解其计算过程。

现在，我们可以通过创建太阳系并允许它移动行星来完成动画。程序清单 10-15 显示了一个函数，它创建了一个包含一个太阳和四颗行星的简单太阳系。虽然我们使用了真实行星的名称，但质量、距离和初始速度的值并不精确。然而，结果能很好地创造一个稳定的行星轨道系统。

程序清单 10-15　创建和移动包含四颗行星的太阳系

```
1    def createSSandAnimate():
2       ss = SolarSystem(2, 2)
3
4       sun = Sun("Sun", 5000, 10, 5800)
5       ss.addSun(sun)
6
7       m = Planet("Mercury", 19.5, 1000, .25, 0, 2, "blue")
8       ss.addPlanet(m)
9
10      m = Planet("Earth", 47.5, 5000, 0.3, 0, 2.0, "green")
11      ss.addPlanet(m)
12
13      m = Planet("Mars", 50, 9000, 0.5, 0, 1.63, "red")
14      ss.addPlanet(m)
15
16      m = Planet("Jupiter", 100, 49000, 0.7, 0, 1, "black")
17      ss.addPlanet(m)
18
19      numTimePeriods = 2000
20      for aMove in range(numTimePeriods):
21          ss.movePlanets()
22
23      ss.freeze()
```

创建了所有的行星后，行星将被赋予一个初始速度（y 分量中），然后被添加到太阳系中。实现动画的任务是由程序清单 10-15 的第 19 ～ 21 行代码完成的。numTimePeriods 常量设置为每个行星计算的位置的数量。回想一下，在本例中，每个时间间隔表示 0.001 秒。

会话 10-13 显示了运行动画的代码。这里假设所有类都存储在文件 animatedSS.py 中，并且该文件中还导入了 math 模块和 turtle 模块。图 10-9 显示了程序运行结果。每颗行星都经过一个椭圆轨道，轨道的具体形状取决于行星的起始位置、质量和初始速度。时间间隔足以让内部的两颗行星完成轨道，而外部的两颗行星完成一个轨道则需要更多的时间。请注意，此动画模型只考虑行星与太阳之间的相互作用；它没有模拟行星之间的相互作用。实际上，计算加速度必须通过考虑所有其他行星。我们把这个修改留作课后练习。

会话 10-13　运行动画

```
>>> from animatedSS import *
>>> createSSandAnimate()
```

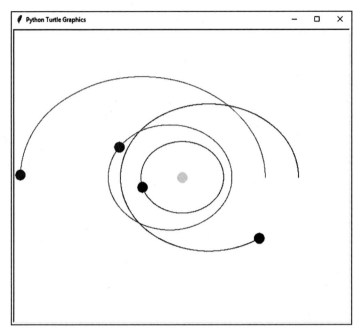

图 10-9   运行 2000 个时间单位后的太阳系动画

动手实践

10.38 导入 Sun、Planet 和 SolarSystem 类以及 createSSandAnimate 函数。运行太阳系模拟程序。

10.39 修改 createSSandAnimate 函数的 numTimePeriods 变量，使得模拟程序可以运行更长的时间。

10.40 修改一颗行星的初始速度，并观察其轨道的变化。

10.41 更改太阳的质量，然后观察每颗行星轨道的变化。请务必尝试增加和减少太阳的质量。

10.42 创建一颗新行星，并将其添加到太阳系中。提示：确保行星位于太阳系的初始边界内，或者改变初始边界。

10.43 牛顿引力常数的实际值为 G= 6.673e-11。使用这个 G 值和 1800 的时间步长，查找太阳和行星的质量、距离和速度的实际值，并创建太阳系的真实模型。

10.44 修改 movePlanets 方法，考虑行星之间的相互作用。提示：accX 和 accY 变量是太阳和所有其他行星的叠加作用。尝试使用这个改进的模型运行行星的初始集合。我们可能需要改变它们的质量或者初始速度。

10.45 为地球或者其他行星添加一颗卫星。

10.7   本章小结

在本章中，我们探索了通过创建类来实现自定义数据类型。程序员可以利用这种能力，使用与问题领域非常相似的数据模型创建解决方案。类通过定义数据和方法来提供对象（类的实例）的描述。通过调用构造方法创建对象。

其他方法（包括访问器方法和更改器方法）允许程序员与单个对象通信。我们还介绍了一些由 Python 定义的特殊方法，这些方法在某些情况下绑定到运算符。最后，我们使用 Turtle 对象来实现天体运动的图形化模拟。

关键术语

acceleration（加速度）

accessor method（访问器方法）

class（类）

class definition object（类定义对象）

constructor（构造方法）

data model（数据模型）

dunder methods（双下划线方法）

encapsulation（封装）

gravitational constant（万有引力常数）

gravity（引力）

index operator（索引运算符）

information hiding（信息隐藏）

instance（对象实例）

instance data（实例数据）

instance variable（实例变量）

magic methods（魔术方法）

method（方法）

mutator method（更改器方法）

mass（质量）

object（对象）

object-oriented programming（面向对象的程序设计）

state（状态）

velocity（速度）

Python 关键字和函数

`__add__`

`__eq__`

`__ge__`

`__getitem__`

`__gt__`

`__init__`

`__le__`

`__lt__`

`__ne__`

`__str__`

`class`

`self`

`type`

编程练习题

10.1 修改 `SolarSystem` 类以支持多颗恒星。

10.2 修改 `Planet` 类，使行星没有 `x` 和 `y` 的实例变量，而只是使用存储在 `turtle` 中的 `x` 和 `y` 位置。

10.3 研究 *n*-体模拟。使用本章的思想，实现简单的 *n*-体模拟。

模　　拟

本章介绍如何使用对象进行计算机模拟。

11.1　本章目标

- 进一步探索类和对象。
- 设计大型多类应用程序。
- 使用对象实现图形化模拟。

11.2　熊和鱼

黄石国家公园是美国最著名的自然公园之一。多年来，这个公园吸引了众多的游客来参观。游客们都希望能看到老实泉、黄石河瀑布，当然还有熊。

多年来，游客经常能在路上和公园的露营地里看到熊。不幸的是，许多游客并没有意识到这些巨大的动物实际上是野生的，而且非常危险。即使有法律规定禁止好奇的游客投喂熊，许多熊也不得不迁徙到其他地方。多么希望熊能重新获得自然的食物来源，同时减少对人类的伤害啊！

熊的一个重要食物来源是鱼。熊依靠鱼来提供主要食物，特别是在春天和夏天，熊从冬眠中醒来并开始照顾幼崽。然而，事实证明，熊和鱼之间的关系可能要复杂得多。

设想一下，如果熊的数量减少得太快，结果会发生什么？因为现在熊的数量减少了，鱼的数量会增加。然而，更多的鱼会给它们赖以生存的植物带来压力；这些植物反过来又为其他水生生物提供氧气。

改变一种生命体的数量会对其他生命体产生巨大的影响。在本章中，我们将探讨计算机帮助我们理解这种潜在影响的方法。

11.3　什么是模拟

在第 2 章中，我们曾经使用"飞镖靶"模拟来计算圆周率的近似值。该模拟使用随机数生成器将飞镖放置在飞镖靶上，模拟玩家投掷飞镖。尽管每次运行模拟时飞镖击中的位置都会发生变化，但我们能够在计算圆周率时始终使用飞镖击中的相对位置。

计算机模拟（computer simulation）是一种计算机程序，旨在模拟真实情况或者系统的某些特定方面。计算机模拟通常利用随机数方法，将一些实际的变化引入到基本模型中。结果可以用于获取有关实际系统行为方式的信息。计算机模拟的复杂性取决于现实的复杂性以及我们感兴趣的具体特征。

最常见的一种模拟是建立一种"真实世界"关系的模拟，通常是两种或者两种以上以某种方式共存和相互依赖的生命体之间的关系。这些关系，通常被称为**捕食者 - 猎物关系**（predator-prey relationship），表明一种生命体（捕食者）以猎杀另一种生命体（猎物）的方式生存。随着捕食者数量的增加或者减少，可能导致猎物数量的增加或者减少。狐狸和兔子、大鱼和小鱼、瓢虫和蚜虫、鲸鱼和浮游生物等例子已被广泛研究。在每一种情况下，一种生命体消耗另一种生命体，一种生命体的存在依赖于另一种生命体。

在本章中，我们将构造一个计算机模拟，以图形化的方式显示一个由捕食者和猎物共同居住的模拟世界。特别是，我们将模拟熊和鱼。我们将采用一些必须遵守的生存规则。此外，随着时间的推移，个体将在模型描述的模拟世界中生存、繁殖、死亡和移动。我们将能够观察初始条件的影响，以及一种生命体与另一种生命体之间的相互作用。

11.4　游戏规则

我们的计算机模拟构建了一个包含两种生命体的模拟世界：熊和鱼。我们可以把这个模拟世界看作一个二维的"网格"，每个维度都有一个固定的大小。生命体只能生活在网格中的特定位置。

每一种生命体都遵循一套生存规则，这些规则支配着其生活方式。最初，一组生命体将被随机放置在模拟世界中。模拟将通过允许其中一种生命体存活一个时间单位来进行。在这个时间单位内，所有其他生命体都处于"蛰伏"（suspended animation）状态，因此，在任何给定的时间，生命体都处于两种状态之一：存活或者蛰伏。特定的生命体是从所有可能的生命体的集合中随机选择的。每当一个生命体处于存活的状态时，它必须重新评估其周围环境，因为在它被蛰伏的前一个时间单位中，模拟世界其他地方很可能已经发生了变化。这样，模拟就具有了真实感。

当一条鱼存活的时候，它可以繁殖、移动和死亡。一旦一条鱼处于存活状态 12 次，它就可能试图繁殖。为此，它随机选择一个相邻的位置。如果该位置为空，则会出现一条新鱼。如果该位置已被占用，鱼必须等到下一次，然后再尝试一次。

不管一条鱼是否繁殖，下一步它都会尝试移动。当鱼移动时，它会随机选择一个相邻的位置。如果该位置为空，则鱼将移动到该新位置。如果该位置已被占用，鱼将停留在当前位置。

另一个影响鱼类的环境特征是过度拥挤。如果一条鱼发现有两条鱼或者更多的鱼生活在自己的空间附近，那么鱼就会死亡。因此，即使在完全没有熊的情况下，鱼群也会在一定程度上自我调节种群数量。另外，在这个版本的模拟中，鱼不需要进食。

当一只熊存活的时候，它可以繁殖、移动、进食和死亡。繁殖方式与之前描述的鱼的繁殖方式大致相同。唯一不同的是，熊在开始繁殖之前需要处于存活状态 8 次。熊的移动方式和鱼完全一样。

熊不受到过度拥挤的影响，但它们需要进食。为了进食，熊必须确定鱼是否生活在邻近的地方。如果是周围有鱼，熊会随机挑选一条鱼"吃掉"。为了吃掉鱼，熊移动到当前被选中的鱼所占据的位置。如果附近没有鱼，熊就开始挨饿。任何一只处于存活状态的熊，如果连续饥饿了 10 次，就会死亡。

11.5　设计模拟

基于前面的描述，我们可以为模拟创建一个基本设计。第一步是确定问题中与对象相对应的部分。识别**对象**的最简单的方法之一是考虑问题描述中出现的突出**名词**。在这种情况下，像熊、鱼和世界这样的词似乎都是很好的选择。当我们实现设计时，我们现在所识别的名词很可能成为 Python 类。

接下来，我们需要分析每个名词，列出该名词应该知道的事情和可以执行的操作。对象应该知道的事情列表将成为实例变量。对象可以执行的操作将成为方法。这个过程帮助我们决定对象之间的交互方式。我们可能不会立即识别所有的实例变量和方法，但当我们发现有关该问题的其他信息时，就可以返回并添加更多的实例变量和方法。

最佳编程实践 模拟设计的第一步是识别对象。然后，对于每个对象，识别其实例变量（对象应该知道什么）和方法（对象应该能够执行什么操作）。

现在我们尝试识别前文所确定名词的特征属性，结果如下：

1）`World`（模拟世界）

- 模拟世界应该包含以下信息：
  - 最大的 x 和 y 尺寸。
  - 所有生命体的集合。
  - 带有每个特定生命体位置的网格。
- 模拟世界能够执行以下操作：
  - 返回模拟世界的维度。
  - 在指定位置添加新的生命体。
  - 删除生命体。
  - 将生命体从模拟世界的一个位置移动到另一个位置。
  - 检查模拟世界中某个位置是否为空。
  - 返回指定位置的生命体。
  - 允许生命体存活一个时间单位。
  - 绘制自己。

2）`Bear`（熊）

- 熊应该包含以下信息：
  - 它所属的模拟世界。
  - 它所处的模拟世界位置（x, y）。
  - 多久没有进食。
  - 多久没有繁殖。
- 熊能够执行以下操作：
  - 返回其位置，即 x 和 y 值。
  - 设置其位置，即 x 和 y 值。
  - 设置它所属的模拟世界。
  - 如果它是新生，则显示出来。
  - 如果已经死亡，则隐藏起来。
  - 从一个地方移动另一个地方。
  - 存活一个时间单位（包括繁殖、进食、移动和死亡）。

3）`Fish`（鱼）

- 鱼应该包含以下信息：
  - 它所属的模拟世界。
  - 其所处的位置（x, y）。

- ■ 多久没有繁殖了。
- ● 鱼能够执行以下操作：
  - ■ 返回其位置，即 x 和 y 值。
  - ■ 设置其位置，即 x 和 y 值。
  - ■ 设置其所属的模拟世界。
  - ■ 如果它是新生，则显示出来。
  - ■ 如果已经死亡，则隐藏起来。
  - ■ 从一个地方移动另一个地方。
  - ■ 存活一个时间单位（包括繁殖、进食、移动和死亡）。

图 11-1 以表格的形式总结了上述结果。每个表由类的名称、实例变量列表和方法列表组成。选择的名称与前面的描述一致。注意，我们在每个类中都包含了一个额外的 turtle 实例变量。由于我们希望这是一个图形化的模拟，因此有必要在所有具有某种绘图功能的类中包含 Turtle 类的实例。

图 11-1　为模拟世界中的每个类罗列实例变量和方法

11.6　实现模拟

为了在 Python 中创建模拟，我们将首先实现前面描述的类的实例变量和方法。一旦有了这些类，我们就可以通过简单地创建一个模拟世界，向其中添加生命体，然后允许生命体存活来完成模拟。模拟运行的时间越长，结果就可能越有趣。

11.6.1　World 类

我们首先实现 World 类。回想一下，World 类将保持维度以及现有生命体的列表。它还将包含一个网格，用于跟踪生命体的位置。Turtle 对象被用来设置模拟世界的初始坐标和绘制网格。

网格的实现需要一些额外的考虑。网格应该保持每个生命体的精确二维位置。网格中的每个条目都可以包含对生命体的引用。对于那些不包含生命体的网格位置，我们将使用 None 值。

图 11-2 显示了一个 12×6 网格的示例，其中存在三个生命体。网格的每个位置都由一个唯一的 (x，y) 对寻址。两只熊目前位于位置（2，4）和（11，5），一条鱼目前位于位置（5，0）。

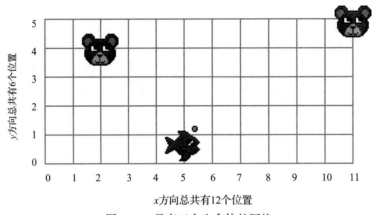

x方向总共有12个位置

图 11-2　具有三个生命体的网格

在 Python 中，实现集合的最简单方法之一是使用列表。然而，考虑到列表是一维的，我们需要创造性地表示网格的二维结构。我们的解决方案是使用"列表的列表"结构实现网格的行和列。为此，我们需要决定网格实际上是行的集合还是列的集合。一旦我们做出这个决定，我们编写的代码需要与这个决定保持一致。

我们的选择是将网格看作一个行的集合（行的列表）。如前一章所述，这种安排被称为行优先顺序。每一行依次是一个数据项的列表，每列一个。这些数据项要么是对生命体的引用，要么不是。图 11-3 显示了一个名为 g 的 Python 变量，它被分配给一个包含六个列表的列表。这个列表的目的是表示图 11-2 中的信息。

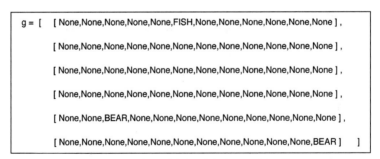

图 11-3　采用列表的列表表示示例网格

列表 g 中的每个数据项对应于网格中的一行。第 0 行可以通过 g[0] 访问，第 1 行可以通过 g[1] 访问，依此类推。每行有 12 个数据项。为了访问行中的特定数据项，只需要使用另一个列表索引。例如，在位置（5，0）显示的是鱼。为了访问此位置，我们将使用 g[0] 访问第 0 行，然后使用 [5] 访问列表中的第 6 个数据项。二者结合起来，可以使用 g[0][5] 完全访问该数据项。

可以将此模式概括如下：为了访问位置（x，y）处的数据项，可以将列表网格位置的列表指定为 g[y][x]。因为我们决定将行"存储在一起"，所以第一个索引将是行或者 y 值，第二个索引将是列或者 x 值。因此，示例中的两只熊可以由 g[4][2] 和 g[5][11] 访问。

> **摘要总结**　列表可以按行优先顺序或者列优先顺序存储。按照行优先顺序，每行是一个列表，每列一个数据项。在列优先顺序中，每列是一个列表，每行一个数据项。

程序清单 11-1 显示了 World 类的构造函数。它创建 6 个实例变量：__maxX、__maxY、__thingList、__wTurtle、__wScreen 和 __grid。请记住，我们在每个实例变量前面加上两个下划线以隐藏名称。这可以防止类外部的代码直接访问实例变量，从而实现封装。最初，__grid 是一个空列表。第 7 ～ 11 行代码显示了用于创建列表的列表的嵌套循环。每一行首先通过重复地将 None 追加到空列表中来创建。然后将整个列表附加到列表的列表（self.__grid）中。回想一下第 4 章的讨论，简单地使用重复运算符将导致对同一列表的引用，显然这不是我们希望或者需要的结果。

程序清单 11-1　World 类的构造方法

```
1   def __init__(self, mX, mY):
2       self.__maxX = mX
3       self.__maxY = mY
4       self.__thingList = []
5       self.__grid = []
6
7       for aRow in range(self.__maxY):
8           row = []
9           for aCol in range(self.__maxX):
10              row.append(None)
11          self.__grid.append(row)
12
13      self.__wTurtle = turtle.Turtle()
14      self.__wScreen = turtle.Screen()
15      self.__wScreen.setworldcoordinates(0, 0, self.__maxX - 1,
16                                          self.__maxY - 1)
17      self.__wScreen.addshape("Bear.gif")
18      self.__wScreen.addshape("Fish.gif")
19      self.__wTurtle.hideturtle()
```

构造方法的其余部分（第 13 ～ 19 行代码）修改了坐标系，并添加了两个新形状，稍后将用作鱼和熊的图标。turtle 被隐藏，因此不再显示默认的三角形形状。

draw 方法（见程序清单 11-2）将使用 __wTurtle 以及最大的 x 和 y 维度来绘制网格系统。该方法首先绘制网格的外部边界，然后填充水平线和垂直线。

程序清单 11-2　draw 方法

```
1   def draw(self):
2       self.__wScreen.tracer(0)
3       self.__wTurtle.forward(self.__maxX - 1)
4       self.__wTurtle.left(90)
5       self.__wTurtle.forward(self.__maxY - 1)
6       self.__wTurtle.left(90)
7       self.__wTurtle.forward(self.__maxX - 1)
8       self.__wTurtle.left(90)
9       self.__wTurtle.forward(self.__maxY - 1)
```

```
10      self.__wTurtle.left(90)
11      for i in range(self.__maxY - 1):
12          self.__wTurtle.forward(self.__maxX - 1)
13          self.__wTurtle.backward(self.__maxX - 1)
14          self.__wTurtle.left(90)
15          self.__wTurtle.forward(1)
16          self.__wTurtle.right(90)
17      self.__wTurtle.forward(1)
18      self.__wTurtle.right(90)
19      for i in range(self.__maxX - 2):
20          self.__wTurtle.forward(self.__maxY - 1)
21          self.__wTurtle.backward(self.__maxY - 1)
22          self.__wTurtle.left(90)
23          self.__wTurtle.forward(1)
24          self.__wTurtle.right(90)
25      self.__wScreen.tracer(1)
```

程序清单 11-3 显示了 World 类的其他方法。这些方法将允许我们访问或者更改模拟世界的某些内容。简单访问器方法 getMaxX 和 getMaxY 返回最大维度，emptyLocation 基于网格中的特定位置是否存在生命体返回 True 或者 False，lookAtLocation 返回位于特定网格位置的值。

程序清单 11-3　World 类的其他方法

```
1   def addThing(self, aThing, x, y):
2       aThing.setX(x)
3       aThing.setY(y)
4       self.__grid[y][x] = aThing          # 添加生命体到网格
5       aThing.setWorld(self)
6       self.__thingList.append(aThing)     # 添加到生命体列表中
7       aThing.appear()
8
9   def delThing(self, aThing):
10      aThing.hide()
11      self.__grid[aThing.getY()][aThing.getX()] = None
12      self.__thingList.remove(aThing)
13
14  def moveThing(self, oldX, oldY, newX, newY):
15      self.__grid[newY][newX] = self.__grid[oldY][oldX]
16      self.__grid[oldY][oldX] = None
17
18  def getMaxX(self):
19      return self.__maxX
20
21  def getMaxY(self):
22      return self.__maxY
23
24  def liveALittle(self):
25      if self.__thingList != [ ]:
26          aThing = random.randrange(len(self.__thingList))
27          randomThing = self.__thingList[aThing]
28          randomThing.liveALittle()
29
30  def emptyLocation(self, x, y):
31      if self.__grid[y][x] == None:
32          return True
33      else:
34          return False
35
```

```
36    def lookAtLocation(self, x, y):
37        return self.__grid[y][x]
38
39    def freezeWorld(self):
40        self.__wScreen.exitonclick()
```

在第 1 ～ 7 行代码中，addThing 向模拟世界添加了一个新的生命体。此方法接收 2 个参数：生命体和生命体应放置的位置（x，y）。一些被调用的方法属于生命体本身，这里暂时不描述；稍后再讨论它们。第 4 行代码将生命体添加到网格中，第 6 行代码将生命体添加到由模拟世界维护的生命体列表中。

从模拟世界中移除生命体需要将其从网格中移除并从生命体列表中移除。这些步骤由 delThing 方法完成。第 11 行代码将对应的网格引用设置为 None。第 12 行代码使用列表方法 remove 将鱼或者熊从由模拟世界维护的生命体列表中删除。

liveALittle 方法（第 24 ～ 28 行代码）完成了大部分模拟工作。只要生命体仍然在网格中，模拟世界就会从它维护的列表中随机选择一个生命体（第 26 ～ 27 行代码）。一旦选择了一个随机生命体，它就可以像前面描述的那样生活。具体细节取决于所选择的生命体的类型。请注意，在每一次对 liveALittle 的调用中，模拟世界只允许一种生命体处于存活状态。

在模拟结束时使用 freezeWorld 方法。它调用 __wScreen 的 exitonclick 方法，以允许图形窗口在模拟结束后保持绘制状态。单击此窗口将退出模拟。

动手实践

11.1 使用位置网格的列优先顺序实现 World 类。换句话说，将列而不是行存储在列表中。

11.2 将两个实例变量 __bearCount 和 __fishCount 添加到 World 类。同时添加方法 getNumBears、getNumFish、incBears、decBears、incFish 和 decFish，以递增和递减对应的计数器。

11.3 添加 showCounts 方法，以显示在上一道题中添加的熊和鱼的数量。可以使用 __wTurtle 的 write 方法来完成此任务。

11.6.2　Fish 类

在本章的模拟中，鱼是猎物。它们试图繁殖并四处移动，但可能会移动在熊的附近，熊就有可能会将它们作为大餐吃掉。鱼需要知道自己所处的位置，以及自出生以来存活了多久。另外，因为这是一个图形化的模拟，所以每一条鱼都有一个 Turtle 对象实例，这样鱼就可以被显示出来。

在程序清单 11-4 中，显示了 Fish 类的构造方法，self.__xPos 和 self.__xPos 被初始化为（0，0），但稍后将 Fish 放置到模拟世界中时进行设置。同样，每一条鱼都会引用它所生活的模拟世界。第 10 行代码将此引用设置为 None。当鱼被添加到模拟世界时，也将设置此引用。

程序清单 11-4　Fish 类的构造方法

```
1    class Fish:
2        def __init__(self):
```

```
 3         self.__turtle = turtle.Turtle()
 4         self.__turtle.up()
 5         self.__turtle.hideturtle()
 6         self.__turtle.shape("Fish.gif")
 7
 8         self.__xPos = 0
 9         self.__yPos = 0
10         self.__world = None
11
12         self.__breedTick = 0
```

Fish 类的下一组方法包括其他对象与 Fish 对象交互时使用的简单访问器方法和更改器方法（见程序清单 11-5）。这些方法允许"获取"和"设置"值以及一些基本的 Turtle 函数。appear 和 move 方法需要进一步的解释。当一条鱼第一次被创造出来时，它被添加到模拟世界中的一个特定位置，然后程序将其显示出来。appear 方法负责移动底层 Turtle 对象，然后在模拟世界中显示其图标。

程序清单 11-5　Fish 类的简单访问器方法和更改器方法

```
 1  def setX(self, newX):
 2      self.__xPos = newX
 3
 4  def setY(self, newY):
 5      self.__yPos = newY
 6
 7  def getX(self):
 8      return self.__xPos
 9
10  def getY(self):
11      return self.__yPos
12
13  def setWorld(self, aWorld):
14      self.__world = aWorld
15
16  def appear(self):
17      self.__turtle.goto(self.__xPos, self.__yPos)
18      self.__turtle.showturtle()
19
20  def hide(self):
21      self.__turtle.hideturtle()
22
23  def move(self, newX, newY):
24      self.__world.moveThing(self.__xPos, self.__yPos, newX, newY)
25      self.__xPos = newX
26      self.__yPos = newY
27      self.__turtle.goto(self.__xPos, self.__yPos)
```

一旦 Fish 对象出现在模拟中，就可以使用 move 方法将其移动到新位置。move 方法不仅可以移动底层 Turtle，还可以改变 Fish 对象的 *x* 和 *y* 位置。模拟世界还必须在其底层表示中移动对象。

Fish 类中最重要的方法是 liveALittle。这种方法负责鱼每次被允许存活一个时间单位时发生的事情。回想一下，如果鱼被太多其他的鱼包围，则可能会死亡；否则，它们会尝试繁殖，然后尝试移动。当然，如果一条鱼因为过度拥挤而死亡，它不会试图繁殖或者移动。

　　liveALittle 方法需要做的第一件事是计算相邻的鱼（Fish）的数量，以确定是否存在过度拥挤。这将要求我们设计一个流程来查找与给定位置相邻的所有位置。对于此任务，我们将使用偏移列表。每个偏移量是一个元组，包含调整 x 坐标的量和调整 y 坐标的量。图 11-4 显示了任意位置及其周围八个位置的 (x, y) 值。注意，使用原始坐标 (x, y)，可以计算所有相邻位置的坐标。

　　图 11-5 显示了如何将坐标化简为一组偏移元组。在程序清单 11-6 中，我们创建了这些偏移元组的列表。现在只需要遍历 offsetList，并通过适当的元组分量调整原始 (x, y) 位置，就可以确定鱼周围的八个位置。

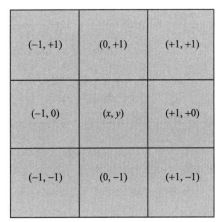

$(x-1, y+1)$	$(x+0, y+1)$	$(x+1, y+1)$
$(x-1, y+0)$	(x, y)	$(x+1, y+0)$
$(x-1, y-1)$	$(x+0, y-1)$	$(x+1, y-1)$

$(-1, +1)$	$(0, +1)$	$(+1, +1)$
$(-1, 0)$	(x, y)	$(+1, +0)$
$(-1, -1)$	$(0, -1)$	$(+1, -1)$

图 11-4　一个特定的 (x, y) 位置及其周围相邻的八个位置的坐标值　　　　图 11-5　一个特定的 (x, y) 位置及其周围相邻的八个位置的偏移元组

程序清单 11-6　liveALittle 方法

```
1   def liveALittle(self):
2       offsetList = [(-1,1), (0,1), (1,1),
3                     (-1,0),        (1,0),
4                     (-1,-1),(0,-1),(1,-1)]
5       adjFish = 0   # 统计相邻的鱼的数量
6       for offset in offsetList:
7           newX = self.__xPos + offset[0]
8           newY = self.__yPos + offset[1]
9           if 0 <= newX < self.__world.getMaxX()  and \
10             0 <= newY < self.__world.getMaxY():
11             if (not self.__world.emptyLocation(newX, newY)) and \
12             isinstance(self.__world.lookAtLocation(newX, newY), Fish):
13                 adjFish = adjFish + 1
14
15      if adjFish >= 2:    # 如果周围存在 2 个或以上相邻的鱼，则死亡
16          self.__world.delThing(self)
17      else:
18          self.__breedTick = self.__breedTick + 1
19          if self.__breedTick >= 12:  # 如果存活了 12 个或以上的周期，则繁殖
20              self.tryToBreed()
21
21      self.tryToMove()               # 尝试移动
```

　　程序清单 11-6 显示了 liveALittle 方法。第 2 行代码创建偏移元组列表，第 5 行代码初始化一个变量（adjFish）以统计相邻鱼的数量。第 7 ～ 13 行代码对 offsetList 中

的每个数据项执行偏移计算。首先，从当前（x, y）位置和当前偏移元组计算新的 x 和 y 值。第 9 ～ 10 行代码检查这个新位置是否是合法位置。如果原始位置（x, y）在边界上，则可能生成非法位置。

如果位置是合法的，那么可以检查该位置是否存在生命体。最后，我们使用内置的 isinstance 函数（如表 11-1 所示）来判断对象是否是特定类的实例。在本例中，我们只希望计算 Fish 类的实例对象。如果是 Fish 类的实例对象，则第 13 行代码递增 adjFish 计数器。

表 11-1　Python 内置函数 isinstance

函数	说明	示例

isinstance(object, type)	如果 object 是指定的类型，则返回 True；否则返回 False。如果 type 是元组，那么如果 object 是元组元素之一，则返回 True；否则返回 False	>>> isinstance(1, int)
		True
		>>> isinstance(1, float)
		False
		>>> isinstance(1, (int, float))
		True

一旦统计好相邻的鱼的数量，第 15 行代码就会根据前面描述的规则检查是否拥挤。如果拥挤，模拟世界会删除鱼（self）。因为 self 是对实际鱼的引用，所以 __world 可以使用此引用来定位对象并将其从 thingList 中移除。考虑到我们一直将 thingList 用作形式参数而不是实际参数，读者可能会觉得这种方法很奇怪。但是，如果我们跟踪程序清单 11-3 中对 delThing 的调用，就会看到 self 被分配给了形式参数 aThing。

如果没有发生过度拥挤，下一个活动是检查鱼是否有足够的存活时间单位来尝试繁殖。根据规定，一条鱼必须等待 12 个时间单位才能尝试繁殖。不管这条鱼是否成功繁殖，它都会尝试移动到一个新的位置。

如果确定鱼可以尝试繁殖，则调用 tryToBreed 方法（见程序清单 11-7）。根据规则，这种方法必须首先选择一个随机的相邻位置。为此，我们可以使用与前面相同的偏移列表技术。在这种情况下，我们将只随机选择一个偏移，而不是遍历所有偏移。为了选择列表中的随机元素，我们将首先选择索引值范围内的随机整数，使用 offsetList 的长度作为上限。一旦计算出这个新的（x, y）位置，我们必须确保该位置在实际的合法坐标范围内。如果不是，我们必须再试一次。while 循环（从第 9 行代码开始）继续选择随机偏移对，直到获得合法结果。

程序清单 11-7　tryToBreed 方法

```
1   def tryToBreed(self):
2       offsetList = [(-1,1), (0,1), (1,1),
3                     (-1,0),        (1,0),
4                     (-1,-1),(0,-1),(1,-1)]
5       randomOffsetIndex = random.randrange(len(offsetList))
6       randomOffset = offsetList[randomOffsetIndex]
7       nextX = self.__xPos + randomOffset[0]
8       nextY = self.__yPos + randomOffset[1]
9       while not (0 <= nextX < self.__world.getMaxX() and \
10                 0 <= nextY < self.__world.getMaxY() ):
11          randomOffsetIndex = random.randrange(len(offsetList))
12          randomOffset = offsetList[randomOffsetIndex]
```

```
13              nextX = self.__xPos + randomOffset[0]
14              nextY = self.__yPos + randomOffset[1]
15
16          if self.__world.emptyLocation(nextX, nextY):
17              childThing = Fish()
18              self.__world.addThing(childThing, nextX, nextY)
19              self.__breedTick = 0     #重置繁殖计数器 breedTick
```

一旦确定了一个新的随机位置，规则规定该位置必须是空的才能进行繁殖。第16行代码检查位置确认是否有生命体存在。如果该位置不存在生命体，那么会创建新的鱼，并添加到模拟世界中的相应位置。回想一下 addThing 方法为鱼设置 (x, y) 和模拟世界值，并使鱼显示在图形中。

tryToMove 方法（见程序清单11-8）与 tryToBreed 有很多相同的功能。它首先选择一个随机的相邻位置并检查它是否为空。如果是，则允许鱼使用 move 方法移动。

程序清单 11-8　tryToMove 方法

```
1   def tryToMove(self):
2       offsetList = [(-1,1), (0,1), (1,1),
3                     (-1,0),        (1,0),
4                     (-1,-1),(0,-1),(1,-1)]
5       randomOffsetIndex = random.randrange(len(offsetList))
6       randomOffset = offsetList[randomOffsetIndex]
7       nextX = self.__xPos + randomOffset[0]
8       nextY = self.__yPos + randomOffset[1]
9       while not (0 <= nextX < self.__world.getMaxX() and \
10                 0 <= nextY < self.__world.getMaxY() ):
11          randomOffsetIndex = random.randrange(len(offsetList))
12          randomOffset = offsetList[randomOffsetIndex]
13          nextX = self.__xPos + randomOffset[0]
14          nextY = self.__yPos + randomOffset[1]
15
16      if self.__world.emptyLocation(nextX, nextY):
17          self.move(nextX, nextY)
```

➕➖✖️ 动手实践

11.4　把 offsetList 作为 Fish 类的一个实例变量。

11.5　修改 liveALittle 方法，使用实例变量来表示构成过度拥挤的鱼的数量和允许在繁殖之前必须经过的时间单位数。同时修改 Fish 构造方法，接收用于初始化新实例变量的参数。

11.6　为上一道题中创建的实例变量添加访问器（getter）方法和更改器（setter）方法。

11.7　修改 tryToMove 方法，允许鱼尝试在四个随机位置移动。

11.6.3　Bear 类

Bear 类的实现方式与 Fish 类基本相同。实际上，许多方法是完全相同的，包括 __xPos 和 __yPos 的访问器方法和更改器方法、setWorld、appear、hide 和 move。

此处，我们将关注那些不同的方法或者新的方法。最明显的不同是 liveALittle 方法和构造方法。如前所述，熊不会因过度拥挤而受任何影响。它们要做的第一件事就是尝试繁殖。另一个重要的区别是，如果有鱼的话，熊会吃鱼。然而，任何没有得到足够食物的熊都会饿死。因此，Bear 类的构造方法将需要包含一个实例变量，该变量跟踪自 Bear 上一次进食以来经过的时间单位数。

程序清单 11-9 和程序清单 11-10 显示了这些修改。Bear 构造方法和 Fish 构造方法之间的明显区别在于用作 turtle 形状的图形图标和 __starveTick 实例变量。liveALittle 方法的前三行表明，熊在尝试繁殖之前必须等待 8 个时间单位（回想一下，鱼等待 12 个时间单位）。tryToBreed 方法的实现与 Fish 类的实现相同。

程序清单 11-9 Bear 类的构造方法

```
 1  class Bear:
 2      def __init__(self):
 3          self.__turtle = turtle.Turtle()
 4          self.__turtle.up()
 5          self.__turtle.hideturtle()
 6          self.__turtle.shape("Bear.gif")
 7
 8          self.__xPos = 0
 9          self.__yPos = 0
10          self.__world = None
11
12          self.__starveTick = 0
13          self.__breedTick = 0
14      # 与 Fish 类相同的方法包括：
15      # getX, setX, getY, setY, move, setWorld, appear, hide,
16      # tryToBreed (繁殖新的熊), tryToMove
```

程序清单 11-10 Bear 类的 liveALittle 方法

```
 1  def liveALittle(self):
 2      self.__breedTick = self.__breedTick + 1
 3      if self.__breedTick >= 8:   # 如果存活 8 个或以上时间单位，则繁殖
 4          self.tryToBreed()
 5
 6      self.tryToEat()
 7
 8      if self.__starveTick == 10:  # 如果 10 个时间单位没进食，则死亡
 9          self.__world.delThing(self)
10      else:
11          self.tryToMove()
```

liveALittle 方法的下一步允许熊尝试吃鱼（第 6 行代码）。程序清单 11-11 所示的 tryToEat 方法是新的方法。回想一下，熊会检查邻近的位置，判断是否有鱼。如果有鱼，熊会随机挑一条鱼吃。换而言之，熊移动到当前被鱼占据的位置，鱼就会死亡。如果没有鱼，熊就会再次挨饿。

程序清单 11-11 tryToEat 方法

```
 1  def tryToEat(self):
 2      offsetList = [(-1,1), (0,1) ,(1,1),
 3                    (-1,0),        (1,0),
 4                    (-1,-1),(0,-1),(1,-1)]
 5      adjPrey = []        # 创建一个列表，保存邻近的猎物
 6      for offset in offsetList:
 7          newX = self.__xPos + offset[0]
```

```
8              newY = self.__yPos + offset[1]
9              if 0 <= newX < self.__world.getMaxX() and \
10                0 <= newY < self.__world.getMaxY():
11                if (not self.__world.emptyLocation(newX, newY)) and \
12                    isinstance(self.__world.lookAtLocation(newX, newY), Fish):
13                    adjPrey.append(self.__world.lookAtLocation(newX, newY))
14
15          if len(adjPrey) > 0:      # 如果邻近有鱼，随机挑选一条进食
16              randomPrey = adjPrey[random.randrange(len(adjPrey))]
17              preyX = randomPrey.getX()
18              preyY = randomPrey.getY()
19
20              self.__world.delThing(randomPrey)  # 删除 Fish 对象
21              self.move(preyX, preyY)            # 移动到 Fish 对象的位置
22              self.__starveTick = 0
23          else:
24              self.__starveTick = self.__starveTick + 1
```

和以前一样，我们将使用偏移列表技术检查邻近位置是否有鱼。但是，我们将创建一个相邻鱼的列表，而不是只统计出现的鱼的数量。第 5 行代码创建一个最初为空的列表，第 13 行代码将相邻的鱼添加到列表中。计算相邻 (x, y) 位置和检查实例类型的详细信息的方法，与我们在测试过度拥挤时查找相邻鱼的方法相同。

第 15 行代码检查是否有鱼位于熊的近邻。如果不是，则 __starveTick 递增（见第 24 行代码）。如果有鱼，则再次随机选取一个索引值（第 16 行代码）。由于熊必须移动到所选鱼的位置（以便吃掉鱼），我们必须使用 getX 和 getY 获得随机选择鱼的当前 (x, y) 位置。第 20 ~ 21 行代码告诉模拟世界删除鱼，并告诉熊移动到以前被鱼占据的位置。因为熊现在已经进食，它不再挨饿，因此 __starveTick 可以重置为 0（第 22 行代码）。

熊的活动方式和鱼完全一样。在两个类中，tryToMove 完全相同的：它们检查相邻位置，并且只能移动到未占用的位置。还需要注意的是，在 Bear 的 liveALittle 方法中，不管熊是否进食，都会调用 tryToMove 方法。这意味着，在一个时间单位内，熊有可能移动两次，一次进食移动，然后在正常移动时再次移动。

动手实践

11.8 把 Bear 作为 Fish 类的一个实例变量。

11.9 修改 liveALittle 方法，使用实例变量来表示熊饿死前必须经过的时间单位数和允许在繁殖之前必须经过的时间单位数。同时修改 Bear 构造方法，接收初始化新实例变量的参数。

11.10 为上一道题中创建的实例变量添加访问器（getter）方法和更改器（setter）方法。

11.11 修改 tryToMove 方法，允许熊以更聪明的方式选择移动的方向，例如熊可以看到更远的距离，以判断在某个方向是否存在鱼。

11.6.4　主模拟函数

接下来我们将专注于实现负责设置并启动整个模拟的函数。回想一下，一旦执行了模拟，模拟本身就会根据生成的随机数决定模拟的进度。这个主函数执行 4 个操作：

1）设置初始常数：熊和鱼的数量、模拟世界的大小和模拟的时间长度。

2）创建一个模拟世界的实例。

3）创建指定数量的熊和鱼，并将它们放置在模拟世界中随机选择的任意位置。

4）让模拟世界按照设定的时间单位长度存在。

程序清单 11-12 显示了完整的 mainSimulation 函数。在这个例子中，我们使用 10 只熊和 10 条鱼来初始化这个模拟世界。第 8 行代码创建了一个名为 myWorld 的模拟世界（World），并定义了其维度。然后绘制 myWorld 的网格（第 9 行代码）。

程序清单 11-12　mainSimulation 函数

```
 1    def mainSimulation():
 2        numberOfBears = 10
 3        numberOfFish = 10
 4        worldLifeTime = 2500
 5        worldWidth = 50
 6        worldHeight = 25
 7
 8        myWorld = World(worldWidth, worldHeight)
 9        myWorld.draw()
10
11        for i in range(numberOfFish):
12            newFish = Fish()
13            x = random.randrange(myWorld.getMaxX())
14            y = random.randrange(myWorld.getMaxY())
15            while not myWorld.emptyLocation(x, y):
16                x = random.randrange(myWorld.getMaxX())
17                y = random.randrange(myWorld.getMaxY())
18            myWorld.addThing(newFish, x, y)
19
20        for i in range(numberOfBears):
21            newBear = Bear()
22            x = random.randrange(myWorld.getMaxX())
23            y = random.randrange(myWorld.getMaxY())
24            while not myWorld.emptyLocation(x, y):
25                x = random.randrange(myWorld.getMaxX())
26                y = random.randrange(myWorld.getMaxY())
27            myWorld.addThing(newBear, x, y)
28
29        for i in range(worldLifeTime):
30            myWorld.liveALittle()
31
32        myWorld.freezeWorld()
```

第 11 ～ 18 行代码创建并放置模拟世界上的 Fish 对象。注意，一旦创建了一条鱼，函数就必须生成一个随机的（x, y）位置来存放这条鱼。因为我们不希望在一个特定的位置上生活多个生命体，所以在使用某个位置之前，必须检查该位置是否为空。如果不为空，那么继续随机生成随机的（x, y）位置（第 16 ～ 17 行代码）。在本模拟中，我们假设总会有足够的空间来找到一个空的位置。

创建和放置熊的方式与创建和放置鱼的方式相同（第 20 ～ 27 行代码）。

主函数的大部分工作由第 29 ～ 30 行代码完成。对于每个时间单位，调用 myWorld 的 liveALittle 方法。回想一下，这意味着选择一个随机生命体在该时间单位处于存活状态。函数的最后一行将模拟世界置于等待模式，以便我们可以观察模拟的最终状态。当我们在模拟窗口中单击时，窗口将关闭并退出该函数。

图 11-6 显示了运行模拟时模拟世界中生命体可能存在的位置。当然，由于初始位置选

择的随机性，后续模拟运行的开始界面会有所不同。

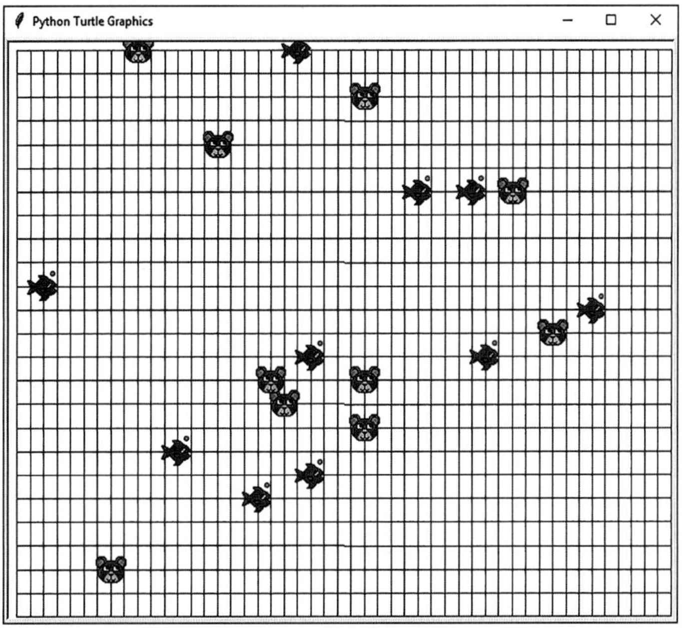

图 11-6　初始模拟运行界面

动手实践

11.12 修改函数 addThing 和 delThing，自动更新前面练习题中添加的鱼和熊计数器。

11.13 使用不同数量的熊和鱼运行模拟。经过一段时间后，观察到熊和鱼的数量发生了什么变化？

11.14 修改函数 mainSimulation，使用不同的常量（繁殖前的时间和饿死前的时间）来创建熊和鱼。结果会稍微改变鱼的行为。

11.15 修改模拟，当熊或者鱼的数量超过或者低于预定义的阈值时自动停止。

11.16 修改 World 类的 liveALittle 方法，使得在每个时间单位里，所有的熊和鱼都有机会处于存活状态。为了公平起见，应该在每个时间单位里对 thingList 进行随机混排。

11.17 修改 mainSimulation 函数，创建两个列表。一个列表用于跟踪在每个时间单位里鱼的存活数量；另一个列表用于跟踪在每个时间单位里熊的存活数量。当模拟结束后，把结果写入到一个文件。要求文件的内容包含三列：时间、鱼的数量、熊的数量。

11.18 编写一个函数，读取上一道题中生成的文件。要求生成一张图，显示一段时间范围内熊和鱼的数量变化。

11.7　植物繁殖

在前文有关熊和鱼模型的最初描述中，我们提到鱼也可以被认为是捕食者，也就是说，它们可以吃那些存在于水中的植物。如果没有足够的植物，鱼就会饿死。通过"重新打包"

已经存在的代码，并满足植物类的需求，可以相对容易地实现一个表示植物的类。

我们知道植物是不能移动的，此外，植物不会吃任何东西。所以，植物唯一的行为就是繁殖。程序清单11-13显示了Plant类的liveALittle方法。注意，我们假设植物在五个时间单位后可以尝试繁殖。

程序清单11-13   Plant 类的 liveALittle 方法

```
1  def liveALittle(self):
2      self.__breedTick = self.__breedTick + 1
3      if self.__breedTick >= 5:
4          self.tryToBreed()
```

World类所需的更改是添加Plant对象的形状。在World构造方法中插入程序清单11-14中的代码行。

程序清单11-14   在 World 类中注册 Plant 图标

```
1  self.__wScreen.addshape("Plant.gif")
2
```

在Fish类中，我们需要实现三个更改：

1）添加一个tryToEat方法。这个方法将与Bear类的tryToEat方法基本相同，但需要修改成鱼吃植物。

2）修改Fish类的liveALittle方法，以调用tryToEat方法。

3）在__init__方法中定义一个实例变量__starveTick。

最后，需要修改主函数（mainSimulation()），以便将植物添加到模拟世界中的随机位置。图11-7显示了一个可能的初始场景，其中包括植物以及熊和鱼。

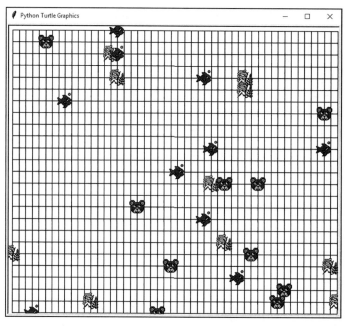

图 11-7   包含植物的初始模拟世界场景

✚ 动手实践

11.19 使用 11-7 节中建议的修改，创建一个类似于 Fish 类的 Plant 类。

11.20 修改 Fish 类的 liveALittle 方法，以便鱼可以尝试吃植物。需要为鱼添加一个 __starveTick 计数器。

11.21 修改主模拟函数，以创建一些初始数量的植物，并将它们放置在模拟世界中。

11.22 修改 Plant 类，以实现某种过度拥挤机制。

11.8　继承机制

通过观察 Fish、Bear 和 Plant 类的实现时，我们会发现存在一些重复代码。每个类都包含相同的方法。例如，getX、getY、setX、setY、appear 和 hide 的实现方式相同，与具体类无关。

基于上述观察，在模拟世界中所有的生命体具有相似性。如果能以某种方式把这些重复的代码置于同一处，然后让所有的生命体共享它，这具有可行性。这个新的实现将使我们能够有效地添加和修改功能。

上述提出的解决方案称为**继承**（inheritance），这是一种面向对象的程序设计技术。许多程序设计语言（包括 Python）都支持继承。我们将在第 12 章中介绍这一新技术，并作为编程练习题，要求读者重新设计模拟世界。

11.9　本章小结

在本章中，我们设计并实现了一个大型的、多类的图形化模拟系统。首先，我们讨论问题的描述。通过挑选出重要的主题（名词），并开始实现类，一个主题（名词）对应一个类。然后，为了设计一个类，我们描述了类的实例需要包含的信息（实例变量）和类的实例需要执行的操作（方法）。在创建了每个类之后，我们实现了一个创建许多对象的函数，并让每个对象执行由模拟的初始规则定义的方法。通过使用随机数，我们能够提供一定程度的不确定性，从而两次运行模拟结果各不相同。

关键术语

computer simulation（计算机模拟）

inheritance（继承）

noun（名称）

objects（对象）

predator-prey relationships（捕食者 – 猎物关系）

Python 关键字和函数

isinstance

编程练习题

11.1 修改世界模拟，使得 World 由两种位置组成：水和土地。鱼和植物只能生活在水里，熊可以下水吃鱼。

11.2　修改世界模拟，给 Bear 添加一个表示能量的实例变量。每次熊吃东西，它的能量级别都会增加。熊在移动和繁殖时会失去能量。如果熊的能量级别降到零，熊就会死亡。

11.3　添加一个 Berry（浆果）类，为熊提供另一种食物来源。浆果类的行为和植物类相似。

11.4　选择另一个现实世界中的捕食者 – 猎物生态系统，并实施计算机模拟。

继　　承

本章介绍继承和面向对象的设计。

12.1　本章目标

- 介绍继承的概念。
- 创建一个面向对象的实用图形包。
- 讨论另一个面向对象的设计示例。

12.2　概述

到目前为止，在本书的程序中，我们使用可信赖的 turtle 对象绘制了所有的图形。然而，大多数计算机图形程序并不使用 turtle 对象。我们所熟悉的常用绘图程序（包括 Microsoft 的 Visio 或者 Omni Group 的 OmniGraffle）允许用户从可用形状面板中选择所需的形状。对于简单的绘图程序，工具面板包括直线、圆形、正方形、三角形和其他简单形状。对于更高级的绘图程序，例如建筑程序或者计算机辅助设计（CAD）程序，工具面板可以包括复杂的形状，例如橱柜、浴室设备，甚至汽车的特定部件。这类绘图程序通常称为面向对象的绘图程序。

面向对象的绘图程序非常易于使用。如果所绘图形需要一个正方形，则可以从工具面板中拖动一个正方形，将其放到绘图中的适当位置。如果所绘图形需要一个圆形或者任何其他形状，则可以从工具面板中拖动圆形或其他形状到绘图中的相应位置。在图形中放置形状后，可以更改形状的属性，例如大小、颜色、轮廓或者位置。

本章的目标是为 Python 设计一个面向对象的图形模块，它允许我们通过创建简单的图形形状并将其放置在绘图画布上来创建图形。这些形状将类似于绘图程序的形状（如前所述），但我们没有编写代码让用户从形状面板中拖动对象。

为了明确本章的内容，请考虑简单的 Python 函数 drawHouse，如程序清单 12-1 所示。该代码绘制了一个蓝色填充矩形作为房屋的主要部分，还有一扇棕色的门和一个尖屋顶。此外，还绘制了一个黄色的太阳。程序清单 12-1 中的代码绘制结果如图 12-1 所示。

程序清单 12-1　使用几何对象绘制房屋

```
 1  def drawHouse():
 2      myCanvas = Canvas(800, 600)
 3      house = Rectangle((Point(-100, -100), Point(100, 100)))
 4      house.setFill('blue')
 5      door = Rectangle((Point(-50, -100), Point(0, 75)))
 6      door.setFill('brown')
 7      roof1 = Line(Point(-100, 100), Point(0, 200))
 8      roof2 = Line(Point(0, 200), Point(100, 100))
 9      roof1.setWidth(3)
11      roof2.setWidth(3)
12      myCanvas.draw(house)
```

```
13    myCanvas.draw(door)
14    myCanvas.draw(roof1)
15    myCanvas.draw(roof2)
16    sun = Circle(Point(150, 250), 20)
17    sun.setFill('yellow')
18    myCanvas.draw(sun)
```

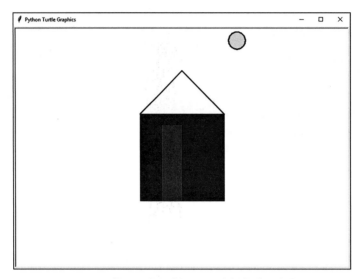

图 12-1　使用面向对象的图形绘制简单的场景

在本章接下来的内容中，我们将设计并实现一组类，这些类使我们能够编写程序清单 12-1 中的函数。在此过程中，我们将学习一个称作**继承**的强大程序设计概念。

12.3　基本设计

在设计一个类似于本章的图形模块这样的项目时，建议首先列出所涉及的不同类型的对象以及这些对象之间的关系。当列出对象时，我们将尝试确定对象之间的两种重要关系：IS-A 和 HAS-A。

IS-A 关系描述两个对象的从属关系，其中一个对象是另一个对象的更具体实例。例如，正方形是矩形的一个更具体实例，而圆是椭圆的一个更具体实例。当我们确定 IS-A 关系时，还寻找每个实例都具有的共同功能。具有 IS-A 关系的类是使用继承设计的理想选择。

HAS-A 关系描述两个对象的包含关系，其中一个对象使用另一个对象。例如，如果考虑一个圆，则每个圆都有一个圆心。矩形都有左下角点和右上角点。具有 HAS-A 关系的类是使用称为**组合**（composition）的设计方法实现的。通过组合，一个类有一个实例变量，而实例变量是另一个类的对象。

> **最佳编程实践**　在设计项目时，首先确定对象并寻找对象之间的 IS-A 和 HAS-A 关系。

基于上述概念，可以创建图形模块的对象列表。初始对象列表如下所示：

- Square（正方形）。
- Circle（圆形）。
- Ellipse（椭圆形）。

- Rectangle（矩形）。
- Triangle（三角形）。
- Polygon（多边形）。
- Line（直线）。
- Point（点）。

仔细思考上述列表中的类，会发现某些对象之间存在着 IS-A 关系。矩形是多边形；正方形是长方形；三角形是多边形；圆是椭圆。另外，列表中的所有对象都是形状。Shape（形状）并没有包含在对象列表中，但是添加 Shape 可能是个好主意，因为它是我们列出的许多对象的抽象。当开始设计应用程序时，常常会出现这种情况。当组织已标识的对象时，会经常发现新的、更抽象的对象。

下一步是将所有的对象组织成一张图，以明确 IS-A 关系。图 12-2 描述了目前为止讨论的对象之间的关系。该图使用**统一建模语言**（Unified Modeling Language，UML），这是一个用于描述类之间通信关系的图形工具。箭头表示继承。例如，Polygon 继承自 Shape。最抽象或者最一般的对象出现在层次结构的顶部。级别越低，对象越具体。

观察图 12-2 并思考列表中的对象，读者可能会有疑问：Point 和 Line 为什么没有出现在对象层次结构中呢？这些对象属于哪里？Point 和 Line 是否应该包含在形状层次结构中？有没有另一个抽象可以用来关联 Point 和 Line？

可以确定，虽然直线和点不是形状，但它们是几何对象。同样，形状是几何对象，因此我们可以创建另一个称为 GeometricObject（几何对象）的抽象。

读者还可能会有另一个疑问：那 Canvas（画布）呢？画布不是几何对象也不是形状而是绘制直线、点和其他形状的地方。Canvas 和 GeometricObject 之间的关系是 HAS-A 关系。画布可以包含（HAS-A）许多几何对象。这个新的层次结构如图 12-3 所示。这个 HAS-A 关系由在两个类之间绘制的一条普通线表示。类似地，大多数几何对象都有一个或者多个点。为了避免在这一点上弄混关系图，我们没有指出所有 HAS-A 关系，而是集中精力显示 IS-A 关系。

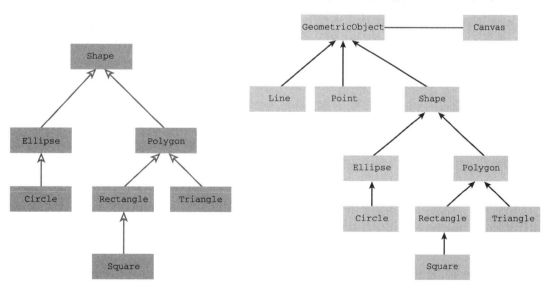

图 12-2　一个简单的对象层次结构　　图 12-3　一个扩展的对象层次结构

完成对象层次结构的设计后，可以开始考虑将对象实现为 Python 类。在本章中，我们将使用层次关系来避免出现类似于第11章中代码重复的现象。

在面向对象的程序设计中，由图12-2中的箭头表示的IS-A链接定义了**继承层次结构**（inheritance hierarchy）。继承是这样一种概念：更一般的类称为**父类**（parent class），更特定的类称为**子类**（child class）。在继承层次结构中，当两个类通过IS-A关系链接时，将另一个类指向的类称为**超类**（superclass），IS-A链接的源类称为**子类**（subclass）。

超类（父类）可能具有可以与其子类共享的方法。利用这种共享方法的思想，可以避免重复代码。在我们的示例中，`Rectangle`类是`Polygon`类的子类，`Polygon`类是`Shape`类的子类。

与此相反，HAS-A关系是使用称为组合的设计方法实现的。在组合中，一个类包含另一个类的对象作为实例变量。

> **摘要总结** IS-A链接定义继承层次结构。子类继承超类（父类）的方法和实例变量。HAS-A关系是使用组合来实现的。

在设计的下一阶段，需要提出以下问题：
- 每个对象应该包含什么信息？
- 每个对象应该执行哪些操作？

对象包含的信息会引导我们确定一组**实例变量**。每个对象执行的操作将为我们提供一组需要编写的**方法**。

我们希望对象包含以下信息：
- 填充色。
- 在画布上的位置。
- 线宽。

关于形状对象应该执行的操作，如果回顾程序清单12-1中的`drawHouse`函数，将很快得出如下的操作列表：
- 设置或者更改填充色。
- 设置、更改线条或者轮廓的宽度。
- 绘制对象。

我们现在可以总结一下继承的优越性。因为所有形状都有相同的属性集，所以可以创建实例变量，并在`Shape`类中编写方法以修改这些实例变量。这样做的原因在于，当在超类中定义方法时，该方法也可以由子类的实例调用，甚至还可以由子类的子类调用。因此，继承可以节省大量的工作，并且事先实施一个良好的设计至关重要。

良好的编程实践要求开发大型程序（类似于本章的示例）时最好分步骤实施。为了完成这项任务，我们首先编写一个简单的程序，它仅实现整体功能的一小部分。一旦完成了简单的程序，我们就可以继续实现更复杂的功能。相比于先编写大程序的所有代码然后再试图找出问题所在，使用这种方式编写程序更加容易，也更加有趣。

> **最佳编程实践** 分步骤开发程序。在添加更多代码之前，测试每个步骤中实现的功能。

比较容易编写的程序之一是在屏幕上绘制一条直线。这个程序如程序清单12-2

所示。尽管程序看起来很简单，但它实际上促使我们进一步改进类 Point、Line、GeometricObject 和 Canvas 的设计。

程序清单 12-2　绘制一条直线

```
1    myCanvas = Canvas(800, 600)
2    myLine = Line(Point(-100, -100), Point(100, 100))
3    myCanvas.draw(myLine)
```

Canvas（画布）类负责以某种方式绘制 GeometricObject。Canvas 会怎么做？答案是：它需要一个 turtle 对象。turtle 有一个内置的绘画窗口。借助 turtle 对象提供的所有功能，实现 Canvas 类应该相对容易。但这意味着 Canvas 对象的一个实例变量将是一个 turtle 对象，而另一个实例变量将是一个 turtle 屏幕。我们还需要为 Canvas 对象编写一个绘制方法，该方法可以使用 turtle 绘制任意给定的形状。此外，画布还需要跟踪在其上绘制的几何对象（GeometricObject）。同样，我们将在实例变量名前面加上两个下划线（__）。使用此命名方案将会对类之外的代码隐藏实例变量，从而实现封装，因为只有类中的代码才能访问和更改实例变量的值。因此，尽管子类继承了超类的实例变量，但子类将不能直接访问隐藏的实例变量。所以，超类必须为其实例变量提供访问器方法和更改器方法，以便子类可以访问超类的实例变量。

GeometricObject 类包含实例变量 __lineColor 和 __lineWidth，而且 GeometricObject 对象必须包含获取和设置实例变量 __lineColor 和 __lineWidth 的方法。虽然在我们的简单示例中不需要修改线条的颜色和线宽，但我们还是实现了这些方法。

继承自 GeometricObject 类的 Point 类是二维坐标系中几何点的抽象。一个点对象特有的两个实例变量为 x 坐标和 y 坐标。此外，Point 类从 GeometricObject 类继承了实例变量 __lineColor 和 __lineWidth。因此，一个 Point 对象包含以下实例变量：__x、__y、__lineColor 和 __lineWidth。除了从 GeometricObject 类继承的方法外，Point 类还提供了三个简单的方法：getX 返回 x 坐标；getY 返回 y 坐标；getCoord 返回一个元组，该元组包含 x 坐标和 y 坐标。正如所料，继承的优越性使得 Point 类只需要编写处理其特定的实例变量的方法。

Line 类包含两个实例变量：起点和终点。这正是组合的示例：Line 类包含两个 Point 对象的实例变量。类似于 Point 对象，Line 对象从 GeometricObject 对象继承了实例变量 __lineColor 和 __lineWidth 以及相关的方法，因此在 Line 类中无须重新实现这些方法。

图 12-4 显示了图形包的继承结构图，包含每个类的实例变量和方法的详细信息。

12.4　基本实现

我们将使用自顶向下方法实现程序清单 12-2 中的程序所需的类层次结构。从 Canvas 类（如程序清单 12-3 所示）开始，该类对图形模块的作用与对 turtle 的作用相同。这是我们绘制 GeometricObjects 的地方。事实上，因为在底层使用 turtle 来完成所有的绘制工作，所以我们将使用与 turtle 相同的窗口和画布。这个决定节省了很多工作，但也对我们的计划有一些重要的影响。例如，这意味着需要使用 turtle 的坐标系。

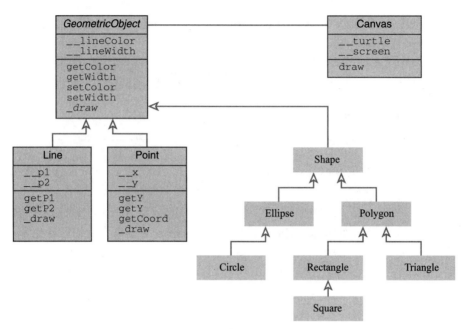

图 12-4　实例变量和方法

程序清单 12-3　Canvas 类

```
 1   class Canvas:
 2       def __init__(self, w, h):
 3           self.__turtle = turtle.Turtle()
 4           self.__screen = turtle.Screen()
 5
 6           self.__screen.setup(width = w, height = h)
 7           self.__turtle.hideturtle()
 8
 9       def draw(self, gObject):
10           self.__turtle.up()          # 准备移动 turtle（turtle 抬起尾巴）
11           self.__screen.tracer(0)     # 关闭动画
12           gObject._draw(self.__turtle)
13           self.__screen.tracer(1)     # 开启动画
```

12.4.1　Canvas 类

实现 Canvas 类最困难的任务是编写构造方法。正如所见，构造方法总是命名为 __init__。Canvas 构造方法的工作是创建一个 Turtle 对象实例，并将对它的引用存储在一个名为 __turtle 的实例变量中。我们还将创建一个名为 __screen 的实例变量，用于配置画布。

初始化类的实例变量后，使用 screen 的 setup 方法来设置 Canvas 的宽度和高度。最后，因为图形包的用户可能不知道 turtle 绘图，所以我们将使用 hideturtle 方法隐藏 turtle，从而不让最终用户知晓底层的 turtle 绘图工作。

Canvas 类的最后一个方法是 draw 方法，该方法易于实现，同时也体现了面向对象程序设计中最强大和最重要的部分之一。请注意，draw 接受几何对象 gObject 作为参数。在将 turtle 设置成尾巴向上状态并关闭跟踪之后，draw 方法仅仅调用 gObject 上的 _draw 方法（注意此处是一个下划线），并将 turtle 对象作为参数传递！ draw 方法属于

Canvas，而 _draw 方法属于 GeometricObject。尽管 _draw 看起来可能有点奇怪，但它是一个完全合法的函数名称。在本例中，我们使用 _draw 将其与 Canvas 类中的 draw 方法区分开来，并防止程序员无意中直接在 GeometricObject 上调用 draw 方法。

仔细思考一下，我们可能会意识到 draw 方法的形式参数可以是任何 GeometricObject 对象。因此，Canvas 不知道是否应该绘制点、直线或者任何其他形状。可以使用以下代码解决此问题：

```
if isinstance(gObject, Point):
    # 绘制点的代码
elif isinstance(gObject, Line):
    # 绘制直线的代码
elif isinstance(gObject, Circle):
    # 绘制圆形的代码
...
else:
    print ('unknown geometric object')
```

虽然可以使用 isinstance 检查 gObject 的类型，但使用起来非常麻烦。另外，每次创建新形状时，都需要添加代码来检查新形状。幸运的是，面向对象程序设计为我们提供了**多态性**（polymorphism）——一种正好用于处理此类问题的更强大的方法，允许我们为每个特定几何对象编写一个 _draw 方法。基于 gObject 参数引用的对象类型，Python 能够调用正确的方法。在实现了 _draw 方法之后，我们将讨论 Python 用来实现多态性的底层机制。

12.4.2　GeometricObject 类

本节继续编写 GeometricObject 类实现图形包。GeometricObject 和 Canvas 是继承层次结构中对等的顶级对象。回想一下，Canvas 包含一个或者多个 GeometricObject 对象。

尽管 GeometricObject 类将包含其所有子类通用的实例变量和方法，但我们不会将任何对象创建为 GeometricObject 类的对象实例。相反，我们创建这个类是因为它是其子类（Point、Line、Rectangle 等）的抽象。为此，将 GeometricObject 类定义为一个**抽象类**。抽象类为我们提供了一种用于定义所有子类使用的实例变量和方法的方式。

为了有助于定义抽象类，Python 提供了一个名为 abc（Abstract Base Class，抽象基类）的模块。程序清单 12-4 显示了 GeometricObject 类，在该类中首先导入 abc 模块。然后，通过在类名后面的括号中插入 ABC，指定 GeometricObject 类继承自 ABC 类（第 2 行代码）。通过将 GeometricObject 类定义为抽象类，使其无法创建实例对象。

GeometricObject 类包含两个实例变量：__lineColor 和 __lineWidth。因为实例变量由 GeometricObject 构造方法完成初始化操作，所以不需要再由任何子类进行初始化。继承的一个重要方面是每个类只处理它所定义的实例变量。回想一下，Canvas 类希望 GeometricObject 有一个名为 _draw 的方法，该方法接受一个 turtle 对象作为参数。但是 GeometricObject 对象没有什么可绘制的。相反，我们希望 GeometricObject 的每个子类都提供自己的 _draw 方法。可以通过将 GeometricObject 类中的 _draw 方法定义为抽象方法来实施此规则。通过使用一个新的 Python 语法元素——**装饰器**（decorator）来实现这一点。我们使用的装饰器是 @abstractmethod（第 19 行代码），用于将此方法标识为抽象方法。装饰器必须紧跟在方法之前，并且必须单独占一行。然后将 _draw 方法定义为只包含 pass 语句的方法，不执行其他任何操作。如表 12-1 所述，pass 语句是一个空语句，可以作为占位符用于需要语句但没有合适代码的情况。把 _draw 方法定义为抽象方法，GeometricObject 的任何子类必须提供 _draw 方法的非抽象实现，否则该类也将是抽象的。一个不是抽象的、可以从中创建对象的类称为**具体类**（concrete class）。

程序清单 12-4　GeometricObject 类

```
1   from abc import *
2   class GeometricObject(ABC):          # 继承自抽象基类 ABC
3       def __init__(self):
4           self.__lineColor = 'black'    # 默认的绘制颜色
5           self.__lineWidth = 1          # 默认的线宽
6
7       def getColor(self):
8           return self.__lineColor
9
10      def getWidth(self):
11          return self.__lineWidth
12
13      def setColor(self, color):
14          self.__lineColor = color
15
16      def setWidth(self, width):
17          self.__lineWidth = width
18
19      @abstractmethod                   # 表示该方法为抽象方法
20      def _draw(self, someTurtle):
21          pass                          # 空语句
```

表 12-1　pass 语句

语句	说明
pass	执行时什么也不做的语句，适用于需要语句但没有合适代码的情况

12.4.3　Point 类

Point 类很重要，因为所有其他 GeometricObject 都使用 Point 对象进行定位。例如，Line 类包含两个 Point 对象，用于定位 Line 对象的两个端点。Rectangle 类有两个 Point 对象，用于定位 Rectangle 对象的两个对角位置，依此类推。Point 类的代码如程序清单 12-5 所示。Point 类是 GeometricObject 的一个子类，因此 class 语句将 GeometricObject 指定为超类，方法是将 GeometricObject 放在类名后面的括号中（第 1 行代码）。将一个类指定为另一个类的超类的语法是将超类名称放在子类名称后面的括号中。

程序清单 12-5　Point 类

```
1   class Point(GeometricObject):
2       def __init__(self, x, y):
3           super().__init__()
4           self.__x = x
5           self.__y = y
6
7       def getCoord(self):
8           return (self.__x, self.__y)
9
```

```
10        def getX(self):
11            return self.__x
12
13        def getY(self):
14            return self.__y
15
16        def _draw(self, turtle):
17            turtle.goto(self.__x, self.__y)
18            turtle.dot(self.getWidth(), self.getColor())
```

换一种方式表示类之间的父子关系，我们可以认为 Point 类**扩展**了 GeometricObject 类。这种表示方式有助于理解继承关系。具体来说，Point 类从 GeometricObject 类提供的实例变量和方法开始，然后添加新的实例变量和自己的方法。

Point 类的实现代码中有两个关键点。首先是第 3 行代码：

```
super().__init__()
```

确保调用超类（GeometricObject）中的 __init__ 方法，以便为从 GeometricObject 继承的实例变量提供正确的初始值。super 函数返回一个特殊的超类对象，该对象知道如何正确调用超类的 __init__ 方法。

> **摘要总结**　为了指定继承源，子类在类定义的括号中包含超类名称。子类的构造方法应该调用超类的构造方法来初始化超类的实例变量。

Point 类定义了一个 _draw 方法，该方法实现了绘制 Point 对象的方法，使用作为参数传递的 turtle 对象来实现点的绘制。这一点很重要：如果 Point 类没有定义一个 _draw 方法，Python 将在创建 Point 对象时产生一个类型错误信息。

在 _draw 方法中，goto 方法将 turtle 尾巴向上移动到画布上的正确位置。传递给 goto 的参数是实例变量 self.__x 和 self.__y。一旦 turtle 就位，将使用实例变量以及设定的线宽和颜色绘制一个点。

请注意，Point 类没有定义 __lineWidth 和 __lineColor，而是自动继承 GeometricObject 类的这些实例变量。但是，由于在 GeometricObject 类中以双下划线变量名开始定义线宽和颜色，Point 类必须调用超类中的访问器方法。因此，第 18 行的代码如下：

```
turtle.dot(self.getWidth(), self.getColor())
```

> **注意事项**　子类不会定义父类中的实例变量和方法，可以自动重用它们。子类只需要定义特定于子类的实例变量和方法。

12.4.4　Line 类

Line 类与 Point 类类似，只是 Line 类有两个 Point 对象的实例变量。另外，Line 类的 _draw 方法绘制的是一条线，而不是一个简单的点。注意，我们两次调用 turtle 对象来设置线条颜色和线条宽度。这是一个重要的步骤，因为我们不能对 turtle 的颜色和线条宽度做任何假设。程序清单 12-6 给出了 Line 类的代码。

程序清单 12-6　Line 类

```
1    class Line(GeometricObject):
2        def _init__(self, p1, p2):
3            super().__init__()
4            self.__p1 = p1
5            self.__p2 = p2
6
7        def getP1(self):
8            return self.__p1
9
10       def getP2(self):
11           return self.__p2
12
13       def _draw(self, turtle):
14           turtle.color(self.getColor())
15           turtle.width(self.getWidth())
16           turtle.goto(self.__p1.getCoord())
17           turtle.down()
18           turtle.goto(self.__p2.getCoord())
```

12.4.5　测试实现的代码

在编写了前四个类之后，我们尝试一下编写第一个测试程序，以测试实现的结果。假设到目前为止我们定义的所有类都存储在 draw.py 中，并且在该文件的顶部导入了 turtle 模块。会话 12-1 创建一个画布和一条线，并绘制该线。如果一切正常，我们应该看到一个窗口，其中包含一条黑色的斜线。

会话 12-1　第一次测试图形包中的类

```
>>> from draw import *
>>> myCanvas = Canvas(800, 600)
>>> myLine = Line(Point(-100, -100), Point(100, 100))
>>> myCanvas.draw(myLine)
```

我们继续研究这个例子，看看可以从所创建的对象中学习到什么。会话 12-2 演示了 Line 类和 Point 类都是 GeometricObjects 类，同时表明 Line 类和 Point 类继承了 GeometricObjects 类的 getColor 和 getWidth 方法。此外，Point 类还定义了 getX 和 getY 方法。首先，我们验证 myLine 具有默认的颜色和宽度。接下来，我们获取一个用来创建直线的点，检查点的宽度和颜色，以及点的 x 和 y 坐标。

会话 12-2　研究继承

```
>>> isinstance(myLine, Line)
True
>>> isinstance(myLine, GeometricObject) # Line 与 GeometricObject 是 'IS A' 关系
True

>>> myLine.getWidth()        # 调用继承的方法
1
>>> myLine.getColor()
'black'

>>> p = myLine.getP1()       # 从 Line 对象获取 Point 对象
>>> isinstance(p, Point)
True
>>> isinstance(p, GeometricObject) # Point 和 GeometricObject 是 'IS A' 关系
```

```
True
>>> p.getWidth()              # 调用继承的方法
1
>>> p.getColor()
'black'
>>> p.getX()                  # 调用 Point 方法
-100
>>> p.getY()
-100
>>> p.getCoord()
(-100, -100)
```

动手实践

12.1 修改测试程序，以更改线条颜色和宽度。

12.2 重写 Point 类，将坐标信息存储为元组，而不是存储为单独的值。然后，使用该 Point 类代替正文中编写的 Point 类，并确保测试程序仍然有效。

12.3 修改 Line 类，使线条可以是实线或者虚线。

12.4 编写一个程序，使用 Point 类的对象实例绘制正弦波。

12.5 创建一个 GeometricObject 类的对象实例，然后尝试绘制它。请问收到错误信息了吗？

12.5　理解继承

为了更好地理解继承的工作原理，我们研究 Python 是如何跟踪实例变量和方法的。一个类的每个类和实例都有一些特殊的实例变量，可以使用这些变量来查看 Python 如何找到需要调用的正确方法或者正确的实例变量。

首先，__bases__ 实例变量可以用于确定类的超类的名称。例如，在会话 12-3 中，可以看到 Line 的超类是 GeometricObject。GeometricObject 的父类是 ABC（抽象基类）。ABC 的父类是 object，object 没有父类。当调用在父类中定义的方法时，这种子类到父类的链接关系的连续性对 Python 来说非常重要。默认情况下，Python 使用继承层次结构顶部的特殊类 object。

会话 12-3　研究继承的层次关系

```
>>> Line.__bases__
(<class 'draw.GeometricObject'>,)
>>> GeometricObject.__bases__
(<class 'abc.ABC'>,)
>>> ABC.__bases__
(<class 'object'>,)
>>> object.__bases__
()

>>> Line.__dict__.keys()
dict_keys(['__module__', '__init__', 'getP1', 'getP2', '_draw', '__doc__',
           '__abstractmethods__', '_abc_impl'])
>>> GeometricObject.__dict__.keys()
dict_keys(['__module__', '__init__', 'getColor', 'getWidth', 'setColor',
           'setWidth', '_draw', '__dict__', '__weakref__', '__doc__',
           '__abstractmethods__', '_abc_impl'])
```

```
>>> Line.__dict__['getP1']
<function Line.getP1 at 0x0000018CDA038730>

>>> myLine.__class__
<class 'draw.Line'>
>>> myLine.__dict__.keys()
dict_keys (['_GeometricObject__lineColor', '_GeometricObject__lineWidth',
            '_Line__p1', '_Line__p2'])
```

__bases__ 这个名称来自术语**基类**（base class），这是考虑超类 – 子类关系的另一种方法。一些程序员说超类是基类，而子类扩展了基类。在我们的继承层次结构中，GeometricObject 是 Line 类的基类。关键思想是，Line 类拥有 GeometricObject 类的所有功能，并且 Line 类还具有自己的新功能，这些新功能扩展了基类的功能。

每个类维护的另一个实例变量是 __dict__。此实例变量是一个字典，用于跟踪为类定义的方法。例如，在会话 12-3 中，我们可以看到 Line 类的方法字典中包含与我们定义的每个方法的名称相对应的键。

Python 对象的实例也有一些特殊的实例变量。每个对象都有一个名为 __class__ 的实例变量，该变量包含对对象的类的引用。在会话 12-3 中，可以看到 myLine.__class__ 引用 Line 类。此外，类的对象的实例变量 __dict__ 是包含用户定义的实例变量的字典。例如，会话 12-3 中显示 Line 类的实例对象还包含一个 __dict__ 实例变量，该变量包含从 GeometricObject 类继承的 __lineColor 和 __lineWidth 键，以及 Line 类中定义的 __p1 和 __p2。

将所有特殊变量放置在一起，就可以更详细地理解继承在 Python 中是如何工作的。图 12-5 显示了一个引用关系图，它演示了表达式 myLine.getWidth() 在 Python 解释器中的事件链。

1）当 Python 对表达式 myLine.getWidth() 求值时，第一步是对名称 myLine 解引用，也就是说，查找内存中的对象。Python 接下来尝试使用以下查找链对名称 getWidth 解引用。

2）如果 myLine 中的 __dict__ 包含 getWidth 键，则停止搜索并使用该键。

3）如果 getWidth 方法不在 myLine 中，则跟随 __class__ 链查找 Line 类。

4）如果 Line 类中的 __dict__ 包含 getWidth 键，则停止搜索并使用该键。

5）如果 getWidth 方法不在 Line 中，则跟随 __bases__ 链查找超类（GeometricObject）。

6）如果 __dict__ 包含 getWidth 键，则停止搜索并使用该键。

7）在本例中，我们在 GeometricObject 类中找到 getWidth 方法。

可以重复第 5 步和第 6 步，直到尝试查找了所有在 __bases__ 中列出的类为止。如果所有基类都已耗尽，并且没有找到 getWidth，则生成错误信息。

一旦名称 getWidth 被解引用，下一步就是应用函数调用运算符 ()。因为我们将调用运算符应用于类的方法，所以将 myLine 的值作为第一个参数传递给 getWidth 函数。在 getWidth 函数中，myLine 被称为 self。图 12-6 描述了 myLine 如何作为一个实际参数被绑定到形式参数 self。需要注意的是，myLine 和 self 都引用同一个 Line 的对象实例。

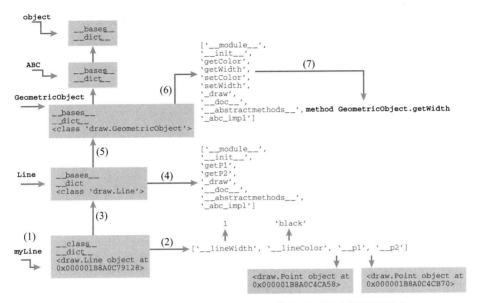

图 12-5　跟踪继承链的引用图。编号的箭头表示搜索操作的顺序

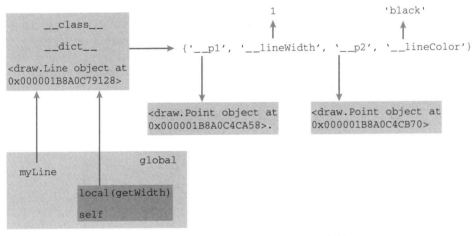

图 12-6　具有一个继承方法的 self 参数

动手实践

12.6 使用图 12-5 中的引用关系图，跟踪 Python 用来对表达式 self.__lineWidth 求值的一系列引用链。

12.7 使用图 12-5 中的引用关系图，跟踪 Python 用来对表达式 myLine._draw() 求值的一系列引用链。

12.8 绘制一个引用关系图，描述语句 myLine.getP1().getX() 所需的查找顺序。

12.9 在 Python 解释器中，按照查找的顺序搜索 myLine.__p1 在内存中的位置。

12.6　局限性

至此，我们已经了解了继承的工作原理，接下来尝试一个稍微有点难度的测试程序。

程序清单 12-7 包含一个名为 test2 的简单函数，用于绘制两条交叉线。绘制两条线后，第一条线的颜色将更改为红色，第二条线的宽度将更改为 4。你认为最后的图形会是什么样子呢？

程序清单 12-7　绘制两条交叉线

```
1    def test2():
2        myCanvas = Canvas(500, 500)
3        line1 = Line(Point(-100,-100), Point(100, 100))
4        line2 = Line(Point(-100, 100), Point(100, -100))
5        line1.setWidth(4)
6        myCanvas.draw(line1)
7        myCanvas.draw(line2)
8
9        line1.setColor('red')
10       line2.setWidth(4)
```

如果认为结果应该是两条交叉的黑线，其中一条比另一条粗，那么就是正确的，结果如图 12-7 所示。为什么对 setColor 的调用实际上会更改 line1 的颜色？为什么 setWidth 不改变 line2 的宽度？调用 setColor 或者 setWidth 只修改 __lineColor 或者 __lineWidth 实例变量，而不会更改线条在屏幕上的显示方式。为了更改屏幕上线条的外观，需要重新绘制线条。虽然在本例中最简单的解决方案是把调用 setColor 和 setWidth 的代码移动到调用 draw 的代码之前，但这并不是一个有效的通用解决方案。

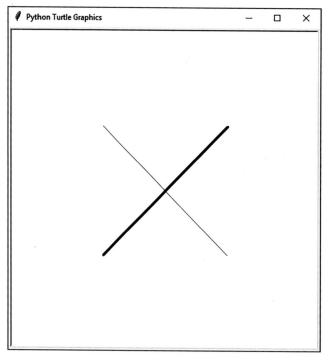

图 12-7　测试形状的层次结构

另一个解决方案是，每当我们改变线条的颜色或者宽度时，都会告诉画布再次绘制线条。然而，这种解决方案可能会产生意想不到的后果。例如，可以在程序清单 12-7 中再添加一行代码来调用 myCanvas.draw(myLine)。现在这条线是红色的，但它位于另一条线的上面。如果我们想要黑线在红线的上面，也需要重新绘制黑线。对于复杂的图形，这可能会变成一组复杂的依赖项。

我们真正想要的操作行为如下所示：

1）如果对象尚未绘制，那么更改实例变量的值。

2）如果对象已经可见，那么更改属性并按最初绘制的顺序重新绘制屏幕上的所有对象。

解决这个问题的一个可能方法是在 setColor 和 setWidth 方法中添加对 _draw 的调用。不过，这也造成了刚才提到的绘制顺序问题。这个解决方案还存在另一个问题：为了绘制一条线，需要一个 turtle 对象。回想一下，turtle 对象是作为参数传递给 _draw 方法的。但是，当我们调用 setWidth 方法时，不会（也不应该）引用一个 turtle 对象。最后一个问题是，需求 1 规定，如果尚未绘制线，setColor 应该做的唯一事情是更改颜色实例变量的值。

12.7　改进实现

上述问题的解决方案非常有价值，因为它将帮助我们理解许多专业图形系统背后的原理，包括 Python 使用的 TKinter 图形系统。这个问题的解决方案还可以帮助我们理解 Python 程序设计语言中所使用的图形系统的工作原理。该解决方案的另一个好处是，一旦有了解决当前问题的机制，就可以非常容易地为所有图形对象实现一个 move 方法。

该问题的解决方案是在 GeometricObject 类中添加两个实例变量、在 Canvas 类中添加一个实例变量和一个方法。对于 GeometricObject 类，添加一个变量以跟踪对象是否已被绘制。可以将此实例变量命名为 __visible，第二个实例变量 __myCanvas 将跟踪在其上绘制对象的画布。为 Canvas 对象添加的实例变量 __visibleObjects 允许画布记住它所绘制的对象的有序列表。

为了更好地理解这三个实例变量的重要性，我们考虑一下在进行如下调用时会发生什么情况：

theCanvas.draw(myLine)

1）将 Line 的 __visible 实例变量的值设置为 True。

2）设置 Line 的 __myCanvas 实例变量的值以指向 theCanvas。目前，这对我们来说似乎有点难以理解，但是当我们讨论调用 setColor 时会发生什么后，就会清晰地理解本操作的目的所在。

3）调用 Line 对象的 draw 方法。

4）将 Line 对象添加到画布的 __visibleObjects 实例变量中。

在上述事件序列的最后，将在画布上绘制线条。更重要的是，这条线现在将"记住"它是在哪个画布上绘制的，并且画布将记忆在其上绘制的所有对象。

接下来，考虑在调用更改线条的颜色或者宽度（如 myLine.setColor('red')）时发生的事件序列。

1）修改 Line 对象的 __lineColor 实例变量，使其新值为 'red'。

2）如果 __visible 实例变量为 True，则使用 __myCanvas 实例变量调用画布上的 drawAll 方法。

在 Canvas 类中，新的 drawAll 方法将清除画布，并按照最初绘制的顺序重新绘制画布上的所有对象。虽然我们可能不需要重新绘制画布上的所有对象，但与直接重新绘制所有对象相比，找出哪些对象需要重新绘制要完成的工作更多。类的新设计如图 12-8 所示。此图包括我们讨论过的所有新的实例变量和方法。在 UML 中，抽象类和抽象方法是用斜体表示的。因此，在图 12-8 中，该类中的 GeometricObject 和 _draw 方法也是用斜体表示的。

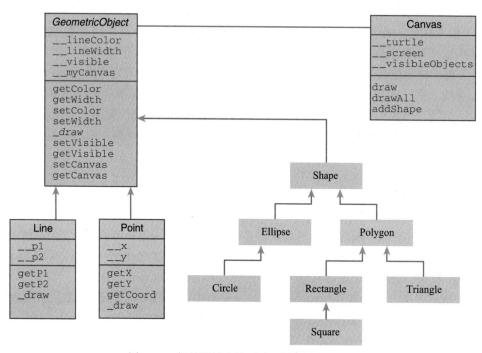

图 12-8　新的设计允许适当更改颜色和线宽

尽管我们对 Point 类和 Line 类的功能做了一些重大改进，但实际上只更改了 Canvas 类和 GeometricObject 类。程序清单 12-8 显示了 Canvas 类的新版本。相对于程序清单 12-3 中的早期实现，我们添加了两个新方法：drawAll 和 addShape。此外，还对 draw 和 __init__ 做了一些小修改。

程序清单 12-8　改进的 Canvas 类

```
1   class Canvas:
2       def __init__(self, w, h):
3           self.__visibleObjects = []      # 需要绘制的形状列表
4           self.__turtle = turtle.Turtle()
5           self.__screen = turtle.Screen()
6           self.__screen.setup(width = w, height = h)
7           self.__turtle.hideturtle()
8
9       def drawAll(self):
10          self.__turtle.reset()
11          self.__turtle.up()
12          self.__screen.tracer(0)
13          for shape in self.__visibleObjects: # 按顺序绘制所有图形
14              shape._draw(self.__turtle)
15          self.__screen.tracer(1)
16          self.__turtle.hideturtle()
17
18      def addShape(self, shape):
19          self.__visibleObjects.append(shape)
20
```

```
21      def draw(self, gObject):
22          gObject.setCanvas(self)
23          gObject.setVisible(True)
24          self.__turtle.up()
25          self.__screen.tracer(0)
26          gObject._draw(self.__turtle)
27          self.__screen.tracer(1)
29          self.addShape(gObject)
```

对 __init__ 和 draw 的修改会影响 __visibleObjects 实例变量的初始化和更新。第一次创建画布对象时，画布上绘制的对象列表将初始化为空列表。每当调用 draw 方法时，作为参数传递的 gObject 都会附加到列表的末尾。因此，画布上可见的所有对象都存储在 __visibleObjects 列表中，并保持它们的绘制顺序。

addShape 方法只是将对象添加到 __visibleObjects 列表的一种简便方法。我们不直接调用 __visibleObjects.append 的原因是，通过一致地使用 addShape 方法，将如何表示画布上绘制的对象的任何依赖项限制为一个方法。想象一下，在将来的某个时候，我们决定使用字典而不是列表来跟踪画布上的对象。如果在代码中多个位置使用 __visibleObjects.append，那么需要更改其中的每个位置以适应新的表示。但是，由于我们很明智地使用了 addShape 方法，因此只需要在一个地方更改向画布添加对象的方式。

Canvas 类中最大的变化是添加了 drawAll 方法。该方法迭代访问 __visibleObjects 列表中的所有 GeometricObject 对象，并让每个对象执行其 _draw 方法。采用这种方式，可以通过调用单个方法来重新创建画布上所有可见的图形。此循环演示面向对象程序设计中多态性的强大之处。请注意，我们不需要保留直线、点和其他形状的单独列表，只需要一个对象列表。因为每个对象都继承自 GeometricObject 并提供一个 _draw 方法，所以 Python 会为每个对象找到正确的 _draw 方法。

还要注意，drawAll 方法的第一行调用 self.__screen.reset()。屏幕的 reset 方法通过清除 turtle 对象先前绘制的所有内容来创建空白画布，并将 turtle 对象再次放置在画布的中心位置。

程序清单 12-9 显示了新的 GeometricObject 类，改进的地方不多。我们添加了两个新的设置器方法：setVisible 和 setCanvas。此外，每当对象被更改为可见时，setColor 和 setWidth 方法都被改为调用 drawAll 方法。

程序清单 12-9　改进的 GeometricObject 类

```
1   class GeometricObject(ABC):
2       def __init__(self):
3           self.__lineColor = 'black'
4           self.__lineWidth = 1
5           self.__visible = False
6           self.__myCanvas = None
7
8       def setColor(self, color):  # 修改以重新绘制可见形状
9           self.__lineColor = color
10          if self.__visible:
12              self.__myCanvas.drawAll()
13
14      def setWidth(self, width):  # 修改以重新绘制可见形状
```

```
15        self.__lineWidth = width
16        if self.__visible:
17            self.__myCanvas.drawAll()
18
19    def getColor(self):
20      return self.__lineColor
21
22    def getWidth(self):
23      return self.__lineWidth
24
25    @abstractmethod
26    def _draw(self):
27      pass
28
29    def setVisible(self, vFlag):
30      self.__visible = vFlag
31
32    def getVisible(self):
33      return self.__visible
34
35    def setCanvas(self, theCanvas):
36      self.__myCanvas = theCanvas
37
38    def getCanvas(self):
39      return self.__myCanvas
40
```

现在，运行程序清单 12-7 中的 test2 代码，结果如图 12-9 所示。结果表明，在绘制之后对 Line 对象所做的更改确实生效：line1 是红色的，line2 的宽度是 4。

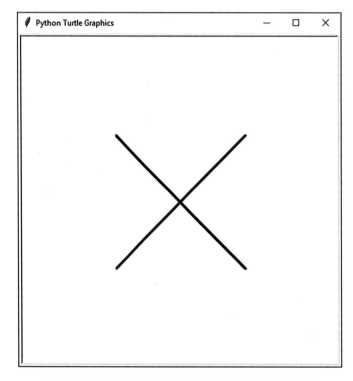

图 12-9　改进的代码允许更改颜色和线宽（见彩插）

动手实践

12.10　编写一个 undraw 方法，从画布中移除一个 GeometricObject 对象。

12.11　增加移动对象的功能。

12.12　由于每个对象现在都包含一个对绘制它的画布对象的引用，因此不再需要将对 turtle 的引用作为参数传递给 _draw。修改对应的类，以删除该参数。

12.8　实现多边形

为了关注一些关键的实现细节，我们忽略了初始继承层次结构中的大部分类。现在，我们已经能够正确地修改点和线的颜色、线宽和可见性，可以将注意力转向添加新的图形对象。正如所料，继承将使添加功能强大的新对象变得非常容易，根本无须编写大量代码。

从继承层次结构的 Shape 开始。Shape 是一个抽象类，它将保存一个实例变量，该变量让我们知道 Shape 的实例应该显示为轮廓还是使用颜色填充形状。程序清单 12-10 显示了 Shape 类也继承自 GeometricObject 类。与 GeometricObject 中的 setColor 和 setWidth 方法一样，setFill 方法也会触发一个调用来重新绘制所有可见的对象。注意，由于 Shape 类继承自抽象的 GeometricObject 类，并且没有实现 _draw 方法，因此 Shape 类也是抽象类。所以，尝试创建 Shape 类的对象将生成类型错误信息。

程序清单 12-10　**Shape 类**

```
 1    class Shape(GeometricObject):
 2        def __init__(self):
 3            super().__init__()
 4            self.__fillColor = None
 5
 6        def setFillColor(self, aColor):
 7            self.__fillColor = aColor
 8            if self.getVisible():
 9                self.getCanvas().drawAll()
10
11        def getFillColor(self):
12            return self.__fillColor
13
```

下一个要设计的类是 Polygon，它可以是抽象的，也可以是具体的。也就是说，我们可以设想创建 Polygon 类的实例对象以表示一些不规则的多边闭合形状。事实上，我们可以不涉及 Polygon，而是直接实现正方形、三角形、八角形等与多边形类似的形状。这些设计决策到底正确还是错误并没有明确的答案。如果选择将 Polygon 抽象化，那么需要为每个可能要在应用程序中使用的多边形添加显式子类。如果允许 Polygon 是具体类，那么可以实现一些子类，以便构造最常用的多边形。我们选择后一种方法，并使 Polygon 成为一个具体的类，也就是说，将实现一个 _draw 方法。

对于每个形状，必须开发的最重要的方法是 _draw。仔细考虑，可以实现一个单一的 _draw 方法来绘制任意多边形。但是如何表示多边形的形状呢？答案是用点列表来表示任何多边形。三角形的三个角对应三个点，正方形的四个角对应四个点，依此类推。除了知道多边形的点的位置外，还必须按一定的顺序指定这些点，以便可以从一个角点到另一个角点，并得到形状的轮廓。如果角点是随机排列的，结果可能会得到一堆随机线。

指定角点的顺序有两种逻辑选择：顺时针和逆时针。大多数图形系统对多边形的角点使用逆时针顺序。

逆时针顺序意味着我们可以通过在点的有序列表中相邻的点之间绘制线来绘制任何多边形。图 12-10 显示了一个具有四个点的平行四边形的例子。这四个点可以存储在一个列表中，例如 [p0, p1, p2, p3]。然后，可以从 p0 到 p1，从 p1 到 p2，从 p2 到 p3 绘制直线，因为它们在列表中是相邻的。然而，这只给了我们四条边中的三条，还必须从 p3 到 p0 绘制一条直线来完成形状的绘制。

如果按顺序指定了多边形的点 [p0, p1, p3, p2]，将得到一个完全不同的形状，它根本不是多边形。

如果要为任何多边形实现 _draw 方法，只需在点列表上迭代，让 turtle 从一个点转到另一个点。当列表中的所有点都迭代完毕时，必须让 turtle 画最后一条线回到列表中的第一个点。如果多边形具有 __fillColor 填充颜色值而不是 None，则需要在绘制第一条线之前调用 turtle 对象的 begin_fill 方法，并在绘制最后一条线之后调用 turtle 对象的 end_fill 方法。

既然已经了解了如何表示和绘制多边形，那么如何表示和绘制 Rectangle（矩形）、Triangle（三角形）和 Square（正方形）呢？这三个类的关键是如何编写构造方法。对于任意多边形，构造方法必须接受点列表。对于一个特定的多边形，可以让它更容易使用。例如，Triangle 的构造方法可以接受三个点，Square 和 Rectangle 的构造方法只需要接受两个点。

指定矩形所需的点是左下角和右上角。如果已知左下角和右上角，那么可以很容易地计算出其他两个角的位置，如图 12-11 所示（其中左下角的坐标以 LL 开头，右上角的坐标以 UR 开头）。程序清单 12-1 提供了矩形的构造方法示例。正方形的构造方法与矩形的构造方法相同，只是它应该检查所有边的长度是否相等。

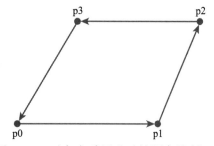

图 12-10 对角点采用逆时针顺序绘制一个正确的多边形

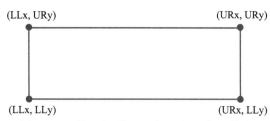

图 12-11 使用矩形左下角和右上角的信息来确定其他两个角的位置

图 12-12 描述了类层次结构的新版本。我们没有展示 Polygon 的 Python 实现，并且，实现层次结构的其余部分留给读者作为课后练习题。

动手实践

12.13 实现多边形及其子类的设计。

12.14 实现额外的多边形便捷类，例如 Square、Triangle、Rectangle 和 Octagon。（提示：这些子类只需要为特定形状设置点列表。）

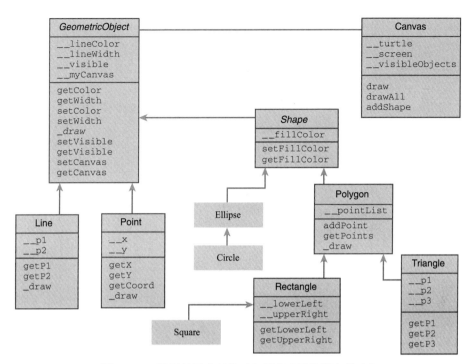

图 12-12　继承的层次结构（包括多边形的详细信息）

12.9　本章小结

在本章中，我们学习了继承，即利用类之间存在的自然关系来设计和实现类的能力。这些关系提供了组织类结构的一种方式。超类包含与对象相关的一般信息（实例变量和方法）。子类包含允许添加对象的更加具体的信息。这种父子关系称为 IS-A 关系，允许子对象在添加特定附加细节的同时拥有父对象的所有功能。当一个类的对象是另一个类的实例变量时，存在另一种称为 HAS-A 的关系，这种关系也称为组合关系。

关键术语

abstract class（抽象类）

abstract method（抽象方法）

base class（基类）

child class（子类）

composition（组合）

concrete class（具体类）

decorator（装饰器）

extends（扩展）

HAS-A relationship（HAS-A 关系）

inheritance（继承）

inheritance hierarchy（继承层次结构）

instance variables（实例变量）

IS-A relationship（IS-A 关系）

parent class（父类）

polymorphism（多态性）

subclass（子类）

superclass（超类）

Unified Modeling Language(统一建模语言，UML)

Python 关键字、方法和装饰器

@abstractmethod

class

```
object                          pass
self                            super
isinstance
```

编程练习题

12.1 设计并实现形状层次结构的 Ellipse（椭圆）类。

12.2 设计并实现 GeometricObject 层次结构的 Text 类。

12.3 使用程序清单 12-1 测试整个类集。

12.4 使用本文介绍的图形模块实现自己的场景。

12.5 使用继承重新实现第 11 章中的熊和鱼模拟。（提示：需要创建一个名为 LifeForm 的抽象类，它包含熊和鱼的共同特性。）

电子游戏

本章介绍多线程、事件处理程序、静态变量。

13.1 本章目标

- 编写事件驱动程序。
- 理解并编写回调函数。
- 理解多线程的概念。
- 讨论使用继承的另一个模式。
- 理解静态变量和静态方法。

13.2 概述

到目前为止，我们编写的程序包含开始部分、中间过程和结束部分。我们知道事情发生的顺序，因为我们以线性方式实现了这些步骤。但这并不是大多数程序的工作方式。回想一下我们日常的程序，从网络浏览器、文字处理器到电子游戏。这些程序没有开始部分、中间过程和结束部分。相反，这些程序会等待用户点击鼠标、触摸屏幕或者按键。当用户采取一些行为时，程序会响应并执行操作。这些操作的顺序是由用户决定的，而不是程序。

13.2.1 事件驱动编程

等待事件发生，然后通过采取行动对该事件做出响应的程序称为**事件驱动程序**（event-driven program）。在本章中，我们将学习如何使用 `turtle` 模块编写事件驱动程序。在编写事件驱动程序时，最重要的概念之一是**回调函数**（callback function），它与任何其他函数一样，只是它是为响应事件而设计的。

事件驱动程序的主要结构是**事件循环**，它执行以下任务：

- 检查事件队列中的下一个事件。
- 调用回调函数来处理当前事件。

图 13-1 描述了事件循环背后的思想。注意这个事件循环图和 Python 使用的 read-eval-print（读取 – 求值 – 打印）循环之间的相似性。这两种类型循环之间的一个区别是，在事件驱动编程中，我们使用**队列**（一种类似于待办事项列表的数据结构）来跟踪需要处理的事件。队列允许删除待办事项列表中的第一件事，并在列表最后添加新的事件。通过这种方式，队列按照先到先服务的策略来处理事件。在数据结构课程中，我们会学习更多有关队列及其用途的知识。

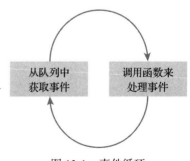

图 13-1 事件循环

13.2.2   模拟事件循环

图 13-1 中的事件循环看起来非常简单，但是图中没有显示一个重要的问题，即作为程序员，我们如何控制为特定事件调用哪个函数？当然，如果我们正在编写事件循环，我们可以使用一些 if 语句轻松实现。但是我们没有编写事件循环，我们甚至没有访问事件循环的源代码的权限，因此必须采用其他方法。

为了解决这个控制问题，事件处理系统提供了一种在特定事件发生时注册要调用的函数的方法。例如，我们可以告诉事件处理系统在用户单击鼠标时调用函数 A，在用户按键盘上的键时调用函数 B。

为了说明这一切是如何工作的，让我们编写一个事件处理系统的简单模拟。我们的事件处理器程序具有以下功能：

- 向队列中添加一个"事件"。
- 注册一个响应事件调用的函数。
- 运行模拟。

程序清单 13-1 实现了一个简单的类来演示事件处理循环。尽管代码很短，但是实现了一些主要功能。在 __init__ 方法中，我们设置了两个重要的实例变量：__queue，它包含需要处理的事件列表；__eventKeeper，它是一个将事件映射到回调函数的字典。

程序清单 13-1   一个简单的事件处理模拟程序

```
1    class EventHandler:
2        def __init__(self):
3            self.__queue = []              # 保存事件
4            self.__eventKeeper = {}        # 存储事件类型和回调函数的字典
5
6        def addEvent(self, eventName):
7            self.__queue.append(eventName)
8
9        # 指定事件发生时调用的函数
10        def registerCallback(self, event, func):
11            self.__eventKeeper[event] = func
12
13        def run(self):
14            while (True):       # 无限循环
15                if len(self.__queue) > 0:
16                    nextEvent = self.__queue.pop(0) # 队列中的第一个事件
17                    self.__eventKeeper[nextEvent]() # 运行回调函数
18                else:
19                    print('queue is empty')
```

registerCallback 方法（第 9 ～ 11 行代码）允许我们指定事件类型和事件发生时要调用的函数。然后，该方法将字典项添加到 __eventKeeper 实例变量中。假设我们有两个事件：'mouse' 和 'key'。我们可以在 __eventKeeper 中使用字符串 'mouse' 作为键来存储一个对鼠标事件的回调函数的引用。类似地，我们可以在 __eventKeeper 中使用字符串 'key' 来存储一个对键事件的回调函数的引用。

addEvent 方法允许我们向事件队列添加事件。新事件被附加到队列的末尾，并且遵循事件的先到先服务顺序。

> **摘要总结**   事件队列以先到先服务的方式处理事件。新事件将添加到队列的末尾，需要处理的事件将从队列的前端删除。

run 方法执行事件处理。如果事件队列不为空，则检索事件队列中的第一个事件。回想一下，列表方法 pop 将删除并返回列表中的第 i 项。所以我们使用 pop(0) 来检索事件队列中的第一个项（第 16 行代码）。

若要为下一个事件调用正确的回调函数，我们可以使用看起来相当奇怪的表达式 self__eventKeeper['mouse']() 来调用函数（第 17 行代码）。如果我们拆分这个表达式，它就不会那么神秘了。方括号告诉 Python 在 __eventKeeper 字典中查找键 'mouse'。字典查找返回对所存储函数的引用。最后，() 让 Python 知道它应该将被引用对象作为函数调用。

让我们尝试运行上述事件模拟程序。读者可以根据会话 13-1 进行练习。首先，我们将定义两个回调函数。我们将分别调用函数 myMouse 和 myKey 来处理鼠标事件和按键事件。尽管这两个函数很简单，但请记住，它们可以按照我们的要求执行任何操作。其次，我们将向事件处理程序注册回调函数。第三，我们将使用 addEvent 方法添加一些事件。

会话 13-1　测试事件处理模拟程序

```
>>> def myMouse():
        print('Oh no, the mouse was clicked!')

>>> def myKey():
        print('A key has been pressed.')

>>> eh = EventHandler()
>>> eh.registerCallback('key', myKey)
>>> eh.registerCallback('mouse', myMouse)
>>> eh.addEvent('mouse')
>>> eh.addEvent('key')
>>> eh.addEvent('mouse')
>>> eh.run()
Oh no, the mouse was clicked!
A key has been pressed.
Oh no, the mouse was clicked!
queue is empty
queue is empty
queue is empty
...
```

注册回调函数并将一些事件添加到队列中后，我们将告知事件处理程序可以运行程序了。注意，run 方法执行了以前从未尝试的操作：它进入了一个无限循环。在每次迭代中，我们检查事件队列的长度，以查看它是否包含事件项。如果事件队列中存在事件项，则删除第一个事件项并调用相应的回调函数。如果事件队列为空，则打印消息“queue is empty”（队列为空）。

> **摘要总结**　记住要注册所有需要处理的事件。

当我们运行这个事件模拟程序时，在输出前三条消息之后，将循环输出消息“queue is empty”（队列为空），直到用户按 CTRL-C 停止程序运行为止。

13.2.3　多线程事件循环

如前所示，程序清单 13-1 中的代码存在一个问题：一旦调用 run 方法，程序就会进入无限循环。将要处理的唯一事件是在调用 run 方法之前放置在事件队列中的事件。在现实世界中，情况并非如此：事件循环与能够将事件放入事件队列的其他代码同时运行。术语**多线程**（multithreaded）程序意味着一个程序可以同时触发多个事件。所有现代桌面应用程序都是多线程应用程序，包括 `turtle` 模块。

图 13-2 描述了单线程和多线程执行之间的区别。在最上面的序列中，只有一个执行线程，这意味着一旦启动 run 方法，就不会发生其他事情。在演示多线程的底部序列中，start 调用启动一个新线程并在新线程内调用 run 方法。新线程与旧线程并行运行。通过两个执行线程，可以在一个线程中添加事件，而在另一个线程中执行 run 方法。

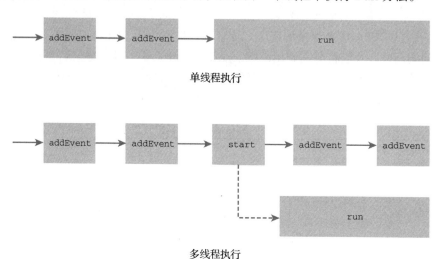

图 13-2　单线程执行和多线程执行的比较

继承使得将单线程 EventHandler 类轻松转换为多线程类成为可能。我们可以让 EventHandler 类继承 Thread 类，从而使其多线程化。这是一个非常强大的模式，当我们实现电子游戏时，我们将重新讨论这个话题。现在，我们仅讨论程序清单 13-2 中所示的代码。注意，程序清单 13-1 和程序清单 13-2 之间只做了一些小的修改。第一处修改是从 threading 模块导入 Thread 类。第二处修改是导入了 time 模块。第三处修改是在类声明中：EventHandler 直接继承 Thread 而是 object。

程序清单 13-2　一个多线程事件处理模拟程序

```
1    from threading import Thread
2    import time
3
4    class EventHandler(Thread):       # 继承 Thread 类
5        def __init__(self):
6            super().__init__()
7            self.__queue = []
8            self.__eventKeeper = {}
9
10       def addEvent(self, eventName):
11           self.__queue.append(eventName)
12
13       def registerCallback(self, event, func):
14           self.__eventKeeper[event] = func
15
16       def run(self):                # 开始调用该方法
17           while (True):
```

```
18              if len(self.__queue) > 0:
19                  nextEvent = self.__queue.pop(0)
20                  callBack = self.__eventKeeper[nextEvent]
21                  callBack()          # 调用注册的事件处理函数
22              else:
23                  time.sleep(1)    # 休眠 1 秒钟
```

当一个类继承自 Thread 类时，有以下两种方法用于指定在创建新线程时需要运行的代码。第一种方法是提供包含运行代码的 run 方法。第二种方法是将函数传递给 Thread 类的构造方法。我们已经在一个名为 run 的方法中定义了事件处理程序代码，因此我们将使用第一种方法。

通过继承 Thread 类，我们获得了对重要的 start 方法的访问权，该方法创建一个新线程并在该新线程内调用类的 run 方法。表 13-1 描述了 run 方法和 start 方法。

表 13-1　Thread 类的 run 方法和 start 方法

方法	描述
run()	包含执行线程工作代码的方法。子类提供了它自己的方法实现
start()	创建线程并调用线程的 run 方法。每个线程只能调用此方法一次

一旦 run 方法开始运行，它就和以前一样进入一个无限循环。但是，在此版本中，如果事件队列为空，则调用 time.sleep 方法。time.sleep 方法使线程暂停指定的秒数，而这个秒数是作为参数传递的。sleep 方法参见表 13-2。

表 13-2　time 类的 sleep 方法

方法	描述
sleep(n)	休眠 n 秒钟

我们可以测试事件循环的多线程版本，如会话 13-2 所示。正如所见，一旦调用了 start 方法，三个原始事件就会像以前一样被处理。但是，随着 run 方法在其自己的线程中执行，我们现在可以键入将由原始线程执行的其他 Python 语句。另外，由于两个线程同时运行，我们可以看到主 Python 的 read-eval-print 循环的输出与事件处理程序的输出重叠在一起。

会话 13-2　多线程事件循环示例

```
>>> eh = EventHandler()
>>> eh.addEvent('mouse')
>>> eh.addEvent('key')
>>> eh.addEvent('mouse')
>>> eh.registerCallback('key', myKey)
>>> eh.registerCallback('mouse', myMouse)
>>> eh.start()
Oh no, the mouse was clicked!
>>>
A key has been pressed.
Oh no, the mouse was clicked!
eh.addEvent('mouse')
>>> Oh no, the mouse was clicked!
eh.addEvent('key')
>>> A key has been pressed.
eh.addEvent('mouse')
>>> Oh no, the mouse was clicked!
```

动手实践

13.1 为 'mouse' 和 'key' 事件编写读者自己的回调函数。向 EventHandler 注册这些事件并重新运行事件模拟程序。

13.2 添加一个名为 'timer' 的第三个事件类型。为计时器提供一个简单的回调函数。

13.3 绘制一个引用关系图,说明回调函数的字典是如何工作的。

13.4 设计一种修改事件模拟程序的方法,如果有一个键事件,那么可以将键的名称作为参数传递给回调函数。

13.5 设计一种修改事件模拟程序的方法,定义一个鼠标事件,并将鼠标的模拟窗口坐标传递给回调函数。

13.6 修改事件模拟程序以支持计时器事件。添加计时器事件时,应该提供计时器终止前的秒数。当计时器关闭时,应该调用计时器回调函数。

13.3 基于 turtle 的事件驱动编程

turtle 模块提供三种方法来注册对按键事件、鼠标事件和计时器事件的回调函数:

- onkey
- onclick
- ontimer

此外,listen 方法用于为 turtle 画布提供焦点,以便事件处理程序能够响应按键。每个方法都约定了其接收的参数。表 13-3 描述了为事件注册回调函数的方法,以及 listen 方法。

表 13-3 注册回调函数的 **Turtle** 方法

onkey(function, key)	将函数绑定到按键事件。在按指定键时调用该函数。function 必须是没有参数的函数。key 是表示键盘上键的字符串。键盘必须有焦点(参见 listen)。将 None 作为函数参数传递可以取消回调
onclick(function, btn=1, add=None)	将函数绑定到鼠标单击事件。当按下鼠标按钮时调用该函数。请注意,function 必须接受两个参数,这两个参数将是单击按钮时鼠标的 (x, y) 坐标位置。btn 参数指定鼠标按钮,1 是左键。如果 add 为 True,将添加一个新的回调;否则该函数将替换以前的回调。将 None 作为函数参数传递可以取消回调
ontimer(function, time=0)	将函数绑定到计时器事件。函数将在 time 毫秒后调用一次。function 必须定义为不带参数的函数
listen(x=None, y=None)	设置焦点为当前 turtle 的画布,以便可以监听按键事件。在调用此函数之前,将无法识别按键事件。listen 方法被定义为接受两个伪参数,以便可以将 listen 绑定到鼠标单击事件

我们的电子游戏将使用这三种回调函数类型来实现。在本节中,我们将更进一步地研究这些回调函数的使用方法。

13.3.1 一个使用按键的简单蚀刻素描程序

让我们通过创建一个简单的绘图程序来开始对事件驱动 turtle 程序设计的研究。在这个程序中，用户只需使用四个方向键就可以绘图。每个方向键的功能如下：

- `Up`（上方向键）：turtle 前进 5 个像素。
- `Left`（左方向键）：turtle 逆时针旋转 10 度。
- `Right`（右方向键）：turtle 顺时针旋转 10 度。
- `Down`（下方向键）：turtle 后退 5 个像素。

此外，按"q"键将导致程序退出。请注意，箭头键的特殊名称是 `Up`、`Left`、`Right`、`Down`，分别对应于方向键上箭头的方向。

turtle 模块允许我们使用屏幕对象的 onkey 方法为任意键添加回调函数。这个方法有两个参数：函数的引用、按键的名称。例如，`myScreen.onkey(myKey,'a')` 设置回调，以便当用户按下"a"键时，调用函数 myKey。这种方法允许我们为键盘上的每个键设置不同的回调函数。

这里存在一个重要的问题：如何传递参数？我们采取的第一个解决方案是让左方向箭的回调函数调用 turtle 方法 left。但是 left 方法需要一个参数。也许我们会认为解决方案是使用 `myScreen.onkey(myTurtle.left(5),'Left')` 设置回调，但这会导致错误。为什么？如果考虑 Python 如何对语句进行求值，就会意识到通过赋值调用的参数传递将对传递给函数的参数进行求值。Python 实际上会尝试对 `myTurtle.left(5)` 进行求值，并将返回值 None。然而，onkey 方法希望接收一个对函数的引用。

在 turtle 模块中，按键的回调函数不能接收任何参数。因此，我们必须用零参数实现回调，并让它们使用适当的参数调用 turtle 方法。基于上述讨论，我们将为程序编写五个回调函数：对应于四个方向的回调函数以及对应于"q"键的回调函数。对于方向箭，回调函数非常简单，因为只需要调用适当的 turtle 函数。回调函数如程序清单 13-3 的第 19 ～ 32 行代码所示。

程序清单 13-3　一个简单的绘图程序

```
1    import turtle
2
3    class Etch:
4        def __init__(self):
5            self.__myT = turtle.Turtle()
6            self.__myScreen = turtle.Screen()
7            self.__myT.color('blue')
8            self.__myT.pensize(2)
9            self.__myT.speed(0)
10           self.__distance = 5
11           self.__turn = 10
12           self.__myScreen.onkey(self.fwd, "Up")
13           self.__myScreen.onkey(self.bkwd, "Down")
14           self.__myScreen.onkey(self.left, "Left")
15           self.__myScreen.onkey(self.right, "Right")
16           self.__myScreen.onkey(self.quit, "q")
17           self.__myScreen.listen()
18
19       def fwd(self):
20           self.__myT.forward(self.__distance)
21
22       def bkwd(self):
23           self.__myT.backward(self.__distance)
24
25       def left(self):
```

```
26                self.__myT.left(self.__turn)
27
28        def right(self):
29                self.__myT.right(self.__turn)
30
31        def quit(self):
32                self.__myScreen.bye()
33
34        def main(self):
35                turtle.mainloop()
```

上述程序中最有趣的部分是 `__init__` 方法。在这个方法中，我们创建一个 turtle 对象，初始化它的颜色，创建一个屏幕，并设置回调函数。`__init__` 的最后一行调用屏幕的对象方法 `listen`，用于通知屏幕开始监听键盘事件。

最后一个方法是 main，它只调用了 `turtle.mainloop` 函数。至此，我们可能已经猜到 mainloop 用于启动 turtle 的事件循环，以便 turtle 可以处理事件。turtle 图形程序中的最后一条语句必须调用该语句。表 13-4 描述了 mainloop 方法。

表 13-4　`mainloop` 方法

方法	说明
`mainloop()`	启动 turtle 事件处理程序，以便 turtle 图形程序能够响应事件。此方法调用必须是 turtle 图形程序中的最后一条语句

为了运行这个简单的绘图程序，我们可以导入程序清单 13-3 中定义的 Etch（蚀刻）类，然后执行会话 13-3 中显示的命令。

会话 13-3　运行绘图程序

```
>>> draw = Etch()
```

一旦程序运行后，我们就可以通过按键盘上的方向键在窗口中移动 turtle 来绘制图形。

程序清单 13-3 中的程序使用组合模式（一种面向对象的程序设计风格），其中 Etch 类使用一个 turtle 对象来完成大部分工作，因此“HAS-A”引用一个 turtle 对象作为实例变量。这种方法是程序设计的一种常见且有效的方法。但是，在考虑这个问题时，我们可以应用继承的概念。这个问题的继承观点认为 Etch 类“IS-A”（是）一种特殊的 Turtle，因此，我们的 Etch 类将继承自 Turtle。

程序清单 13-4 展示了如何使用继承实现我们的绘图程序。这个程序和前一个程序的主要区别在于，我们没有在 Etch 类中显式地创建对 turtle 对象的引用，因为现在的 Etch 类“IS-A”（是）一种特殊的 Turtle。所以，第 5 ~ 6 行代码创建了窗口和 Etch 对象的 Turtle。请注意，这也简化了代码的其余部分，因为我们现在可以直接调用 `self.forward` 而不是 `self.__myT.forward`。

程序清单 13-4　使用继承实现的绘图程序

```
1    from turtle import Turtle, mainloop
2
3    class Etch(Turtle):
4        def __init__(self):
```

```
 5              super().__init__()
 6              self.__screen = self.getscreen()
 7              self.color('blue')
 8              self.pensize(2)
 9              self.speed(0)
10              self.__distance = 5
11              self.__turn = 10
12              self.__screen.onkey(self.fwd, "Up")
13              self.__screen.onkey(self.bkwd, "Down")
14              self.__screen.onkey(self.left10, "Left")
15              self.__screen.onkey(self.right10, "Right")
16              self.__screen.onkey(self.quit, "q")
17              self.__screen.listen()
18              self.main()
19
20          def fwd(self):
21              self.forward(self.__distance)
22
23          def bkwd(self):
24              self.backward(self.__distance)
25
26          def left10(self):
27              self.left(self.__turn)
28
29          def right10(self):
30              self.right(self.__turn)
31
32          def quit(self):
33              self.__screen.bye()
34
35          def main(self):
36              mainloop()
37
38      if __name__ == '__main__':
39          etch = Etch()
```

　　关于Etch类的实现，既不是绝对的"正确"，也不是绝对的"错误"，也就是说，程序清单13-3和程序清单13-4中的程序用于实现相同的目标，只是使用了两种不同的方法，各有利弊。

动手实践

13.7　在Etch程序中添加一个新的按键事件，以允许turtle抬起或者放下尾巴。

13.8　在Etch程序中添加按键事件和reset函数，以允许清除屏幕并将turtle返回原位。

13.9　通过使用多态性和默认参数，可以使程序清单13-4中的Etch程序更加简洁。我们可以使用距离的默认参数定义forward方法，而不是实现一个fwd方法调用self.forward。forward方法的实现将使用super函数并且传递默认参数来调用turtle对象的forward实现。使用带有默认参数的forward、backward、left和right重新实现Etch程序。

13.3.2　使用鼠标单击放置turtle

　　本节将继续研究事件驱动编程，讨论程序如何响应鼠标单击事件。若要为鼠标单击事件设置回调，我们可以调用onclick方法，并在每次单击鼠标时将要调用的函数传递给该方法。按键回调和鼠标回调的主要区别在于，我们编写的处理鼠标回调的函数必须接受两个参数，即单击鼠标时光标所在位置的 x 和 y 坐标。

作为第一个例子，我们将编写一个应用程序来将 turtle 放置在窗口中。无论用户在何处单击鼠标，都会出现一个新 turtle。允许用户创建的 turtle 数量在程序启动期间作为参数传递。一旦 turtle 数量达到最大值，就不应该再创造新 turtle。

为了解决这个问题，我们创建了一个名为 TurtlePlace 的类，它包含三个方法（具体请参见程序清单 13-5）。__init__ 方法创建初始窗口，不幸的是也创建了一个初始 turtle。我们把这个初始 turtle 隐藏起来。__init__ 方法还调用 onclick 将 placeTurtle 注册为每当单击鼠标时需要调用的方法。此外，__init__ 方法还设置了一个 turtle 计数器，这样我们就可以随时跟踪总共创建了多少个 turtle。最后，第三个方法，称为 drawField，为 turtle 绘制一个矩形。设置工作完成后，__init__ 方法调用 mainloop 开始处理事件。

程序清单 13-5　一个放置 turtle 的程序

```
1   from turtle import Turtle, mainloop
2   import random
3
4   class TurtlePlace:
5       def __init__(self, maxTurtles, hWall = 200, vWall = 200):
6           self.__bigT = Turtle()
7           self.__bigTscreen = self.__bigT.getscreen()
8           self.__bigT.color('blue')
9           self.__turtleList = []
10          self.__bigTscreen.onclick(self.placeTurtle)
11          self.__bigT.hideturtle()
12          self.__numTurtles = 0
13          self.__maxTurtles = maxTurtles
14          self.__hWall = hWall
15          self.__vWall = vWall
16          self.drawField()
17          mainloop()
18
19      def placeTurtle(self, x, y):
20          newT = Turtle()
21          newT.hideturtle()
22          newTscreen = newT.getscreen()
23          newTscreen.tracer(0)
24          newT.up()
25          newT.goto(x, y)
26          newT.shape('turtle')
27          newT.showturtle()
28          newT.setheading(random.randint(1, 359))
29          newTscreen.tracer(1)
30          self.__numTurtles = self.__numTurtles + 1 # turtle 计数器
31          self.__turtleList.append(newT)
32          if self.__numTurtles >= self.__maxTurtles:
33              self.__bigTscreen.onclick(None)  # 移除事件处理函数
34
35      def drawField(self):
36          self.__bigTscreen.tracer(0)
37          self.__bigT.up()
38          self.__bigT.goto(-(self.__hWall), -(self.__vWall))
39          self.__bigT.down()
40          for i in range(4):
```

```
41                     self.__bigT.forward(2 * self.__hWall)
42                     self.__bigT.left(90)
43             self.__bigTscreen.tracer(1)
```

placeTurtle 方法在窗口的位置（x，y）创建一个新的 turtle。它会更新创建的 turtle 数量，给 turtle 一个随机的标题，并给 turtle 一个奇特的形状。最后，placeTurtle 检查是否目前为止已经创建的 turtle 数量达到了 maxTurtles。如果达到了对 turtle 数量的限制，那么 placeTurtle 调用 onclick 并将 None 作为需要调用的函数传递。向 onclick 函数传递 None 有效地取消了回调机制，这样在单击鼠标时就不会再调用 placeTurtle。

为了测试 TurtlePlace 实现，我们只需创建一个 TurtlePlace 实例，将最大 turtle 数作为参数传递。因为 __init__ 方法的最后一行调用 mainloop，所以 __init__ 永远不会返回，同时启动事件循环处理。

动手实践

13.10　修改 placeTurtle 方法，限制只能在边界框内放置 turtle。

13.11　修改 TurtlePlace 类，以便在创建所有 turtle 之后，随后的鼠标单击会导致所有 turtle 转向并向鼠标单击的位置点移动 10 个单位。

13.12　为 Etch 程序添加一个 onclick 事件，使 turtle 移动到鼠标被单击的位置。

13.13　修改第 12 章中的绘图包，以允许用户将几何对象放置在画布上。

13.14　创建一个程序，通过一组点绘制回归线。用户应该能够在窗口中单击以创建一组点。当用户在窗口的某个位置单击时，程序应该计算并绘制一条这些点的最佳拟合线。我们可以在第 4 章中找到计算回归线所需的方程式。

13.3.3　弹跳的 turtle

本节将讨论最后一个 turtle 事件处理程序 ontimer。我们将使用一个计时器来实现在窗口中使用 TurtlePlace 程序放置的 turtle 动画。ontimer 方法接受两个参数：回调函数，以及调用回调函数前等待的毫秒数。计时器回调函数不带参数。

在本节的程序中，我们希望能够移动在上一节中放置的 turtle。我们可以每隔几毫秒调用 forward 方法来设置 turtle 的动画。此外，我们还希望 turtle 在移动时能从一个想象的边界框的边壁上弹跳回来，并彼此分开。

我们可以使用几种不同方法来解决这个问题。第一个解决方案是利用 self.__turtleList 实例变量，该变量跟踪所有已创建的 turtle。每隔若干毫秒，一个计时器回调函数就会遍历列表中的 turtle，并对每个 turtle 调用 forward 方法。这种方法使用组合模式。

另一种解决方案依赖于继承。假设我们创建了一种特殊的 turtle，称为 AnimatedTurtle。一旦创建了一个 AnimatedTurtle 对象，它就会自动开始在边界框周围游荡，如果碰到边界框边壁和其他 turtle，则反弹开来。

因为 AnimatedTurtle 类并不像普通 turtle 那样受控制，所以我们不会添加任何希望用户调用的方法。为此，我们采用双下划线开头的命名方法，以便在 AnimatedTurtle 类之外的代码中隐藏这些方法。回想一下，以双下划线开头的名称会被 Python 隐藏（mangling）；隐藏的名称除类的函数外不可见。

需要注意 AnimatedTurtle 类程序清单 13-6 中的第 9 行代码，该行代码调用 ontimer 方法设置回调函数为 __moveOneStep 方法，从而导致该方法在 100 毫秒后被执行。

程序清单 13-6　一个实现动画 turtle 的类

```
1    class AnimatedTurtle(Turtle):
2        def __init__(self, hWall, vWall):
3            super().__init__()
4            self.__scr = self.getscreen()
5            self.__xMin = -vWall
6            self.__xMax = vWall
7            self.__yMin = -hWall
8            self.__yMax = hWall
9            self.__scr.ontimer(self.__moveOneStep, 100)
10
11       def __moveOneStep(self):
12           self.__computeNewHeading()
13           self.forward(5)
14           self.__scr.ontimer(self.__moveOneStep, 100)
15
16       def __computeNewHeading(self):
17           xPos, yPos = self.position()
18           oldHead = self.heading()
19           newHead = oldHead
20
21           if xPos > self.__xMax or xPos < self.__xMin:
22               newHead = 180 - oldHead
23           if yPos > self.__yMax or yPos < self.__yMin:
24               newHead = 360 - oldHead
25           if newHead != oldHead:
26               self.setheading(newHead)
```

__moveOneStep 方法调用 __computeNewHeading 方法来检查 turtle 是否碰撞到一个边界框的边壁上。如果发生了碰撞，那么 __computeNewHeading 方法将 turtle 旋转 180 度；如果没有发生碰撞，__moveOneStep 方法将 turtle 向前移动 5 个单位。注意，计时器回调只对一个间隔有效；它不会重复。因此，我们在 __moveOneStep 方法中的最后操作是重置计时器回调，使其在 100 毫秒后再次执行。

注意事项　ontimer 回调在时间间隔到期时只调用一次；它不会重复。回调代码通常会重新注册另一个时间间隔的回调。

为了将 TurtlePlace 类与 AnimatedTurtle 类有效集成，我们需要修改 TurtlePlace 方法，以便其创建 AnimatedTurtle 对象而不是普通的 Turtle 对象。AnimatedTurtle 还要求我们将其边界值作为参数传递。新的 placeTurtle 方法如程序清单 13-7 所示，其中只有第 2 行与程序清单 13-5 中同一方法的代码不相同。

程序清单 13-7　修改后的 placeTurtle 方法

```
1    def placeTurtle(self, x, y):
2        newT = AnimatedTurtle(self.__hWall, self.__vWall)
```

```
3          newT.hideturtle()
4          newTscreen = newT.getscreen()
5          newTscreen.tracer(0)
6          newT.up()
7          newT.goto(x, y)
8          newT.shape('turtle')
9          newT.color('green')
10         TnewT.showturtle()
11         newT.setheading(random.randint(1, 359))
12         newTscreen.tracer(1)
13         self.__numTurtles = self.__numTurtles + 1
14         self.__turtleList.append(newT)
15         if self.__numTurtles >= self.__maxTurtles:
16             self.__bigTscreen.onclick(None)
```

为此，我们必须同时导入修改后的 TurtlePlace 和 AnimatedTurtle 类。一旦类被导入，我们就可以通过键入以下代码启动整个程序：

```
TurtlePlace(5, 200, 200).
```

此语句创建 TurtlePlace 类的一个新实例，该实例允许我们在一个大小为 400×400 单位的边界框中创建五个新 turtle。

当 turtle 从边界框边壁上反弹回来，如果此时正好和其他 turtle 的路线交汇，那么它们会相互直接穿过对方。显然，这不是一个真实的 turtle 行为模拟。下一步，我们将修改程序使其更加真实，即为 turtle 添加相互反弹的功能。

这部分解决方案没有什么特别的奥秘。为了查明一个 turtle 是否"击中"了另一个 turtle，我们需要检查移动中的 turtle 与所有其他 turtle 之间的距离。我们可能会想，这个问题存在某种非常优雅的解决方案。事实上，对于这个应用程序，使用简单的暴力算法对所有其他 turtle 进行检查将非常有效。

问题是如何追踪所有的 turtle。当然，我们可以使用一个列表，但是把列表放在哪里呢？谁负责将 turtle 添加到列表中？如何确保每个 AnimatedTurtle 都可以访问所有其他 turtle 的列表？我们可以在 TurtlePlace 类中使用 turtleList 实例变量，但是每个动画 turtle 都需要有对 TurtlePlace 实例的引用。

答案是使用一个**静态变量**——一个由类的所有实例共享的变量，该变量对类中的所有方法都可用。程序清单 13-8 在第 3 行代码中创建了一个静态变量。正如所见，静态变量定义在类内部，但位于所有方法定义的外部。

> **摘要总结**　静态变量具有以下特点：
> - 由类的所有实例共享。
> - 在类定义内部定义，但位于所有方法定义的外部。
> - 使用类名而不是 self 引用。

程序清单 13-8　带 turtle 之间碰撞检测的 AnimatedTurtle 类

```
1   class AnimatedTurtle(Turtle):
2
3       __allTurtles = []
4
5       def __init__(self, hWall, vWall):
```

```
 6          super().__init__()
 7          self.__scr = self.getscreen()
 8          self.__xMin = -vWall + 10
 9          self.__xMax = vWall - 10
10          self.__yMin = -hWall + 10
11          self.__yMax = hWall - 10
12          self.__scr.ontimer(self.__moveOneStep, 100)
13          AnimatedTurtle.__allTurtles.append(self)
14
15      def __moveOneStep(self):
16          self.__computeNewHeading()
17          self.forward(5)
18          self.__checkCollisions()
19          self.__scr.ontimer(self.__moveOneStep, 100)
20
21      def __computeNewHeading(self):
22          xPos, yPos = self.position()
23          oldHead = self.heading()
24          newHead = oldHead
25
26          if xPos > self.__xMax or xPos < self.__xMin:
27              newHead = 180 - oldHead
28          if yPos > self.__yMax or yPos < self.__yMin:
29              newHead = 360 - oldHead
30          if newHead != oldHead:
31              self.setheading(newHead)
32
33      def __checkCollisions(self):
34          for otherT in AnimatedTurtle.__allTurtles:
35              if self != otherT:
36                  if self.distance(otherT) < 20: # 如果靠近，则反转方向
37                      tempHeading = self.heading()
38                      self.setheading(otherT.heading())
39                      otherT.setheading(tempHeading)
40                      while self.distance(otherT) < 20: # 移开
41                          self.forward(1)
42                          otherT.forward(1)
```

定义了静态变量 __allTurtles 后，__init__ 方法可以使用语句 AnimatedTurtle.__allTurtles.append(self) 将新的 turtle 对象添加到此列表中。类似地，__checkCollisions 方法现在可以通过引用变量 AnimatedTurtle.__allTurtles 来访问所有 turtle 的列表。注意，当我们引用一个静态变量时，我们使用类名而不是 self。静态变量方法的优点在于，它将所有活动 turtle 的计数保留在 AnimatedTurtle 类中。

为了计算两个 turtle 之间的近似距离，我们将使用 turtle 模块提供的 distance 方法；该方法计算两个 turtle 中心点之间的距离。为了使模拟看起来更逼真，我们需要考虑包围这两个 turtle 的圆圈边缘之间的距离。换而言之，如果圆圈的边缘相接触，我们就认为这两个 turtle 已经相撞了。

基于上述考虑，请观察程序清单 13-8 中的 __checkCollisions 方法。此方法使用两个循环。一个循环迭代 AnimatedTurtle.__allTurtles 列表中的所有 turtle。语句 if self != otherT 确保我们不会计算使用两个不同引用的同一个 turtle 对象之间的距离。如果 turtle 离得太近，它们就会通过相互交换方向而相互弹回。这种行为假设 turtle 在完全弹性的碰撞中碰撞，在现实中本质上可能不是这样，但这是为了简化程序设计。使用一个 while 循环将 turtle 沿着新的方向向前移动，以确保它们不再处于碰撞

距离内。如果我们省略 while 循环，那么程序可能会生成一些看起来很有趣的模拟，其中 turtle 可能会在短时间内黏着在一起。

图 13-3 显示了五个 turtle 在屏幕上以不同的方向移动的样子。

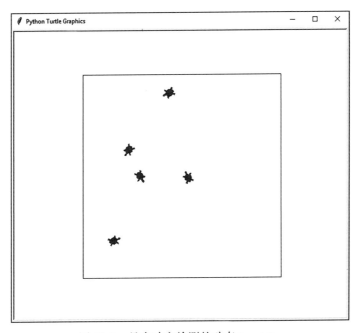

图 13-3　具有冲突检测的动态 turtle

动手实践

13.15 修改 __init__ 方法，给每个新 turtle 设置一个随机颜色。

13.16 在 AnimatedTurtle 类中添加 start 和 stop 方法。

13.17 添加一个 speed 方法，允许我们通过更改传递给 ontimer 方法的毫秒数来更改 turtle 的速度。

13.18 将按"q"键事件添加到弹跳 turtle 程序中；即当用户按下"q"键时，程序应退出。

13.19 将鼠标事件添加到弹跳 turtle 程序中，以便如果用户单击正在移动的 turtle，turtle 会停止；相反，如果用户单击已停止的 turtle，turtle 会启动。

13.20 重写弹跳 turtle 程序，使用组合模式而不是继承机制。完成后比较两种解决方案，各自的优缺点是什么？

13.4　创建自己的电子游戏

现在，我们应该已经很好地理解了使用 turtle 模块的事件驱动编程的方法。我们将在这一章结束时，把所有的东西组合在一起，创建一个简单的电子游戏——我们自己的旧版太空入侵者游戏，外星人出现在天空中，我们必须在他们到达地面前用激光炮向他们射击。然而，在本节的游戏中，无人机将出现在天空中，而不是外星人。

图 13-4 显示了正在运行的游戏的屏幕截图。在图中，注意我们将通过实现三个主要的对象来开发电子游戏。在窗口的底部中心是激光炮，这是通常的 turtle 三角形。无人机是

敌人，小圆圈是激光炮发射的炮弹。这三个对象将成为我们的主要类：LaserCannon（激光炮）、Drone（无人机）和 Bomb（炮弹）。每个类都继承自 Turtle 类，因此我们可以像 Turtle 一样控制游戏的每个元素。每个对象的不同外观来自使用 turtle 的 shape 方法，该方法允许我们使用图像文件，甚至使用我们自己绘制的形状来表示 turtle。

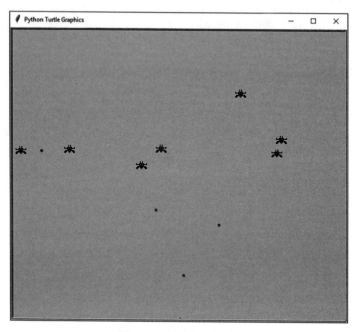

图 13-4　无人机入侵者

接下来是确定每个类的功能。LaserCannon（激光炮）必须执行两个操作：

- 瞄准无人机。
- 发射炮弹。

Bomb（炮弹）必须执行三个操作：

- 在发射的方向上移动。
- 检测炮弹是否击中无人机。
- 检测炮弹是否消失在窗口外。

Drone（无人机）必须执行两个操作：

- 从屏幕的顶部向底部移动。
- 检测是否抵达屏幕底部。

上述高级描述设计如图 13-5 所示，遵循标准的 UML 实践，抽象类 BoundedTurtle 及其两个抽象方法 move 和 remove 使用斜体表示。同样，与 UML 的标准实践一样，在 Drone 类中，静态变量 droneList 和静态方法 getDrones 使用下划线表示。

13.4.1　**LaserCannon** 类

本节将讨论 LaserCannon 类的实现细节（参见程序清单 13-9）。在学习了上一节中的弹跳 turtle 示例之后，我们对 LaserCannon 类的实现代码应该感到并不陌生。LaserCannon 将作为我们最初的 turtle，因此它将为后来的所有其他 turtle 创建一个窗口。在 `__init__` 方法中，我们创建一个 `turtle` 对象并设置三个回调函数：`aim`、`shoot` 和 `quit`。单击鼠标会调用 `aim` 方法。`aim` 方法将激光炮转向鼠标被点击的光标位置。当用户按下 "`s`" 键时调用 `shoot` 方法。`shoot` 方法的代码非常简短：它只是创建一个新的 `Bomb` 对象。如程序清单 13-12 所示，`Bomb` 的构造方法负责剩下的工作。

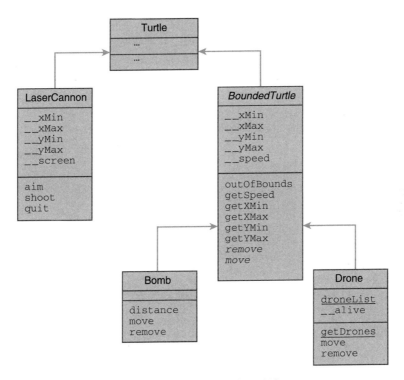

图 13-5　无人机入侵者的设计

程序清单 13-9　`LaserCannon` 类

```
1   class LaserCannon(Turtle):
2       def __init__(self, xMin, xMax, yMin, yMax):
3           super().__init__()
4           self.__xMin = xMin
5           self.__xMax = xMax
6           self.__yMin = yMin
7           self.__yMax = yMax
8           self.__screen = self.getscreen()
9           self.__screen.onclick(self.aim)
10          self.__screen.onkey(self.shoot, 's')
11          self.__screen.onkey(self.quit, 'q')
12
13      def aim(self, x, y):
14          heading = self.towards(x, y)
15          self.setheading(heading)
16
17      def shoot(self):
18          Bomb(self.heading(), 5, self.__xMin, self.__xMax,
19                                 self.__yMin, self.__yMax)
20
21      def quit(self):
22          self.__screen.bye()
```

13.4.2 `BoundedTurtle` 类

BoundedTurtle 类是一个抽象类，它将是 Drone 类和 Bomb 类的超类。一般 Turtle 和 BoundedTurtle 的区别在于，BoundedTurtle 知道自己是否超出窗口边界。当 turtle 超出窗口边界时，它就会消失。

程序清单 13-10 显示了 BoundedTurtle 类的代码。在 outOfBounds 方法中，语句 "xPos, yPos = self.position()" 等价于两个分别获取 turtle 的 x 和 y 坐标的语句。turtle 的 position 方法返回一个元组，但是赋值语句将元组中的各元素拆分并将相应的元素赋给左侧的变量。outOfBounds 方法返回 True 或者 False，具体取决于 turtle 是否已超出窗口边界。

程序清单 13-10　检测是否超出窗口边界的 `BoundedTurtle` 类

```
 1   from abc import *
 2   class BoundedTurtle(Turtle):
 3       def __init__(self, speed, xMin, xMax, yMin, yMax):
 4           super().__init__()
 5           self.__xMin = xMin
 6           self.__xMax = xMax
 7           self.__yMin = yMin
 8           self.__yMax = yMax
 9           self.__speed = speed
10
11       def outOfBounds(self):
12           xPos, yPos = self.position()
13           out = False
14           if xPos < self.__xMin or xPos > self.__xMax:
15               out = True
16           if yPos < self.__yMin or yPos > self.__yMax:
17               out = True
18           return out
19
20       def getSpeed(self):
21           return self.__speed
22
23       def getXMin(self):
24           return self.__xMin
25
26       def getXMax(self):
27           return self.__xMax
28
29       def getYMin(self):
30           return self.__yMin
31
32       def getYMax(self):
33           return self.__yMax
34
35       @abstractmethod
36       def remove(self):
37           pass
38
39       @abstractmethod
40       def move(self):
41           pass
```

BoundedTurtle 类定义了两个抽象方法：move 和 remove。Bomb 类和 Drone 类都需要定义这些方法，Python 将使用多态性来确定需要调用哪个类的方法版本，具体取决于用于调用这些方法的对象。

13.4.3　Drone 类

接下来将实现的类是 Drone（无人机）类。无人机能够在屏幕上向下移动，并且在被炮弹击中时将自己从游戏中移除。

与弹跳 turtle 模拟程序类似，我们将跟踪所有无人机，以便当炮弹移动时，我们可以测试它是否击中了任何无人机。我们将使用一个静态变量 droneList 来跟踪所有活动的无人机。

为了保持简单，我们只需要一个方法来向列表 droneList 添加无人机，或者从 droneList 中删除无人机。我们将在 Drone 构造方法中执行此任务。创建一个新的无人机时，我们将新的无人机附加到 droneList 列表中。当一个无人机被炮弹击中时，我们将该无人机的 __alive 实例变量设置为 False。

因为 Bomb 类需要知道可以炸毁哪些无人机，所以需要得到所有"活动的"无人机的列表。为此，Drone 类将提供一个名为 getDrones 的**静态方法**来返回一个活动的 Drone 列表。与静态属性一样，静态方法独立于对象。当我们有一个属于类内部但不应用于类的任何实例的方法时，静态方法非常有用。

程序清单 13-11 显示了 Drone 类的代码。注意，静态方法 getDrones 的形式参数列表中没有 self 参数。还要注意，我们使用了一个新的装饰器 @staticmethod 来创建一个静态方法。@staticmethod 装饰器告诉 Python 解释器不需要将实例变量作为隐式参数传递给函数 getDrones。另外，我们使用类名调用方法，例如 Drone.getDrones()，不需要 Drone 类的对象实例。

程序清单 13-11　Drone 类

```
1   class Drone(BoundedTurtle):
2
3       droneList = []    # 静态变量
4
5       @staticmethod
6       def getDrones():
7           return [x for x in Drone.droneList if x.__alive]
8
9       def __init__(self, speed, xMin, xMax, yMin, yMax):
10          super().__init__(speed, xMin, xMax, yMin, yMax)
11          self.getscreen().tracer(0)
12          self.up()
13          if 'Drone.gif' not in self.getscreen().getshapes():
14              self.getscreen().addshape('Drone.gif')
15          self.shape('Drone.gif')
16          self.goto(random.randint(xMin - 1, xMax - 1), yMax - 20)
17          self.setheading(random.randint(250, 290))
18          self.getscreen().tracer(1)
19          Drone.droneList = Drone.getDrones()
20          Drone.droneList.append(self)
21          self.__alive = True
22          self.getscreen().ontimer(self.move, 200)
23
24      def move(self):
25          self.forward(self.getSpeed())
26          if self.outOfBounds():
```

```
27              self.remove()
28          else:
29              self.getscreen().ontimer(self.move, 200)
30
31      def remove(self):
32          self.__alive = False
33          self.hideturtle()
```

摘要总结　静态方法具有以下特性:

- 无法访问实例变量。
- 不接收 self 参数。
- 使用类名调用。
- 使用 @staticmethod 装饰器标识。

通过获取所有实例变量 __alive 为 True 的 Drone 对象实例, Drone.getDrones 构造并返回一个新的活动的无人机列表。

getDrones 方法的另一个 Python 构造是第 7 行的列表解析。列表解析提供了一种简洁的方法来创建一个列表, 而无须在 for 循环使用 append 方法。会话 13-4 演示了列表解析的一些用法。第一个示例表示可以将 Python 运算符应用于创建列表的变量。

会话 13-4　使用列表解析

```
>>> [x**2 for x in range(5)]        # 创建一个列表，包含 0 到 4 的平方
>>> [0, 1, 4, 9, 16]
>>>
>>> movies = [ 'alien', 'starwars', 'bourne' ]
>>>
>>> [x.capitalize() for x in movies]        # 把各元素首字母转换为大写
>>> ['Alien', 'Starwars', 'Bourne']
>>>
>>> [x[-1] for x in movies if len(x) > 6]  # 获取最后一个字母
>>> ['s']
>>>
>>> [x[-1] for x in movies if len(x) <= 6] # 获取最后一个字母
>>> ['n', 'e']
```

程序清单 13-11 第 6 ~ 7 行代码中的 getDrones 方法使用了列表解析, 其功能等价于以下的 getDrones 方法:

```
def getDrones():
    myList = []
    for x in Drone.droneList:
        if x.__alive:
            myList.append(x)
    return myList
```

注意关于 __init__ 方法的两个要点。首先, 它是唯一允许修改 droneList 的方法。这个限制确保我们避免了这样的情况: 一个回调方法可能向列表中添加一架无人机, 而另一个回调方法则试图从列表中删除一架无人机。如果一枚炮弹在击中一架无人机的同时, 创建了另一架无人机, 就可能发生这种情况。

其次, 请注意, Drone 的 remove 方法将 __alive 的值设置为 False 并隐藏 turtle。在构造方法中, 每次创建新的无人机时, 我们都使用列表解析来过滤掉已经被摧毁的无人

机。这一性能改进使列表更加简洁明了。

还要注意，第 13 ～ 14 行代码中的条件语句。此语句检查是否已加载 `'Drone.gif'` 文件。如果加载了一次，就不必再次加载，因为 `addshape` 方法只加载一个适用于同一窗口中所有 `turtle` 的形状列表。

`move` 方法检测无人机是否越界。如果无人机停留在边界内，计时器将重置，以便无人机在 200 毫秒内再次移动。如果无人机越界，则无人机被移除，计时器不会被重置。

`remove` 方法会将无人机标记为摧毁状态，并将其隐藏，这样就不会再看到它。通过设置 `__alive = False`，无人机将保留在列表中（直到创建另一架无人机为止），但不会包含在涉及激光炮发射炮弹的相关计算中。

13.4.4　Bomb 类

最后一个类是 Bomb，其实现并不比弹跳 `turtle` 更复杂。炮弹的初始方向与激光炮指向的方向一致。一旦炮弹被发射，它就会继续朝这个方向移动。如果炮弹撞上无人机，炮弹就会爆炸，无人机被标记为摧毁状态，炮弹隐藏自己并停止移动。程序清单 13-12 显示了 Bomb 类。在 `distance` 方法中，我们使用 `math.dist` 方法计算炮弹和每架无人机之间的距离（第 24 ～ 27 行代码）。

程序清单 13-12　Bomb 类

```
1   class Bomb(BoundedTurtle):
2       def __init__(self, initHeading, speed, xMin, xMax, yMin, yMax):
3           super().__init__(speed, xMin, xMax, yMin, yMax)
4           self.resizemode('user')
5           self.color('red', 'red')
6           self.shape('circle')
7           self.turtlesize(.25)
8           self.setheading(initHeading)
9           self.up()
10          self.getscreen().ontimer(self.move, 100)
11
12      def move(self):
13          exploded = False
14          self.forward(self.getSpeed())
15          for a in Drone.getDrones():
16              if self.distance(a) < 5:
17                  a.remove()
18                  exploded = True
19          if self.outOfBounds() or exploded:
20              self.remove()
21          else:
22              self.getscreen().ontimer(self.move, 100)
23
24      def distance(self, other):
25          p1 = self.position()
26          p2 = other.position()
27          return math.dist(p1, p2)
28
29      def remove(self):
30          self.hideturtle()
```

13.4.5　把所有代码片段整合在一起

为了整合游戏的所有代码片段并开始运行，我们将创建最后一个类：DroneInvaders

（无人机入侵者），它将是主应用程序。程序清单 13-13 提供了 DroneInvaders 类的代码。这个类的主要任务是创建一个 LaserCannon 对象，并设置一个计时器，以定期将无人机添加到游戏场景中。这些任务在 play 方法中实现。

程序清单 13-13　将所有代码片段整合在一起

```
1   class DroneInvaders:
2       def __init__(self, xMin, xMax, yMin, yMax):
3           self.__xMin = xMin
4           self.__xMax = xMax
5           self.__yMin = yMin
6           self.__yMax = yMax
7
8       def play(self):
9           self.__mainWin = LaserCannon(self.__xMin, self.__xMax,
10                                   self.__yMin, self.__yMax).getscreen()
11          self.__mainWin.bgcolor('light green')
12          self.__mainWin.setworldcoordinates(self.__xMin, self.__yMin,
13                                          self.__xMax, self.__yMax)
14          self.__mainWin.ontimer(self.addDrone, 1000)
15          self.__mainWin.listen()
16          mainloop()
17
18      def addDrone(self):
19          if len(Drone.getDrones()) < 7:
20              Drone(1, self.__xMin, self.__xMax,
21                      self.__yMin, self.__yMax)
22          self.__mainWin.ontimer(self.addDrone, 1000)
```

为了运行这个游戏，我们执行会话 13-5 中所示的两个命令。当然，这些命令应该添加到包含所有类定义的 .py 文件的底部，这样我们就可以使用一条命令运行所有的代码。在 .py 文件的顶部，应该包含 turtle、random、math 和 abc 模块的导入语句。

会话 13-5　运行无人机入侵者游戏

```
>>> game = DroneInvaders(-200, 200, 0, 400)
>>> game.play()
```

动手实践

13.21 修改太空入侵者游戏，实现计分功能。每摧毁一次入侵者得 10 分，入侵者落地一次扣除 10 分。

13.22 修改入侵者游戏，随着分数的增加，增加难度等级。也就是说，等级越高，出现在屏幕上的入侵者更多，它们移动的速度也更快。

13.23 修改入侵者游戏，以便用户可以使用方向箭，而不是使用鼠标点击瞄准激光炮。

13.24 修改入侵者游戏，如果入侵者落在激光炮上，游戏结束。

13.25 修改入侵者游戏，使激光炮始终向上发射，但用户可以控制激光炮在窗口底部来回左右滑动。

13.26 修改入侵者游戏，允许用户可以点击一个按钮，来重置得分和所有入侵者。

13.5　本章小结

在本章中，我们通过引入事件驱动编程扩展了对面向对象程序设计的讨论。我们使用多线程事件驱动编程来实现一个简单的电子游戏。我们通过创建表示游戏组件的类来设计电子游戏。通过绑定鼠标单击事件和按键事件到函数，以允许在发生这些事件时执行相应的操作。我们用计时器来启动电子游戏。作为实现的一部分，我们在构建游戏中所使用的 `turtle` 对象时使用了继承机制。此外，我们还使用了静态变量，静态变量可以由类的每个对象共享。我们还创建了静态方法，静态方法不属于类的任何对象，但可以访问类中定义的静态数据。

关键术语

callback function（回调函数）

event-driven program（事件驱动程序）

event loop（事件循环）

mangling（隐藏）

multithreaded（多线程）

queue（队列）

static method（静态方法）

static variable（静态变量）

thread（线程）

Python 关键字和装饰器

`@staticmethod`

编程练习题

13.1　编写自己的电子游戏。下面是一些简单的游戏清单：

- One-player Pong（单人乒乓球游戏）
- One-player Brickout（单人打砖块游戏）
- Frogger（青蛙过河游戏）
- Racetrack（赛车竞速跑酷游戏）
- Asteroids（小行星游戏，一种太空射击游戏）
- Two-player Pong（双人乒乓球游戏）
- Tank battle（坦克对战游戏）

要求游戏有计分功能，并利用本章中讨论的所有回调函数。

Python 程序设计（原书第 3 版）

作者：Cay Horstmann 等 译者：江红 等 ISBN：978-7-111-67881-6 定价：169.00 元

　　本书由经典畅销书籍《Java 核心技术》的作者 Cay Horstmann 撰写，非常适合 Python 初学者和爱好者阅读。全书采用模块方式呈现知识要点，而非百科全书式的语法大全，不仅能够帮助新手快速入门，掌握基础知识，更有益于培养解决实际问题的思维和能力。

推荐阅读

算法基础：Python 和 C# 语言实现（原书第 2 版）

作者：Rod Stephens 译者：余青松 等 ISBN：978-7-111-67185-5 定价：119.00 元

本书是一本算法入门教程，第 2 版添加了 Python 语言代码示例，更加易于学习。书中不仅介绍重要的经典算法，而且阐述通用的问题求解技巧，帮助读者在理解算法性能的基础上学会将算法灵活地应用于新问题。书中每章都包含大量练习题，并配有参考答案。此外，本书网站还免费提供 Python 和 C# 语言的源代码，鼓励读者通过编程实践加深对算法的理解，进而提升应用算法解决问题的能力。

Python 程序设计：人工智能案例实践

作者：Paul Deitel 等　译者：王恺 等　ISBN：978-7-111-67845-8　定价：149.00 元

　　本书面向的读者是具有其他高级程序设计语言编程知识的程序员，书中通过实操示例介绍当今非常引人注目的、先进的计算技术和 Python 编程。通过学习本书提供的 500 多个实际示例，读者将学会使用交互式 IPython 解释器和 Jupyter Notebook 并快速掌握 Python 编码方法。